水面・水際に住む水生半翅類

口絵① a オキナワイトアメンボ；b イトアメンボ；c センタウミアメンボ；d ヒメイトアメンボ；e コブイトアメンボ；f ハネナシアメンボ〈a, b, d 村田浩平；c, f 原田哲夫；e 碇元貴也〉
〔Ⅰ①，Ⅰ②，Ⅰ③を参照〕

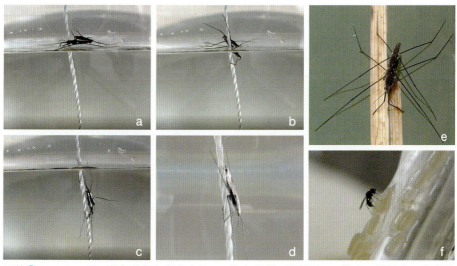

口絵② アメンボの潜水産卵と卵寄生蜂；a 潜水産卵の開始時；b 潜水の開始時。産卵基質を前肢でたぐるように水面下に入る；c 完全に水面下に入った状態。この後，適当な深さまで進み，産卵を行う；d 潜水産卵中のアメンボは，体表を空気の膜で覆われ，銀色に光る；e メスの上にオスが乗ったタンデムとよばれる状態；f 卵寄生蜂。ビニール紐に付着したアメンボ卵に産卵している〈a〜f 平山寛之〉
〔Ⅲ①を参照〕

Ⅰ

水面・水際に住む水生半翅類：口絵

口絵③　aメミズムシ；bケシカタビロアメンボの集団捕食；cムモンミズカメムシ；dケシミズカメムシ；eタニガワミズギワカメムシ；fキタミズカメムシ；gババアメンボ〈a〜e渡部晃平；f, g三田村敏正〉　　　　　　　　　　　〔Ⅱ⑤，Ⅴ②を参照〕

水中に住む小さな水生半翅類

口絵④　aチビミズムシ；bエサキコミズムシ；cミゾナシミズムシ；dホッケミズムシ；eホッケミズムシを使った「風船虫」遊び；fヘラコチビミズムシ；gトゲナベブタムシの集団；hモンカゲロウを捕食するトゲナベブタムシ〈a～e中西康介;f渡部晃平;g, h市川憲平〉

〔Ⅱ1, Ⅱ2, Ⅴ2を参照〕

水中に住む大きな水生半翅類

口絵⑤ a ヒメタイコウチの幼虫と成虫；b 野外の成虫；c 越冬中のコオイムシ（○印内）；d コオイムシのオスが背負った卵塊から孵化中の幼虫；e オオミズダニ（*Hydrachna* sp.）に寄生されたコオイムシの腹面。矢印はダニの幼虫もしくは第1蛹を示す；f 池や沼の水草の間に生息するオオミズダニの一種の若虫。スケールは100μm；g 河川の砂中に生息するケイリュウダニ（*Torrenticola* sp.）の成虫。スケールは100μm〈a, b 松本功；c 大庭伸也；d 鈴木智也；e〜g 安倍 弘〉　〔Ⅱ4、Ⅲ2、Ⅲ3、Ⅴ1を参照〕

水中に住む大きな水生半翅類：口絵

口絵⑥　a ドジョウを捕食するタガメ；b オタマジャクシを捕食するタガメ幼虫；c 稲に産みつけられた卵塊を保護するタガメのオス；d 抽水植物に上っているタイコウチ；e 交尾・産卵中のコオイムシの雌雄；f 交尾中のタイコウチの雌雄〈a～d 大庭伸也；e 鈴木智也；f 大串俊太郎〉
〔Ⅱ3，Ⅱ4，Ⅲ4，Ⅲ5，Ⅳ1を参照〕

v

危機に立つ水生半翅類

口絵⑦　aアメリカザリガニに脚を切断された（と思われる）ミズカマキリ。矢印は切断箇所を示す；b西日本を中心に分布拡大をしているトガリアメンボ；c日本の水生半翅類を脅かす侵略的外来種・アメリカザリガニ〈a〜c大庭伸也〉　　〔Ⅵ②を参照〕

危機に立つ水生半翅類：口絵

口絵⑧　a 愛媛県におけるタガメ生息地の変遷（上左 1998 年 4 月 20 日；上右 2010 年 8 月 10 日；下左 2012 年 7 月 21 日；下右 2013 年 8 月 14 日）；b コンクリート側溝で乾燥死したタガメ 5 齢幼虫；c 水銀灯に飛来したタガメ；d 中干しの時期にコンクリート水路の集水マスに集まったタガメ 5 齢幼虫。矢印が 5 齢幼虫を示す〈a 渡部晃平；b〜d 大庭伸也〉

〔Ⅵ①を参照〕

VII

実践的な保全活動

口絵⑨　a施設化前のタガメビオトープ；b施設化後のタガメビオトープ；c重機による
ビオトープの造成；dビオトープを柵で囲い乱獲を防ぐ；eビオトープで確認されたタ
ガメの新成虫．背中の番号は調査用の個体標識〈a〜c, e市川憲平；d大庭伸也〉　〔Ⅵ③を参照〕

環境 Eco 選書 13

水生半翅類の生物学

編集：大庭伸也

（長崎大学教育学部）

北隆館

Biology of aquatic Heteroptera

Edited by

Dr. SHIN-YA OHBA
Faculty of Education, Nagasaki University

Published by

The HOKURYUKAN CO.,LTD. Tokyo, Japan : 2018

はじめに

　2017年8月，私の研究室に電話があり，本書の企画が打診された。ついに来たか，という想いと，これまでにない本を世に出したいという期待と不安が入り混じった気持ちになったことを覚えている。それと同時に，水生半翅類（水生生活を営むカメムシの仲間）というくくりで，最近までに集積された知見を紹介できる執筆者を募ることに着手した。学生時代に打ち込んだ野球になぞらえ，オールスター選手を募るような気持ちで本書の出来上がりを夢見て人選を進めた。なかなかのオールスター揃いのチーム（執筆者）を募ることができたと思う。雑誌「昆虫と自然」に，私は水生半翅類（"水生昆虫"も含む）関係で2013年より3度の特集の企画を組ませていただき，その執筆者を中心に原稿の執筆をお願いした。そのため，「昆虫と自然」の内容と重複する部分があることを御容赦頂きたい。

　水生半翅類は水中のみならず水面にも生息する昆虫類で，前者にはタガメやミズカマキリ，後者にはアメンボやイトアメンボが含まれる。きっと19世紀中頃までの日本では，『身近な水辺で見られる読者にもなじみ深い昆虫』，と紹介されたであろうが，残念ながら現在では身近では見られなくなった種も多くなっている。水生半翅類で2014年改訂の環境省RDLに掲載されているものは絶滅危惧ⅠA類が3種，絶滅危惧ⅠB類が1種，絶滅危惧Ⅱ類が8種，準絶滅危惧が18種であり，国内に分布する種の約1/3が掲載されていることになる。彼らが住む水辺環境は河川や湖沼，水田や水たまりなど多岐にわたる。いずれもヒトの手による改変を受けやすい環境であり，種によっては水辺環境のみならず，その周辺の環境の改変も個体群の存続に対して影響が大きかったものと推測される。減ったと言われる種がなぜ減ったのかを考察するには，科学的な知見の収集は欠かせない。もちろんそれだけでは減った種を保全していくことはできないが，長期的な視野で保全を実践するには，やはり，科学的知見を積み上げて考察する必要がある。絶滅危惧種になるまでに減った理由を考察するためには，基礎データが少ない，と今から十数年ほど前から言われ続けてきたが，本書にご協力いた

だいた執筆者らの貢献もあり，ここ数年でさまざまな側面から面白い生物学的知見が集積されたと私は感じている．

　本書は生物に興味がある高校生，これから研究を始める大学生や大学院生，そして環境アセスメントや環境教育や保全に携わる人が知りたい内容，あるいは水生半翅類が主に生息する水田を管理する農家の方に知っていただきたい内容を目指したつもりである．本書を手に取った人が水生半翅類の生物学的知見とヒトとのかかわりを概観できるとともに，これまでに足りない知見を整理した上で，今後の研究や保全策を目指す羅針盤となれば，編集者としてこれ以上の喜びはない．また，各執筆者から頂いた原稿に添付される写真は読者の目を引くような美しいものが多かったため，口絵と本文の両方にカラー版とモノクロ版を配置することとした．末筆ながら，本書の企画にご賛同頂き，お忙しい中，玉稿を頂いた執筆者各位に厚く御礼申し上げる．最後に，本書の出版を御依頼いただき，編集の労を賜った北隆館編集部の角谷裕通氏に御礼申し上げたい．

2018年5月

大庭伸也

目　次

口絵 ……………………………………………………… Ⅰ～Ⅷ

はじめに（大庭伸也 Shin-ya Ohba）……………………………………… 1
目　次 ……………………………………………………………… 3～6
執筆者 ……………………………………………………………… 6

Ⅰ．水面に住む水生半翅類の生活史と環境適応
Life history and environmental adaptation of aquatic Heteroptera living on water surface ……………………………………………………………… 7～55

1　イトアメンボ科の生態と生息環境
Ecology, habitat, environment and niche of Hydrometridae
（村田浩平 Kouhei Murata）…………………………………… 8～23

2　淡水産アメンボ科昆虫の生活史と環境適応
Life history and adaptation to environments by Gerridae insects inhaiting freshwaters（原田哲夫 Tetsuo Harada）……………… 24～39

3　外洋棲ウミアメンボ類の特性，分布，耐性
Characteristics, distribution and hardiness by Halobatinae insects and related species
（原田哲夫 Tetsuo Harada・古木隆寛 Takahiro Furuki）…… 40～55

Ⅱ．水中に住む水生半翅類の生活史と環境適応
Life history and environmental adaptation of aquatic Heteroptera living under water surface ……………………………………………………… 57～129

1　コンクリート水路の絶滅危惧種・トゲナベブタムシ
Endangered water bug, *Aphelocheirus nawae*, inhabiting in the concrete water path（市川憲平 Noritaka Ichikawa）………………… 58～71

2　風船虫のなぞ—ミズムシ科の生態と人との関わり
Ecology and natural history of Corixidae
（中西康介 Kosuke Nakanishi）……………………………… 72～83

目次

③ 稲作水系におけるオオコオイムシとタガメの生活史
Life cycle of two giant water bugs, *Appasus major* and *Kirkaldyia deyrolli*, in rice cultivation areas（向井康夫 Yasuo Mukai）……………… 84 〜 98

④ 稲作水系におけるタイコウチとコオイムシの生活史
Life history of *Laccotrephes japonensis* and *Appasus japonicus* in rice ecosystems（大庭伸也 Shin-ya Ohba）……………………… 99 〜 118

⑤ 東日本大震災の津波跡地における水生半翅類相の変化
Changes of aquatic Heteroptera fauna in the tsunami sites of Great East Japan Earthquake（三田村敏正 Toshimasa Mitamura）………… 119 〜 129

Ⅲ．他種との関係
Relationship between aquatic Heteroptera and other animals…………… 131 〜 216

① アメンボと卵寄生蜂の水面下での争い
Underwater competition between a water strider and its egg-parasitoid wasp （平山寛之 Hiroyuki Hirayama）……………… 132 〜 153

② 水生半翅類に取り付くミズダニ
Water mites parasitic on aquatic heteropterans （安倍　弘 Hiroshi Abe）…………………………… 154 〜 168

③ ヒメタイコウチの偏在と局在：その景観 - 群集生態学的アプローチ
Localized and restricted distribution of *Nepa hoffmanni* in the light of landscape and community ecology
　　　（松本　功 Isao Matsumoto・中尾史郎 Shiro Nakao）…… 169 〜 184

④ タガメの採餌戦略
Foraging strategy in *Kirkaldyia deyrolli*
　　　（大庭伸也 Shin-ya Ohba・立田晴記 Haruki Tatsuta）…… 185 〜 199

⑤ タイコウチ上科の採餌生態：直接的・間接的に餌に及ぼす影響
Foraging ecology in Nepoidea: Direct and indirect effect on their prey animals（大庭伸也 Shin-ya Ohba）……………………… 200 〜 216

IV. 系統地理学的研究
Phylogeographic studies in aquatic Heteroptera ················· 217 〜 232

1 コオイムシ類の分子系統解析から紐解く日本産水生半翅類相の形成プロセス
The formation process of the Japanese populations of two giant water bugs, inferred from molecular phylogenetic analyses
（鈴木智也 Tomoya Suzuki・東城幸治 Koji Tojo）············ 218 〜 232

V. 水生半翅類の調査法
Survey methods for aquatic Heteroptera ················· 233 〜 255

1 水生半翅類調査への環境 DNA の適用
Environmental DNA methods for surveying the distribution of aquatic Heteroptera
（土居秀幸 Hideyuki Doi・片野　泉 Izumi Katano・東城幸治 Koji Tojo）
················· 234 〜 244

2 小型水生半翅類の生息環境と調査方法
Habitat environment and survey method of small aquatic Heteroptera
（渡部晃平 Kohei Watanabe）················· 245 〜 255

VI. 絶滅要因と保全事例
Extinct factors and conservation examples ················· 257 〜 301

1 タガメが減少した要因 —なぜ全国的に激減したのか？—
Factors that *Kirkaldyia deyrolli* (Heteroptera: Belostomatidae) decreased –Why did this species decrease throughout the Japan? –
（渡部晃平 Kohei Watanabe・大庭伸也 Shin-ya Ohba）··· 258 〜 276

2 外来種が水生半翅類に与える脅威
Threats of invasive alien species on native aquatic Heteroptera
（大庭伸也 Shin-ya Ohba）················· 277 〜 289

3 19年目のタガメビオトープ
Record of the giant water bug's biotope for 19 years
　　　（市川憲平 Noritaka Ichikawa）·················· 290 〜 301

索　引 ·· 302 〜 313
　和名索引 ·· 302 〜 307
　学名索引 ·· 308 〜 313

▼執筆者（五十音順）
安倍　弘（日本大学生物資源科学部）
市川憲平（姫路獨協大学(非常勤)）
大庭伸也（長崎大学教育学部）
片野　泉（奈良女子大学研究院自然科学系）
鈴木智也（信州大学理学部）
立田晴記（琉球大学農学部）
土居秀幸（兵庫県立大学大学院シミュレーション学研究科）
東城幸治（信州大学学術研究院理学系生物科学領域）
中尾史郎（京都府立大学大学院生命環境科学研究科）
中西康介（国立環境研究所 環境リスク・健康研究センター）
原田哲夫（高知大学大学院総合人間自然研究科）
平山寛之（株式会社野生動物保護管理事務所）
古木隆寛（高知大学大学院総合人間自然研究科）
松本　功（和建技術株式会社 環境部）
三田村敏正（福島県農業総合センター 浜地域研究所）
向井康夫（むかい＊いきもの研究所）
村田浩平（東海大学農学部）
渡部晃平（石川県ふれあい昆虫館）

I．水面に住む水生半翅類の生活史と環境適応

Ⅰ. 水面に住む水生半翅類の生活史と環境適応

1 イトアメンボ科の生態と生息環境

　イトアメンボ科 Hydrometridae は，カメムシ目に属し棒状の体に糸状の脚を持つ体長 10mm 程度の昆虫であって，アメンボ科 Gerridae などとともにアメンボ群 Gerromorpha と呼ばれることもある半水生昆虫である。本科に属する種は，オスはメスに比べて小柄で，長い頭部と細い体を持ち，頭部の中央部より後方に複眼があることが特徴である。主な生息地は，抽水植物や挺水植物がある池，沼，水田などの淡水域の水面が静かな水辺であるが，アメリカ合衆国のフロリダでは，海水の流入する池にも生息するようである。本科は，岩場の表面でも見つかることもあるが，原始的な種の中には陸上で見られる種もいるという(Smith, 1988)。英名は Water measurers もしくは Marsh treaders であって，名の由来は，基本的な動作が常にゆっくりであることからきているが，生息地では時に小走りに移動して観察者を驚かせる。水面での行動は，スイスイというよりはひょいひょいと歩き，体を上下にゆすって威嚇行動と思われるしぐさを見せることもある糸のような昆虫でもある。

　本科は，全ての動物地理区で見られるが，熱帯，亜熱帯に多くの種が生息し，世界から 3 亜科(Hydrometrinae, Limnobatinae, Heterocleptinae)，7 属，約 110 種が知られている。3 亜科のうち構成種数が最も多いのは Hydrometrinae であり約 100 種であって，そのほとんどが *Hydrometra* である。一方，Limnobatinae は構成種が少ない。Heterocleptinae にいたってはアフリカのみから見つかっているにすぎない(Smith, 1988; Andersen, 1977, 1982)。

　Hydrometrinae は，熱帯を除くと北半球において北アメリカから 9 種が知られており，日本からは，コビトアメンボ *Hydrometra annamana*，オキナワイトアメンボ *Hydrometra okinawana*，ヒメイトアメンボ *Hydrometra procera*，イトアメンボ *Hydrometra albolineata*，キタイトアメンボ *Hydrometra gracilenta* の 5 種が知られている(図 1)。このうちキタイトアメンボは，2010 年に青森県で発見された外来種であって，どのようにしてわが国に侵入したかについては不明な点が多い(Usui & Hayashi, 2010)。なお，ヤスマツイトアメンボ(コガタイトアメンボ)*Hydrometra yasumatsui* は，オキナワイトアメン

① イトアメンボ科の生態と生息環境

図1 オキナワイトアメンボ，イトアメンボ，ヒメイトアメンボ，コブイトアメンボ（口絵 ①a, b, d, e）
A：オキナワイトアメンボ（熊本県），B：イトアメンボ（熊本県），C：ヒメイトアメンボ（熊本県），D：コブイトアメンボ（鹿児島県：碇元貴也氏提供）

ボのシノニム（Synonym）である（Polhemus, 1991）。シノニムというのは，同物異名または単に異名といって，この場合，1種に対して2つの名前が与えられており，学名は先に新種として記載した方を採用することになっているのでオキナワイトアメンボとなったという意味である。なお，平嶋（2007）によると，属名である *Hydrometra* とは，ギリシャ語で水を測定する者の意味である。

本科の化石種については，わが国から報告はない。しかしながら，漸新世や第三紀始新世や白亜紀の地層から本科の特徴を備えた種が見つかっており，バルト海付近から得られた琥珀の中からも発見されている（Popov, 1996; Pablo, 2002）。白亜紀よりさらに古いものも見つかっているようなので，本科の起源はさらに遡るのかもしれない。なお，本科を含むアメンボ類の進化については，Damgaard（2008）が詳しい。ここでは，イトアメンボ科に関する近年の知見を私の研究成果を踏まえてご紹介したい。

Ⅰ. 水面に住む水生半翅類の生活史と環境適応

形態的特徴

本科に属する種は,カメムシ目であるので,口器は折りたたむと長い棒状の口吻であって,捕食時以外は,頭部腹面に折りたたんでいる(図2)。触角は,通常4節であって,わが国に生息するイトアメンボ科の全ての種が4節であるが,世界には5節の種もいるから

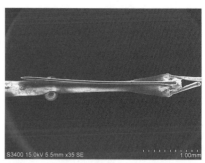

図2 イトアメンボのオスの頭部の口吻

驚きだ。昆虫は,ハナバチ類のように複眼と単眼をともに備える種もいるが,イトアメンボ科は通常,単眼はなく複眼のみである(図3)。しかしながら,化石種では単眼を持つ種もおり,現生では例外的にアフリカに生息する

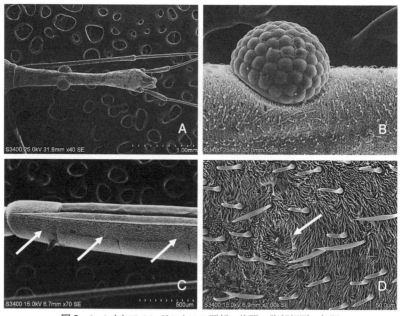

図3 ヒメイトアメンボのオスの頭部,複眼,腹部側面,気門
A:頭部,B:複眼,C:腹部側面,D:気門

1 イトアメンボ科の生態と生息環境

Heterocleptes の1種が単眼を持つことが知られている。現生種の中には単眼はないものの単眼の痕跡を持つ種も知られていることから，本科の昆虫に関しては単眼を持つ種は原始的な種であると考えられている。

ところで，昆虫の脚は，前胸，中胸，後胸それぞれから，前脚，中脚，後脚が各1対ある。脚の

図4 オキナワイトアメンボのオス前脚の爪

基部には基節があって，その中にボールベアリングのような転節があるため，脚が自由に動かせるようになっており，転節には脚の先端に向かって腿節，脛節，跗節がつづいている。イトアメンボ科の脚は，細く糸のようであり，跗節（脚の先端の節）が1種を除いて3節で先端に剛毛を伴った爪（図4）があることが特徴であって，この部分が水面に浮くための浮力に関与している。図4は，オキナワイトアメンボの雄の前脚の先端部分の電子顕微鏡写真であるが，爪とその周辺に毛が多いことがわかる。雌雄の区別は腹部末端部を見ると良い。オスの腹部末端部の構造は特徴的で，第8腹板は可動であって70〜80°ほど折り曲げることができる。先端部には，外部生殖器(Genital capsule)と肛節(Proctiger)がある。図5は，腹部先端部を腹側から撮影した電子顕微鏡写真である。腹部先端部に丸く見える部分が外部生殖器であり，その下にあるやや平たく少し見える部分が肛節である。一方，メスの腹部末端は，オスのような大きな第8腹板はなく，背面から見ると第8背板の先端が尖がっている種が多く，第8背板の下には第1担弁節(First valvifer)があり，末端部に肛節と第2担弁節(Second valvifer)がある。図3のCは，ヒメイトアメンボのオスの腹部側面の電子顕微鏡写真である。矢印の部分に気門がある。腹部側面には，雌雄とも各腹節の前方に各1個，小さな気門が開口している。図3のDは気門の拡大写真であって，写真中央の矢印の丸い部分が気門である。

さて，イトアメンボ科はカメムシの仲間であるが，あの匂いがするのだろうか？　カメムシ目の後胸には，通常，臭腺開口部(Metasternal scent gland

I. 水面に住む水生半翅類の生活史と環境適応

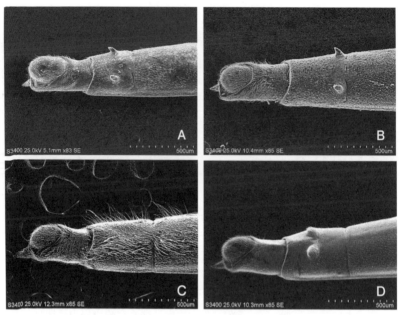

図5 イトアメンボ科オスの腹部末端腹面
A：ヒメイトアメンボ，B：オキナワイトアメンボ，C：イトアメンボ，D：コブイトアメンボ

opening)が開口しており，ここから，あの臭い匂いを出す。ハーブであるコリアンダーの香りだと思えばかぐわしくも感じるだろうか？ とにかく，カメムシの匂いは不飽和アルデヒドとトリデカンなどの正パラフィンの混合物で，植物由来の物質であり植物が持つ青葉アルデヒドが濃縮されたものが起源である。わが国のイトアメンボ科が属する Hydrometrinae には臭腺開口部がなく，人間にわかるような匂いは感じられない。しかしながら，イトアメンボ科は全て臭腺開口部も持たないというわけでもなく，Limnobatinae と Heterocleptinae の両亜科には臭腺が開口している種も知られている。

内部形態における大きな特徴としては，わが国に生息するイトアメンボ，ヒメイトアメンボ，コブイトアメンボの卵巣小管数が7本であることであって，アメンボ科 Gerridae が4本であるのに比べて多い(宮本, 1957)。種の同定のポイントは，雄の腹部第7節の突起の形状の違い(図5)などである。ヒメイトアメンボ，オキナワイトアメンボではオスの腹部第7節に突起が見られる。また，写真にはないが，キタイトアメンボにも同じ場所に突起があ

1 イトアメンボ科の生態と生息環境

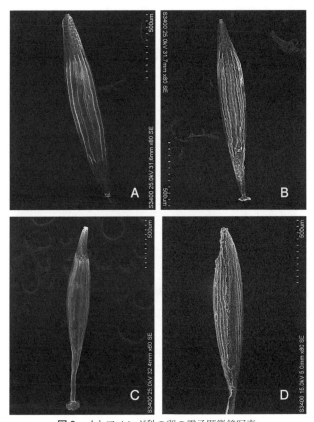

図6　イトアメンボ科の卵の電子顕微鏡写真
A：オキナワイトアメンボ（80×），B：ヒメイトアメンボ（80×），C：イトアメンボ（60×），
D：コブイトアメンボ（80×）

る。一方，コブイトアメンボでは突起はこぶ状であって，和名は，このコブに由来している。また，イトアメンボは，腹部に突起はなく毛が多いという違いが見られる。なお，詳細は有効な区別点を明快に解説している西田ほか（2003），川合・谷田（2005）を参照されたい。体色は，イトアメンボやコブイトアメンボでは黒灰色，オキナワイトアメンボでは淡褐色から黒褐色であり，ヒメイトアメンボは，褐色型と黒色型が報告されている（村田ほか，2014）。幼虫は，弱弱しく，体色は薄い褐色かやや緑色であることが多いようである。
　図6は，本科の卵の電子顕微鏡写真である。種によって卵の形状や表面の

Ⅰ．水面に住む水生半翅類の生活史と環境適応

微細な模様に違いがみられる。卵の大きさは，種によって違いはあるが，長さ 2mm 程度，幅 0.28mm 程度の紡錘型であり，表面の色や構造に種によって特徴が見られる。卵は，水面上の草や枯れ枝や枯れ葉などに 1 個ずつ産卵されるが，古い記録には水中で卵を確認したとする報告もある。

分布と生息環境

　キタイトアメンボは，ヨーロッパ，ロシア，アゼルバイジャン，イラン，カザフスタン，トルクメニスタン，モロッコなどの広域に生息する種である (Andersen, 1995; Gheit, 1995; Fabio et al., 2015)。キタイトアメンボ以外のわが国に生息するイトアメンボ科の分布と生息環境については，川合・谷田 (2005) にまとめられており，ヒメイトアメンボは，北海道，本州，四国，九州，対馬，韓国，中国，台湾などに分布し，池沼や水田など明るい環境に見られること，オキナワイトアメンボは，本州，四国，九州，対馬，琉球，韓国済州島，台湾に分布し池沼や水田，森林内の湿地などに生息する種であること，コビイトアメンボは，奄美大島以南の南西諸島，台湾，中国，ベトナム，ラオス，タイに分布し，開放的な水域を生息環境とする種であることが記述されていて，種ごとの分布域は一部で重なっている。なお，キタイトアメンボは，近年，青森県に加えて北海道からも記録があり，ヨシが密生した湿地や休耕田に生息するという (三田村ほか, 2017)。わが国に生息する本科のうち最も大型であるイトアメンボは，本州，四国，九州，トカラ列島および奄美大島，韓国，中国，台湾に分布するが (川田・谷田, 2005)，生息地は極めて局地的で 1960 年代以降に激減したといわれ，環境省レッドリストにおいて絶滅危惧Ⅱ類に選定されている (環境省自然環境局野生生物課, 2017)。県版レッドリストにおいて本種は，大分県で絶滅危惧ⅠA類，福岡県で絶滅危惧ⅠB類，宮崎県と鹿児島県で絶滅危惧Ⅱ類に選定されており，溜め池や湿地，水田に生息するとされているが，全国的に生息地は局所的で非常に少ない希少種であって，良好な水辺環境を評価するための指標となる種とされている。表 1 は，本種を含むわが国のイトアメンボ科における環境省レッドリストおよび県版レッドリストにおける選定状況を示している。イトアメンボばかりでなく，ヒメイトアメンボも準絶滅危惧種として愛媛県と徳島県において選定されており，オキナワイトアメンボも徳島県で準絶滅危惧種とされ，わが

1 イトアメンボ科の生態と生息環境

表1 環境省レッドリストおよび県版レッドリストにおけるイトアメンボ科の選定状況（2017年12月現在）

和 名	学 名	RDB指定 （環境省, 都道府県）	カテゴリー区分
オキナワイトアメンボ	Hydrometra okinawana	徳島県	準絶滅危惧種
ヒメイトアメンボ	Hydrometra procera	徳島県 高知県 愛媛県	準絶滅危惧種
イトアメンボ	Hydrometra albolineata	環境省	絶滅危惧Ⅱ類
		徳島県 三重県 福岡県	絶滅危惧ⅠB類
		神奈川県 千葉県 大分県	絶滅危惧ⅠA類
		愛媛県 富山県 広島県	絶滅危惧Ⅰ類
		福井県 鹿児島県 愛知県 宮崎県 大阪府 山口県	絶滅危惧Ⅱ類
		京都府	絶滅危惧種
		高知県 新潟県	準絶滅危惧種
		奈良県	希少種
		静岡県	要注目種
		岩手県 島根県 鳥取県 兵庫県	情報不足
コブイトアメンボ	Hydrometra annamana	該当なし	－
キタイトアメンボ	Hydrometra gracilenta	該当なし	－

国のイトアメンボ科の生息地は，今後，減少することが予測されている。

　図7は，イトアメンボ，オキナワイトアメンボ，ヒメイトアメンボ，コブイトアメンボの生息環境を示している。イトアメンボ科の生息環境については，これまでいくつかの報告が散見される（井上ほか, 2009; 三田村ほか, 2017; 林, 2001; 大木, 2001）。イトアメンボやオキナワイトアメンボは，薄暗い水面で発見することが多いのに対して，ヒメイトアメンボは，やや明るい

15

Ⅰ. 水面に住む水生半翅類の生活史と環境適応

図7 オキナワイトアメンボ，ヒメイトアメンボ，イトアメンボ，コブイトアメンボの生息地
A：オキナワイトアメンボ，ヒメイトアメンボ，イトアメンボ3種の生息地（熊本県），B：オキナワイトアメンボの生息地（熊本県），C：ヒメイトアメンボの生息地（東海大学阿蘇キャンパス学外水田，2016年の熊本地震前），D：コブイトアメンボの生息地（鹿児島県）

水面でも見られるとされている。村田ほか(2014)は，ヒメイトアメンボの生息環境として，1年もしくは長期間にわたり，水が干上がることがない溜め池や耕作放棄水田や無農薬水田などであるとしている。コブイトアメンボも水田やその周辺の湿地に生息している。しかしながら，川合・谷田(2005)がヒメイトアメンボの琉球における記録については再確認があることを指摘しているように，イトアメンボ科は形態的に類似していることから誤同定による混乱もあるようだ。また，私の調査では，2種もしくは3種のイトアメンボ科が同じ生息地に生息していることを確認していることから，種の生息環境を議論するには慎重さを要する。

生態と行動

本科に属する種の生態に関するまとまった記述は，Hungerford(1920)によるアメリカ合衆国に生息する *Hydrometra australis*，*Hydrometra martini* に関す

るものがある。Sprague(1956)は，*H. martini* の捕食行動や餌の種類，年間世代数について報じている。Smith(1988)は，イトアメンボ科の野外における活動期間は，6～9カ月であると報じており，ヒメイトアメンボでもほぼ同じで，熊本県では6月上旬から10月上旬まで見られる(村田, 2009)。イトアメンボ科の越冬世代は，成虫である。越冬成虫は，表土の浅い部分に潜り，集団で越冬する場合もあるようだ。ヒメイトアメンボでは，畦畔の表土から越冬成虫が得られている(矢野, 2002; 村田, 2007)。

ヒメイトアメンボ，オキナワイトアメンボ，イトアメンボ，コブイトアメンボの交尾は，オスがメスを発見すると触角を上下にゆっくり振りながら接近し，オスがメスの後方に回り込み，メスに比べて小柄なオスがメスに乗りオスは外部生殖器を挿入するが，交尾中，メスがオスを乗せたまま歩き回ることや餌を捕食することもある。オスがメスに乗っている際，オスは両前脚を上にあげ，体全体を上下に小刻みに震わせる行動を見せる。既交尾のメスは，オスの接近に伴って腹部末端部を水面や地面につけてオスから外部生殖器を挿入されないように阻止するような交尾拒否行動を見せることもある。なお，交尾中の雌雄に別の雄が数個体接近して妨害することもあるが，交尾中の個体が引き離されることは稀だ(村田，未発表)。

本科に属する種では，驚くと水面を小走りに移動することもあるが，さらに驚くと擬死(Thanatosis, Death feigning)を見せる。人がそばを歩いて水面が大きく揺れた場合などがそれである。驚くと前脚と中脚は前方へ，後脚は後方へまっすぐ伸ばし，触角も前方へ揃えて伸ばして水面や地面に静止し，小枝のようになって動かない。体色が褐色なので，擬死中の個体は地面に溶け込み，隠蔽型擬態となる。このような擬死は，テントウムシやコメツキムシなどでは目にすることもある擬態の1つである。

本科の昆虫を卵から室温で飼育した場合，餌の質や量により成長速度や成虫までに必要な脱皮回数は変化するが，卵から成虫まで3週間程度，通常，幼虫は5齢が終齢である。Hungerford(1920)は，アメリカ合衆国カンザス州においてイトアメンボ科の *H. martini* の発育を調べ，卵期間は気温により7～23日まで変化するものの平均11～13日であること，幼虫は5齢を経て成虫となり，幼虫期間は最短で15日，平均21～35日であると報じている。村田ほか(2007)は，ヒメイトアメンボについて異なる飼育温度(23℃，25℃，

Ⅰ. 水面に住む水生半翅類の生活史と環境適応

30℃)で調査し，卵期間は，およそ6～9日，幼虫期間は，およそ10～16日であることを明らかにしている。本科に属する種の年間世代数については，明らかでない点も多いが，Hungerford(1920)は，本科に属する種の年間世代数について年1世代であるとしている。わが国では，ヒメイトアメンボについて室内飼育によって発育ゼロ点が14.0℃であり，有効積算温度が250日度であることを明らかにすると共に野外における個体数の推移と卵巣の発育状況から本種が年間1世代ではないかとしている(村田, 2009)。

■ 水稲害虫の捕食者として

矢野(2002)や桐谷(2010)は，コブイトアメンボ，オキナワイトアメンボ，ヒメイトアメンボ，イトアメンボのイトアメンボ科4種が水田に生息すると報じている。しかしながら，水田環境に限れば，熊本県では，ヒメイトアメンボは水田から得られるもののオキナワイトアメンボは得られていない(Murata & Tanaka, 2004; 村田, 2009; 村田ほか, 2014)。オキナワイトアメンボもかつては水田に生息していたのかもしれないが定かでない。また，やや暗い環境に生息する傾向があるとされるイトアメンボも水田から得られたという報告もあるが，ヒメイトアメンボの大型の個体の誤同定が疑われ詳細な検討が必要であろう。

本科の仲間は，水面や水面の植物体上でユスリカ，トビムシ，カゲロウや甲殻類など弱った節足動物の生き虫もしくは死体を摂食する捕食性もしくは腐食性の昆虫であるとされている。捕食は，獲物を口吻で刺し，唾液を注入して獲物の体液を吸汁することで行われる。口吻を刺すと，獲物は動かなくなり，口吻を引き抜く頃には獲物は死亡している。なお，吸汁時間はバラツキがある。面白いことに口吻を指す位置は，セジロウンカ *Sogatella furcifera* では胸部側面の決まった部位である(村田ほか, 2007)。水稲害虫の天敵は，大別すると捕食性天敵，捕食寄生性天敵，微生物天敵に分類できるが，捕食性天敵もさらに雑食性や腐食性を伴うなど，食性の違いにより細かくニッチは分かれているものである。

イトアメンボ科の食性については，幾つかの報告がある。図8は，ヒメイトアメンボが蚊の1種を捕食している様子と，コブイトアメンボが水面でイネの害虫であるツマグロヨコバイ *Nephotettix cincticeps* を摂食している状況

図8 カの1種を捕食中のヒメイトアメンボ(A)とツマグロヨコバイを捕食中のコブイトアメンボ(B：碇元貴也氏提供)

である。もちろん，わが国に生息する本科の種は，水面に落下した弱った昆虫や小型の甲殻類やその死体を摂食する。村田(2009)は，ヒメイトアメンボが水稲害虫であるセジロウンカ，トビイロウンカ *Nilaparvata lugens*，ツマグロヨコバイ，シロトビムシ科の1種に加え，水田に多いユスリカ科の1種やハエ亜目の1種，ヒメグモ科の1種など3目5科6種の昆虫と1科1種のクモを水田内で捕食していることを確認している。また，これら被食者の個体数の山と本種の個体数の山が一致することなどを報告した。さらに，村田ほか(2007)は，セジロウンカ成虫の生き虫をヒメイトアメンボ成虫に与えた場合の寄主発見能力，攻撃摂食時間を求め，予想される日あたり攻撃量の限界値を算出し，ヒメイトアメンボはセジロウンカを捕食するが，捕食量が少ないことから有力な天敵ではないだろうが，水田内では水稲害虫ウンカ・ヨコバイが風などで水面に落下することは多いので，本種がこれらの天敵として働いていることを明らかにしている。イトアメンボ科が捕食性天敵として重要であるとする事例としては，衛生害虫であるハマダラカ属 *Anopheles* の幼虫に対してイトアメンボ科の1種が天敵防除資材(Biological control agents)として有望であるとする報告(Usinger, 1956)もあることをご紹介しておきたい。

翅多型性について

本科の翅多型性については，わが国に生息するいずれの種においても長翅型と短翅型が報告されている。多型性とは，同種の中に形態的に異なる個体が出現する現象をいう。翅多型性とは，種内で見られる翅長の多型のことだが，カメムシ目，バッタ目，コウチュウ目，チャタテムシ目，ハサミムシ目，

Ⅰ．水面に住む水生半翅類の生活史と環境適応

ハエ目，ハチ目などで見られる。水稲害虫であるカメムシ目ウンカ科のトビイロウンカは，長翅型と短翅型の2型があり，同じくカメムシ目アブラムシ科のアブラムシ類も有翅型と無翅型の2型があることはよく知られている。これらの翅型における翅長は不連続で，中間型は一般に出現しない。翅型決定の要因としては，遺伝要因と環境要因がある。遺伝要因としての翅型決定の遺伝システムは，1遺伝子座2対立遺伝子に支配されている場合とポリジーン支配とがあるが，一般に翅型決定の遺伝システムはポリジーン支配であることがわかっている。

　環境刺激への反応として翅多型性が生じる例としては，幼虫期の高密度と餌質の悪化が長翅型を出現させるトビイロウンカの事例がある(岸本, 1957)。個体群密度だけでなく，高温や長日など日長や温度などの季節的要因も長翅型の出現を促す(Fujisaki, 1989)。アメンボ科の1種 *Gerris* (*Limnoporus*) *canaliculatus* は，日長が短くなると長翅型が出現することが知られている。一般にアメンボ類は，多様な翅型を有しており，アメンボ科については，これまでに繁殖戦略と翅型について解明が進められている(Harada *et al*., 2005; 碓井, 2006)。アメンボ類の翅型に関する用語は，長翅型(Macropterous form)，短翅型(Micropterous form)，無翅型(Apterous form)が用いられているようだ。また，長翅型と短翅型の中間として亜長翅型(Submacropterous form)が用いられることもあるようだが，既に述べたが翅長は不連続である。川田・谷田(2005)は，アメンボ類の翅型について，前翅先端が腹部先端に達する個体を長翅型とし，短翅型をさらに中翅型(Brachypterous form)と微翅型(Micropteous form)に区分している。微翅型とは，背面から前翅が認められるが前翅の先端が腹部第2背板を超えない個体をいう。九州におけるヒメイトアメンボの翅型に関する調査では，長翅型と微翅型を確認しているが，無翅型は確認していない(村田ほか, 2014)。ヒメイトアメンボの長翅型は，熊本県阿蘇郡における私の調査では，水田付近の地上15mに設置した大気プランクトンネットでも得られることから，長翅型は十分な分散能力を持つと考えられる(村田, 未発表)。さらに興味深いことに，Sprague(1956)は，飼育条件下において微翅型は，長翅型より長生きであると報じている。生存戦略上，納得のいくことであろう。

1 イトアメンボ科の生態と生息環境

■ 天敵について

　本科の寄生性天敵としては，ハチ目ホソハネコバチ科 Mymaridae の 1 種である *Litus cynipseus* が卵に寄生することが知られているが，わが国から報告はない。

　イトアメンボ科と同じ水面を生息場所としているヒメアメンボ *Gerris latiabdominis*，アメンボ *Aquarius paludum paludum*，オオアメンボ *Aquarius elongatus* などのアメンボ科や水田生息性のクモも，イトアメンボ科の成虫に飛び掛かってもすぐに離れる行動を見せる（村田，2009）。本科の成虫を捕食する別種の天敵は知られていない。「別種の」とおことわりした理由は，イトアメンボでは貧栄養下（餌が十分でない場合）で，主に 3 齢幼虫以上で共食いが観察されるからである。ヒメイトアメンボでも飼育条件下では，孵化直後の個体間で，先に産まれた個体が後から生まれてきた個体を捕食する。このような共食いは，主な生息場所である湖沼では産卵に適した場所は限られるため，幼虫が産卵場所付近にとどまる傾向があることに起因すると考えられる。なお，成虫間でも共食いは観察され，弱った個体や不具になった個体は襲われる傾向にある。

■ 生息環境保全の重要性

　本科に属する種は，互いに形態が類似していること，異種が同所的に生息していることも希ではないことから，生態や分布については混同されやすい。特に体長や体色のみによる同定は避けるべきだ。今後，種ごとの分布状況については詳細な検討を要するが，イトアメンボなど本科の生息可能な自然豊かな湖沼は年を追うごとに減少しているようであり，本科の生息できる環境を将来に残すことが必要ではないだろうか？　本科を含む半水生昆虫の保全をはかることは，止水環境に生息するトンボや湿性植物や里山環境の保全につながるであろう。里山環境の保全には，地権者や地元の方々との協力が欠かせない。生息地における地道な人間関係の構築を通じて保全活動を進めていくことが重要であるが，保全に携わる人材の育成に取り組むとともに，現在，把握されている各地の溜め池などの生息地については保全策を早急にまとめる必要があるだろう。

I. 水面に住む水生半翅類の生活史と環境適応

〔引用文献〕

Andersen NM (1977) A new and primitive genus and species of Hydrometridae (Hemiptera, Gerromorpha) with a cladistics analysis of relationships within the family. *Entomologica Scandinavica*, 8: 301–316.

Andersen NM (1982) The semiaquatic bugs (Hemiptera, Gerromorpha). Phylogeny, adaptation, biogeography and classification. *Entomongraph*, 3: 1–455.

Andersen NM (1995) Cladistics, historical biogeography, and a check list of gerrine water striders (Heteroptera, Gerridae). *Steenstrupia*, 21: 93–123.

Damgaard J (2008) Evolution of the semi-aquatic bugs (Hemiptera: Heteroptera: Gerromorpha) with a re-interpretation of the fossil record. *Acta Entomologica Musei National Pragae*, 48(2): 251–267.

Fabio C, Lorella, D, Lorenzo L (2015) Review of *Hydrometra gracilenta* Horváth, 1899 (Hemiptera: Heteroptera: Hydrometridae) in Italy, with notes on its general distribution. *Zootaxa*, 584–590.

Fujisaki K (1989) Wing form determination and sensitivity of stages to environmental factors in the oriental chinch bug, *Cavelerius saccharivorus* Okajima (Heteroptera: Lygaeidae). *Applied Entomology and Zoology*, 24: 287–294.

Gheit A (1995) Catalogue des Hèmiptères Hydrocorises et Amphibiocorises des provinces nord-marocaines (première note). *L'Entomologist*, 51(5): 241–249.

Harada T, Nitta S, Ito K (2005) Photoperiodism changes according to global warming in wing-form determination and diapause induction of a water strider, Aquarius paludum (Heteroptera: Gerridae). *Applied Entomology and Zoology*, 40(3): 461–466.

林　正美 (2001) 最近のイトアメンボ採集記録．*Rostria*, 50: 51–53.

平嶋義宏 (2007) 生物学名辞典．東京大学出版会，東京．

Hungerford HB (1920) The biology of aquatic and semiaquatic Hemiptera. *University of Kansas Science Bulletin*, 11: 1–328.

井上大輔・中島　淳・工藤雄太・宇都宮靖博・川原二朗 (2009) 福岡県の水生昆虫図鑑．福岡県立北九州高等学校，福岡．

環境省自然環境局野生生物課 (2017) 環境省レッドリスト 2017．［9, February, 2018］環境省，URL: http://www.env.go.jp/press/103881.html

川合禎次・谷田一三 (2005) 日本産水生昆虫．東海大学出版会，東京．

桐谷圭治 (2010) 田んぼの生きもの全種リスト．農と自然の研究所，福岡．

岸本良一 (1957) ウンカ類の翅型に関する研究Ⅲ．ウンカ類の長翅型と短翅型における形態的および生理的相違について．日本応用動物昆虫学会誌, 1(3): 164–173.

三田村敏正・平澤　桂・吉井重幸 (2017) タガメ・ミズムシ・アメンボ　ハンドブック．文一総合出版，東京．

宮本正一 (1957) 日本産異翅半翅類の卵巣小管数．*Sieboldia Acta Biologica*, 2: 69–82.

村田浩平 (2009) 水田におけるヒメイトアメンボの発生消長と食性．昆蟲ニューシリーズ, 12(3): 105–113.

Murata K, Tanaka K (2004) Spatial interaction between spiders and prey insects: horizontal and vertical distribution in a paddy field. *Acta arachnologica*, 53(2): 75–86.

村田浩平・松浦朝奈・岩田眞木郎 (2007) ヒメイトアメンボの捕食能力，発育および産卵能力．昆蟲ニューシリーズ, 10: 1–10.

村田浩平・竹田直樹・舩渡　亮・片野　學 (2014) ヒメイトアメンボの翅型および体色の変異と生息環境．東海大学紀要農学部, 33: 17–23.

西田　睦・鹿谷法一・諸喜田茂充 (2003) 琉球列島の陸水生物．東海大学出版会, 東京.

大木克行 (2001) 山口県におけるイトアメンボの産地および同所で得られた水生・半水生半翅類．*Rostria*, 50: 43–46.

Pablo JPG (2002) A new genus of water measurer from the lower cretaceous crato formation in Brazil (Insecta: *Heteroptera*: Gerromorpha: Hydrometridae). *Stuttgarter Beiträge zur Naturkunde B*, 316: 1–9.

Polhemus JT (1991) Nomenclatural notes on aquatic and semiaquatic Heteroptera. *Journal of The Kansas Entomological Society*, 64: 438–443.

Popov YA (1996) Water measurers from the Baltic amber (*Heteroptera*: Gerromorpha, Hydrometridae). *Mitteilungen aus dem Geologisch-Paläontologischen Institut der Universität Hamburg*, 79: 211–221.

Smith CL (1988) Family Hydrometridae Billerg, The Marsh Treaders. In: Henry TJ and Froeschner RC (eds) *Catalog of the Heteroptera, or True Bugs, of Canada and the Continental United States*, pp156–158, EJ Brill, Leiden, New York, Kobenhavn, Koln.

Sprague IB (1956) The biology and morphology of *Hydrometra martini* Kirkaldy. *University of Kansas Bulletin*, 38: 579–693.

Usinger RL (1956) Aquatic Hemiptera, University of California Press, Los Angeles, Berkeley.

碓井　徹 (2006) 日本産ヒメアメンボ属 Gerris ヒメアメンボ亜属 Gerris（半翅目：アメンボ科，アメンボ亜科）4種の翅型に関する知見の整理．埼玉県立自然史博物館研究報告, 23: 23–29.

Usui T, Hayashi M (2010) New Record of the water measurer *Hydrometra gracilenta* (Heteroptera, Hydrometridae) from Japan. *Japanese Society of Systematic Entomology*, 16(2): 377–378.

矢野宏二 (2002) 水田の昆虫誌　イネをめぐる多様な昆虫たち．東海大学出版会, 東京.

（村田浩平）

I. 水面に住む水生半翅類の生活史と環境適応

② 淡水産アメンボ科昆虫の生活史と環境適応

■ アメンボ科昆虫を研究し始めたきっかけ―太陽コンパス

　1985年のシーズンから高知大学理学部生物学科の4回生になった筆者は，その前年に指導教員(種田耕二名誉教授)に，「光と生命」という翻訳本の中に，奇妙な記述があるから，やってみないかと誘われた。所属した教室は，「動物生理学」教室であった。脊椎動物の神経伝達の仕組みや筋肉収縮の仕組みなどを教える，「一般生理学：General Physiology」と様々な動物(昆虫などの無脊椎動物も含まれる)の生理機能を比較し，生理機能の進化などを論じる「比較生理学：Comparative Physiology」の両方を教える教室であった。兼ねてから，「昆虫生理学」とりわけ，「概日リズム」に興味があった筆者は，卒業研究で何をしようか，指導教員に相談していたのだ。

　この本に紹介されていたのは，ドイツの昆虫学者であるBirukovがドイツの比較動物心理学雑誌であった，Zeitschrift für Tierpsychologieに2報に渡って掲載していたカタビロアメンボの太陽コンパスについての仕事であった(Birukow, 1957; Birukow & Busch, 1958)。ヨーロッパ産のカタビロアメンボの1種(*Velia currens*)は，陸に降りるとひたすら南に向かって歩く。南に定位するには，何か方向の目印がなければならない。それが，「太陽の方角」である。人工光源を使った実験によって，Birukovは，カタビロアメンボが陸を歩くときのみ，この「太陽コンパス」を使って，常に南に歩くことを証明した。南に定位するには，「光源」と，歩行方向との角度を「体内時計」を利用して補正しなければならない。また，季節によって太陽と南方向の間の角度が変化する(冬より夏の方が変化幅が広い)が，これも補正しなければならない。Birukovはこの季節補正も日長に反応することで行っていることを証明した(図1)。

　では，肝心の「南に定位する行動」のカタビロアメンボにとっての生態的意義は何であろうか？　これは論文の最後の方に，少し記述されていただけであった。「氷河期に獲得された行動の痕跡」であるという説明であった。

② 淡水産アメンボ科昆虫の生活史と環境適応

INNATE CHRONOMETRY IN INSECTS

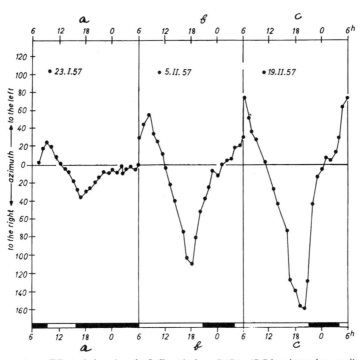

FIGURE 3 a–c. Effect of changing the L:D ratio from 7:17 to 17:7 in winter day conditions.

図1 野外から採集したカタビロアメンボ Velia currens を7時間明〜17時間暗の人工照明条件で飼育していたものを走光性実験に供した。図の左はその結果（1957年1月23日）。横軸が1日の時間経過。光に向かって一定の角度を持って定位する。定位角度は，1日サイクルで振動する。その振れ幅は約30°であった。実験直後，カタビロアメンボは17時間明〜7時間暗の冬の人工照明条件に移された。13日後（1957年2月5日），同じ実験を行うと，光定位角度の振れ幅が160°に増していた（中図）。長日条件下にさらに2週間置いた1957年2月19日に再び同じ実験をした（右図）。光定位角度の振れ幅はさらに大きくなり，240°に達した。これらの変化は，カタビロアメンボが日長によって，季節変化を知り太陽の振れ幅に合わせて，定位角度を変え，南に定位できるような仕組みを備えていることを示している

「氷河期に北から順に凍って行ったが，『陸に降りた時常に南へ歩行した個体』のみが凍らずに生き延びた」と言うのである。このように精緻な行動様式がなぜ，「痕跡的」なのに，明確に自然選択されたのかは謎だ。

I．水面に住む水生半翅類の生活史と環境適応

いずれにしても，なぜ，1985年当時，日本のカタビロアメンボを使って追試しなかったのか，と今になって思うが，なぜか，カタビロアメンボ科ではなくアメンボ科昆虫(より一般になじみの深いいきもの)で確かめてみようと，考えた。

水田を主な生息場所とするヒメアメンボ(ヒメ *Gerris latiabdominis*)を最初の研究対象とした。春4月に水田からヒメ成虫を採取した。20Lのバケツをひっくりかえして，黒い塗料を塗り，側面に穴を空けて，斜め上45度に直径約10cmほどで長さ15cmほどの光源用筒を付けて，360度の実験用アリーナに15度ずつ放射状に線を引っ張って，アリーナの中央にヒメアメンボを置き，顕微鏡用光源(ハロゲンランプ)に赤外線や赤色光を遮断するフィルターを付けて走光性実験(光源に対しどのような定位反応を見せるか)を行った。もちろん期待していたのは，太陽コンパス反応であった。しかしながら，1日のどの時間帯に実験を行っても(24時間マラソン実験も試みた)ヒメ達はひたすら，光源の方に集まってくるのだ。

4年生になって，実験をするのが楽しかったし，生きものから，何かのメッセージを聞きだすのがとても興味深いと感じていたので，来る日も来る日もひたすら走光性実験を繰り返す毎日であった。ヒメ達は相変わらず光源に集まる毎日であった。

ヒメとナミアメンボ（ナミ）の走光性季節変化

実験も4カ月目に入った頃，夏至を過ぎたころに，光に集まる性質が鈍ってきた。丁度日長が短くなるのに合わせて，正の走光性の強さがきれいに弱くなってきたのである。7月の終わり，日本(高知)の水田では土用干の時期，水田から水が抜かれる頃には，完全に走光性は消失した(Taneda & Harada, 1987)。ヒメの生活史はその殆どが年1化性で，5月に幼虫期を過ごした個体はそのまま自動的に生殖を抑制して休眠という特殊な生理状態になる(Harada, 1991a)。この状態で6月から7月にかけて，正の走光性がどんどん無くなり，7月終わりには，山裾などの避暑・越冬場所(推定)に飛翔して移動し，夏から冬にかけて翌年の3月まで長期休眠に入る。生理学的には夏休眠と冬休眠が連動しているものと考えられる。いずれも環境条件には関係なく，自動的に休眠に入るので"絶対的休眠"= Obligatory Diapause と呼ば

れている。3月終りに再び，水面に飛翔して戻ってくる。夏至から秋にかけての日長の短縮に反応して正の走光性が弱まるという説が成り立つ(Harada, 1991a)。幼虫期に15.5時間明〜8.5時間暗で飼育し，そのまま成虫期も同じ日長で維持すると，正の走光性は維持され，40%が産卵し，60%が生殖的休眠に入るが，羽化後40日かけて2時間半日長を15.5hから13hにかけて短縮すると，走光性が40日後に弱まり，70日目には消えた。また，100%生殖的休眠を誘導できた(Morioka & Harada, unpublished)。これらの実験結果からヒメの生殖的休眠の60%くらいは，絶対的休眠であるが，40%は日長の短縮によって誘導されるようである。正の走光性が弱まるのも半分は日長の短縮が原因で，あとの半分は日数の経過によるものである(Morioka & Harada, unpublished)。

　ヒメ成虫は長い休眠から春覚めて，一気に水が張られた水面に進出し，その後6月まで生殖によって個体群を増やし，水田の消失とともに，来年に向けて陸の休眠場所に移動する。7月から本当に長期休眠するのかを，研究棟のテラスで1シーズン7月から翌年の3月まで長期休眠させたことがある。水面での生活を誘導するひとつの道しるべとして，"明るい鏡のような水面"が用いられている。休眠時期には，正の走光性は邪魔になるので消失する働きが自然選択されたのだ。近縁のナミ *Aquarius paludum paludum* も正の走光性の季節変化を示す。春から8月までは，正を示し，秋徐々に弱まり，晩秋から冬にかけては，逆に負の走光性に転換する(Harada, 1991b)。ナミは春から秋までが活動期となるので，正の走光性を示す期間が長い。長日条件と25℃以上の高温度条件が正の走光性を，短日条件と低温条件(10〜15℃)が負の走光性を引き起こす(Harada, 1991b)。

ナミの生活史研究

　1987年のシーズンからナミ高知個体群のサンプリング調査を始めた。1995年くらいまでは，年3化性(1シーズンに3世代を繰り返し，ひ孫までつくる)を示し，成虫で越冬した後，春生殖を行うが，次の2つの世代も成虫になってすぐ，生殖を行う。第3世代は成虫になっても生殖を行わず，10月頃生殖的休眠に入って越冬していた。1990年頃，筆者が博士課程の学生であったころ，フィールドはそれまでと同様高知市であった。様々な日長で

ナミアメンボ幼虫を飼育し，翅型(ナミ成虫は長翅と短翅に当時2分された)と生殖がどのように日長によって制御されているか調べていた。

　幼虫期の長い日長は成虫になってからの生殖と短い翅を誘導し，短い日長は逆に生殖的休眠と長い翅を誘導した。この光周期反応は，ある特定の臨界期を持つ臨界反応であり，しかも，生殖に関する臨界期は約13時間ほどで，翅型に関する約13.75時間より，1時間弱短かった。これらの臨界期にさらされる実際の季節は，晩夏から秋にかけての日長が徐々に短くなっていたので，ゆっくりと約1カ月の期間に1時間くらいを徐々に短縮する日長下で上記と同じ実験を行った。すると，ほぼ同じ光周期反応を示したが，"短縮"の効果が臨界日長の1時間ほどの伸長として現れた。結果として，短縮日長下での，生殖に関する臨界値は14時間，翅型については14.75時間となった。当時の高知個体群では，第2世代がちょうどこの2つの臨界日長の間で育っていた。この世代は台風シーズンで水面の面積が広がる時期であったので，長翅となって，羽化後分散して生息場所を広げてから，生殖を行い(飛翔筋溶解も含む)個体群の大きさを拡大していたのではという推定を行った(Harada & Numata, 1993)。

ナミの生活史変動と気候変動

　1990年当時に優占していた個体群は，その後，目まぐるしく変動していると推定される。

　それは，ここ30年ほどの気候変動やナミアメンボ個体群が持つ，生理・生態形質の遺伝的多様性の高さに対し，短期間の環境による自然淘汰圧の変動がめまぐるしく，優占する個体群の性質が入れ替わりつつあるという印象を持つ。それを連想させるひとつの事実として，本種の分布域は驚くほど広く，西は大英帝国，北は南シベリア，南は南インド，東は日本列島に及ぶ(Andersen, 1982, 1990)。以下の4つの点で本種の温暖化に伴う生活史の変化が記録されてきた(原田, 2017)。

　1. 1年で出現する世代の数が3から5に増加。
　2. 1と関連して，光周期反応が変化。臨界日長が短縮し，秋遅くまで，生殖可能になる(Harada *et al.*, 2005)。個体群によっては，生殖の臨界値が12.5時間明〜11.5時間暗にまで短縮していた(Fujita *et al.*, 2017)。

3. 越冬世代が陸の越冬場所まで分散することを放棄。岸辺で越冬する個体が見られる(Harada et al., 2011)。越冬前分散は移動中の危険リスクが大きく，それを避けている。
4. 夏の個体のなかに，夏休眠をすると思われるものが認められる(Harada et al., 2013)。

ヒシ―ジュンサイハムシ（ハムシ）― ハネナシアメンボ（ハネナシ）の関係：きっかけ

ハネナシ *Gerris nepalensis*（口絵 ① f）という体長 5mm 程の種類が，ため池やそれに続く水路などによく見られる。本種の生息している水面に共通しているのは，必ず水面に *Trapa natans*：オニビシが生息している点である。また，筆者が現在の職場（高知大学教育学部理科）で，将来の理科教員になるべく勉強している学生達と共に，本種をスチロール容器で，止まり木や餌（ミドリキンバエ *Lucilia illustris*，成虫）など，通常の飼育方法で飼育していたが，経験上？，幼虫の成育や十分な産卵など，飼育が思うように進まなかった。

そこで，どうやら本種にとっては，生息場所としてヒシが特別な意味

図2　ジュンサイハムシとオニビシとハネナシアメンボ
ジュンサイハムシ幼虫（上左），ジュンサイハムシ蛹（中左），ジュンサイハムシ成虫（上右），ハネナシアメンボ成虫（下左），オニビシ葉（未食害，下右）

を持つのではないかという仮説を考え始めた。ジュンサイハムシ(ハムシ) *Galerucella nipponensis* と言う甲虫はヒシを盛んに食害する(佐伯・原田, 2002)。このヒシ―ハムシ―ハネナシ(図2)の3者には何らかの関係性があるのではという問題意識が持ち上がった。

■ ヒシ―ハムシ―ハネナシの関係：幼虫は育つのか？産卵するのか？（Yamashita & Harada, unpublished）

　25℃，15.5時間明～8.5時間暗の高知の夏至位の条件に恒温室を設定し，孵化した幼虫を，3つの実験区に分けて飼育した。3区とは，圧縮発砲スチロールを薄く切って作った疑似葉(オニビシに似せた)1枚と共存させる区(疑似葉区)，同じ生息場所に繁茂していたトチカガミ葉1枚と共存させる区(トチカガミ葉区)，オニビシ葉と1枚共存させる区(オニビシ葉区)であった。約30日の幼虫期間で，成虫にまで成長したのは，オニビシと共存した場合，97.8%(73/75)，トチカガミの場合85.3%(64/75)，疑似葉の場合73.3%(55/75)であった。オニビシが共存することで，わずかではあるが，ハネナシの成育成功率は高まるようである。

　次に野外からハネナシ成虫を採集し，1cm角の止まり木を与えると共に，上記と同様，疑似葉区，トチカガミ葉区，オニビシ葉区を作って，産卵数を27日間数えた。30ペアのそれぞれのペアを直径15cm×高さ5cmの丸型容器で上記と同温度，日長条件で飼育した。疑似葉区では，全ての個体が少しずつ産卵し，総産卵数は40個以内(平均約10個)であった。トチカガミ区では3～200個の範囲で平均約70個の産卵が見られ，オニビシ区では10～130個の範囲で平均約60個の産卵が見られた。産卵している間，オニビシやトチカガミなど生息場所に存在している植物の何らかの情報が産卵行動を促進しているようだ。

　孵化から羽化まで，疑似葉区，トチカガミ葉区，オニビシ葉区で育て，羽化後はそれら全てを取り外して，木の止まり木のみにして産卵させた。羽化後30日間産卵の有無と産卵数を調べた。幼虫期トチカガミ葉区雌の20%(5/25)が産卵を開始し，開始した雌は1～20個を産んだ。幼虫期オニビシ区雌の60%(15/25)が卵を産み始め，5～73個を羽化後30日間で産んだ。幼虫期疑似葉区

の24%（6/49）の雌が産卵を開始したが，8～49個を産卵した。成虫になってからのオニビシ葉の存在は，4割くらいの雌の産卵開始にとって必要であったが，幼虫期にオニビシに接触することが，羽化後の産卵開始をある程度促進させることが分かった。オニビシ由来の生理活性物質が存在し，それが産卵開始を誘導するという仮説も成り立つが，今後の研究を待ちたい。

ヒシ―ハムシ―ハネナシの関係：
食害葉の役割　ハネナシアメンボを呼ぶ？

ヒシ類はジュンサイハムシに酷く食害される（図3）。食害されたヒシ類の葉は，それによって，ハネナシを呼び寄せ，ハムシの幼虫や卵を捕食によって，攻撃させるようなことをやっているのだろうか？　この疑問に答えるため様々な実験を行った。

縦1m，横70cm，深さ10cmの水槽に水を張って，その両端に，食害オニビシ，無食害オニビシ，トチカガミのいずれか2つを置いて，選ばせた。20分程選択させた結果，食害オニビシ＞無食害オニビシ＞トチカガミの順で多くハネナシ成虫は選択したが，餌を十分に与えた後だと，55% versus 45%のわずかな選択が見られたが，絶食させると，65% versus 35%の選択に広がった。食害されたオニビシは餓えたハネナシをある程度誘因するようだ。

誘因因子を嗅覚物質であるという仮説が成り立つ。目隠しした葉っぱや，葉をすり潰した液を濾紙に染み込ませそれを選択させた。オニビシ葉のみには，目隠しもすりつぶし液にも殆ど誘引効果は見られなかったが，食害オ

図3　ジュンサイハムシ3齢幼虫6頭に食害されたオニビシ葉（左）と食害されていない葉（右）。ジュンサイハムシ幼虫に食害され，メヒシ葉が茶色く変色している

ニビシとトチカガミ葉の間で選択したところ，60% versus 40%の強さで，食害オニビシの目隠し葉もすりつぶし液も，1日の絶食条件の場合のみ，誘因効果が見られた。餌にありつけない非常時には，ハネナシは食害されたオニビシに誘因され，ハムシの幼虫を食べると考えられる（Imafuku & Harada, unpublished）。

　ハムシの幼虫は1～3齢まで存在する。それぞれの齢は，それより年長齢のハネナシ幼虫の飢餓時に1, 2日で捕食され死滅することが実験で証明された。ハネナシにとってハムシ幼虫や卵は，生殖を支えるほど栄養価の高いものでは無く，単に生存を保障するものだけであることも，実験によって証明された（Miyashita & Harada, unpublished）。

　生息場所には複数の産卵用基質があるなかで，ハネナシはオニビシ葉に選択的に卵を産むのだろうか。オニビシの葉—発泡スチロール疑似葉，クスノキの葉—発泡スチロール疑似葉，ホテイアオイ葉—発泡スチロール疑似葉，の3つの選択実験を行った。ホテイアホイは水面に浮く一般によく知られた撥水植物だ。クスノキは樟脳の原料になる植物であり，昆虫への忌避物質を含んでいる可能性がある。直径15cm高さ5cmほどの丸型水槽に長日条件20℃で培養していたハネナシ雄雌3ペアを入れ1ペアにつき，毎日1頭ミドリキンバエ成虫を餌として与えながら，どちらの基質に何個卵を産むか25日に渡って調べた（図4-1, 2, 3）。選択実験の結果，疑似葉はクスノキ葉より，産卵用にはるかに多く選択され（図4-2），ホテイアオイより疑似葉がわずかに産卵用に選択された（図4-3）。オニビシ葉は疑似葉より，圧倒的に産卵基質として選択された（図4-1）。オニビシ葉から産卵を誘発する物質が出されている可能性がある。また，越冬前にオニビシと過ごしたハネナシアメンボは越冬後の産卵数がはるかに多くなった（Miyashita & Harada, unpublished）。

　このように，ハネナシはオニビシの恐らく葉に含まれる何らかの物質によって引きつけられたり，産卵を誘発したりするものと考えられる。オニビシは食害されると，更にその"生理的活性物質"を多く生産して分泌するのかもしれない。しかしながら，"生理活性物質"なるものは想像の範囲を出ておらず，今後の研究（化学生態学的研究）に期待したい。いずれにしても，オニビシとハネナシは，ジュンサイハムシを巡って，相利共生の関係にあるようだ。

2 淡水産アメンボ科昆虫の生活史と環境適応

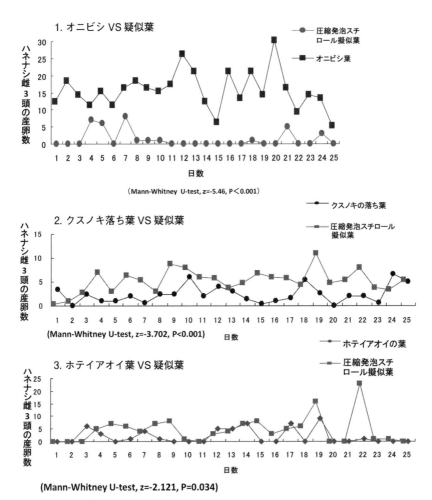

図4 1：ハネナシアメンボ雌は発泡スチロール製疑似葉より，オニビシ葉に圧倒的に多く産卵した。2, 3：ハネナシアメンボ雌はクスノキ落ち葉を避けて，発泡スチロール製疑似葉に多く産卵したが，ホテイアオイが基質のとき，むしろ発泡スチロールにわずかながら多く産卵した

ナミーヒメーハネナシの利用する水面の特徴と環境耐性

アメンボ科昆虫の仲間は夏の期間を中心に水面を主な生息場所とする。利

33

I．水面に住む水生半翅類の生活史と環境適応

用する水面の種類によって，乾燥によって干上がったり，夏の日照りで異常な高温に晒される危険性がある。筆者らの研究室では，20年程前から，この問題に取り組んできた。

ナミは前述にもあるように，大変広い分布域を誇り，旧北区の3分の2の面積を占める（Andersen, 1990）。これだけの広い範囲に進出したということは，様々な環境の変異に柔軟に適応できる，遺伝的多様性を集団として持っていることを意味する。このことと関係してか，ナミは一時的な水面から安定した水面まであらゆる生息場所を利用する。一方ヒメアメンボは稲作に適応した種であると言える。3月の末から6月までは，一気に水田という水面が増え，ヒメにとっての生息場所も急に増える。水田は水が浅く張られており，日照りや大雨によって乾燥・高温度や洪水など，生息環境が目まぐるしく変わる。一方，ハネナシアメンボは，比較的安定した水面，取り分けヒシなどの共生植物が繁茂する池などの安定した水面を生息場所とする。水面での生息期間は4月から11月までと比較的長く，長日によって生殖したり，逆に短日によって生殖的休眠に入って越冬の準備をしたりしている（Nishimoto & Harada, unpublished）。

ヒメーハネナシ成虫の乾燥耐性

利用する水面が水田など一時的であるヒメは，生息場所が干上がるチャンスが多いので乾燥に強く，逆に安定した水面を好んで生息するハネナシは乾燥に弱い可能性がある。更に，5月の越冬後個体と11月の越冬前個体では，これから越冬にのぞむ個体の方が，乾燥に強いという仮説が成り立つ。湿度70％，20℃の恒温恒湿室空気中に成虫個体を曝し，生存時間を測った。

ヒメとハネナシの成虫は5月（越冬後生殖個体）に採集され，3日以内に乾燥耐性実験が行われた。ヒメでは7月に夏世代個体を採集した。7月採集個体の半分を採集3日以内に実験に用いた。7月採集ヒメ個体には夏生殖個体と休眠個体が混じっており，休眠に入った個体を野外条件に置き，水槽を水と陸を半分に敷いた状態にした。野外休眠個体（餌なし）を維持し，11月に乾燥耐性実験に用いた。11月には野外からハネナシ越冬前休眠個体を採集し実験に用いた。越冬前休眠ヒメ（平均40h）＞越冬前休眠ハネナシ（28h）＞夏生殖ヒメ及び春生殖ヒメ（17～20h）＞春生殖ハネナシ（10h）順で乾燥耐性が

種・季節によって異なった(Hataoka & Harada, unpublished)。

ヒメの越冬世代個体では，40時間も相対湿度70％の空気中で耐えられたのに，春や夏の生殖個体では，半分の20時間しか耐えられなかった。いずれも，致死時の失水率(実験直前の含有水量のうち致死時に奪われた水量の割合)が50％になって死んだ。ヒメは生殖的休眠状態になると，体表の水分保持機能が倍になるものと考えられる(Hataoka & Harada, unpublished)。

一方，ハネナシの場合は，11月の越冬前の個体の乾燥耐性実験では致死にかかる時間は平均30hで，越冬後生殖個体の10hの3倍も強かった。ヒメ休眠世代ほどは強くなかったが耐性は高まっていた。死亡時の失水率は越冬後個体で48％であったのに対し，秋休眠個体は62％に達しており，死亡時の質重量も春が10mgで秋が6gであった。秋個体は水分の少ない状態でも耐えられる生理機能を休眠世代で獲得したものと考えられる(Hataoka & Harada, unpublished)。

上記のように，1時的な水面を生息地とし，しかも陸での休眠越冬を行う世代のアメンボ類は乾燥耐性が強くなっていることがわかった。

ナミ―ヒメ―ハネナシ卵の乾燥耐性

3種類のアメンボ類の成虫を採集し，研究室の水槽で培養，多数産卵させてその半数を産卵直後に乾燥耐性実験に用いた。残りの半数は20℃で1週間培養し，孵化直前の卵を乾燥実験に供した。実験は次のように行った。相対湿度70％ 20℃の恒湿器内の空気中(恒明条件)で，観察し，死亡率の推移を調べた。各乾燥時間条件で，50個の卵を用い，乾燥時間経過後は水中条件に戻して，孵化するかどうかを発生に必要な十分な期間(12日間)観察した。産卵直後では，半数の個体が死亡する乾燥時間を乾燥耐性時間とした。産卵直後の乾燥耐性時間はハネナシ(3h)＞ヒメ(2.5h)＞ナミ(1h)であった。孵化直前(産卵から10日目)では，ナミ(23h)＝ヒメ(23h)＞ハネナシ(4h)であった。ハネナシはいずれのステージでも乾燥には弱く，安定した水面に産卵される本種の習性と合致した(Ikemoto & Harada, unpublished)。

ヒメやナミは産卵直後では，空気中で3時間程度の乾燥でも半数が死亡したのに，発生が進んで孵化直前には，20時間以上空気中で耐えられるように変化していた。

1．水面に住む水生半翅類の生活史と環境適応

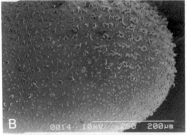
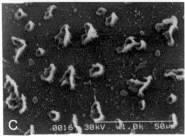

図5 ナミアメンボ卵を走査型電子顕微鏡で撮影した3枚。2枚は産卵直後。卵の表面に穴のような構造が多数見える。この構造は孵化直前には消滅している（1枚）。乾燥への耐性が極端に増している本種の場合、卵の殻が分厚くなって穴が消え、水の蒸発を防ぐようになったことも想像できる。ハネナシアメンボ（乾燥への強化が見られない。水面の消失は可能性として少ない安定した水面に棲む）では、このような表面構造の変化は見られない。この変化は、一時的な水面も利用するナミアメンボの場合、卵の乾燥耐性を高める機能を獲得した可能性がある

卵発生中に何らかの形態上？の変化が起こったのだろうか？　そこで、卵が産まれた直後と孵化直前で卵表面形態を電子顕微鏡写真で観察してみた。ハネナシ卵表面は産卵直後・孵化直前とも、滑面で目立った変化はなかった。しかし、ナミの産卵直後の卵表面には、凸凹の穴状の形態が多数観察されたが（図5B、C）、孵化直前には全くなくなっていて、滑面になっていた（図5A）。ヒメの卵表面形態を観察していないので、結論は出せないが、ナミの卵両面の穴状構造が卵の水分蒸発を促すことと何らかの関係があるかもしれない（Ikemoto & Harada, unpublished）。

ナミーヒメ成虫の温度耐性

前述にもあったように、ナミは大変広い分布域を誇る一方、ヒメは水田に特化して適応してきた種と言える。いずれの種も、温度変化には強い適応能力を備えている可能性がある。温度麻痺実験や低温麻痺実験という手法で成虫の温度変化への強さを測った。通常、生化学微生物培養用に開発されたと思われる、70cm角くらいの温度調節機能付き水槽を2台備え、アメンボ類の成虫を12頭ずつ、水槽に入れる。温度は、それまで生息していた場所に近い、25℃に

② 淡水産アメンボ科昆虫の生活史と環境適応

設定する。15分間順応させた後、15分間に1℃ずつ階段状に温度を上げるかまたは下げるかしていき、アメンボ類個体が滑走を停止し、しかも、体幹が水面と接触してしまって、もはや浮いていられない状態となった時、温度麻痺と判定し、実験個体は速やかに引き上げた。ナミは越冬後個体で、低温側で4.0℃、高温側で44.3℃の平均麻痺温度を記録し、極めて高い温度耐性を示した（図6）。ヒメの春から夏の世代や、ナミの夏から秋の世代では、高温側で平均41.3～42.5℃、低温側で5～6.5℃の麻痺温度を記録した。外洋棲ウミアメンボ類と比較するとはるかに耐性は高かった。沿岸棲ウミアメンボと比較しても低温側で約8℃耐性が強いことが分かった。陸水の激しい水環境に棲む両種は高い温度適応能を獲得していると言える（Harada, Shimizu & Kawakami, unpublished）。

昆虫学では、「トレードオフ」の理論がよく知られている（Johnson, 1969）。それは、昆虫達にとって、餌源などの限られた資源をその時々に最も必要な機能に向けるという法則性である。今、生殖すべきか、飛んで移動すべきか、

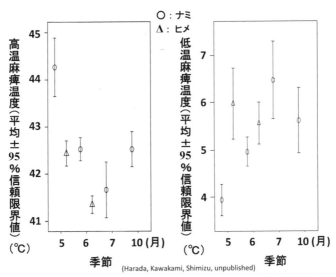

図6 ヒメとナミの温度耐性は季節的に変化する。ナミの越冬後個体はずば抜けて温度耐性が強い。産卵活動が活発でしかも耐性が強く、全体に生命力が強化されている印象だ

I．水面に住む水生半翅類の生活史と環境適応

休眠して厳しい時期をやり過ごすべきか，などと，戦略的に生きているのだ。しかし，今回のナミの越冬後個体のように，越冬を終えて，水面に飛んで移動した後さすがに分散機能は放棄した(飛翔筋を溶解させる)が，生殖を盛んに行うのみならず，低温や高温への耐性は逆に高めており，全般的に生命力が高まった印象を受ける。越冬を経て，多くの個体を失った時点で，生命力をアップさせ，多数の子孫を残す戦略に出たとも言えるであろう。このことが，本種が非常に広い生息域を獲得した理由の1つになるかもしれない。

〔引用文献〕

Andersen NM (1982) *The Semiaquatic Bugs* (*Hemiptera Gerromorpha*) *phylogeny, Aduptations, Biogeography and Classification*. Scandinavian Science Press LTD. Klampenborg-Denmark: 1–455.

Andersen NM (1990) Phylogeny and taxonomy of water striders, genus *Aquarius* Schellenberg (Insecta, Hemiptera, Gerridae), with a new species from Australia. *Steen-strupia*, 16: 37–81.

Birukow G (1957) Lightcompassorientierung beim Wasserläufer *Velia currens* F. am Tage und zur Nachtzeit. I. Herbst- und Winterversuche/ *Zeitschrift für Tierpsychologie*, 13: 463–484.

Birukow G, Busch, E. (1958) Lightcompassorientierung beim Wasserläufer *Velia currens* F. am Tage und zur Nachtzeit. II. Orientierungsthythmik in verschiedenen Lightbedingungen. *Zeitschrift für Tierpsychologie*, 14: 184–203.

Fujita H, Emi K, Umamoto N, Furuki T, Sekitomo T, Nakajo M, Harada T (2017) Global warming and changes in life history traits from 1995 to 2015 in the water strider *Aquarius paludum* (Fabricius). *Trends in Entomology*, 13: 13–23.

Harada T (1991a) Effects of photoperiod on phototaxis in *Gerris lacustris latiabdominis* (Heteroptera: Gerridae). *Environmental Entomology*, 20: 1149–1154.

Harada T (1991b) Effects of photoperiod and temperature on phototaxis in a water strider, *Gerris paludum insularis* (Motschulsky) *Journal of Insect Physiology*, 37: 27–34.

原田哲夫 (2017) 昆虫の生活史と地球温暖化．時間生物学，23: 61–67.

Harada T, Numata H (1993) Two critical day lengths for the determination of wing forms and the induction of adult diapause in the water strider, *Aquarius paludum Naturwissenschaften*, 80: 430–432.

Harada T, Nitta S, Ito K (2005) Photoperiodism changes according to global warming in wing-form determination and diapause induction of a water strider,

Aquarius paludum (Heteroptera: Gerridae). *Applied Entomology and Zoology*, 40: 461–466.

Harada T, Takenaka S, Maihara S, Ito K,Tamura T (2011) Changes in life-history traits of the water strider *Aquarius paludumin* accordance with global warming. *Physiological Entomology*, 36, 309–316.

Harada T, Shiraki T, Takenaka S, Sekimoto T, Emi K, Furutani T (2013) Change in reproductive and dispersal traits in the water strider, *Aquarius paludum* (Fabricius) and global warming. *Natural Science*, 5: 156–162.

Johnson CG (1969) Migration and Dispersal of Insects by Fright: 1–763.

佐伯仁規・原田哲夫 (2002) ハネナシアメンボの餌資源としてのジュンサイハムシ　*Japanese Journal of Entomology　J. Ent.* (*New Series.*), 5: 9–15.

Taneda K, Harada T (1987) Seasonal change in positive phototaxis of a water strider, *Gerris lacustris*. *The Memoirs of the Faculty of Science of the Kochi University, Series D* (*Biology*), 8: 47–55.

（原田哲夫）

3 外洋棲ウミアメンボ類の特性，分布，耐性

■ 外洋棲，淡水棲，沿岸棲とその温度環境

「アメンボ」の形をした昆虫は世界でも600種程度が記録されている（Andersen, 1982; Andersen & Cheng, 2004）。そのうち，65種類くらいが海水産であって，その他は全て淡水産である。筆者の原田は淡青丸，白鳳丸，みらい（JAMSTEC: Japan Association for Marine-Earth Science and Technology, 日本海洋研究開発機構所蔵）という3つの船に30回以上乗り込み，外洋棲ウミアメンボ類の温度耐性実験（Harada, 2018）を10年にわたって，船内の実験室で行ってきた。インド洋や太平洋の南緯15度から北緯15度までの熱帯域では年中表面海水温が29度プラスマイナス2度の範囲に収まり，殆ど変動しない。一方，沖縄の琉球大学熱帯生物研究センターで2018年夏に筆者2名らで進めていた温度耐性実験の対象となった沿岸棲ケシウミアメンボ（ケシ）は沖縄本島北部の今帰仁村の亜熱帯干潟に生息し，激しい温度変動にさらされる。外洋棲の場合，比較的島嶼の近くの海域を好んで生息するセンタウミアメンボ（センタ；口絵①c）でさえ，32.5℃に12時間置かれるとその高温ショックによって24時間以内には60％が死滅するくらい，生息可能温度範囲が狭い。一方，沿岸棲ケシは，低温と高温にかなり耐えることが予想される。干潟の温度は，9月でも25度から40度くらいの幅で変動することが予測されるからである。結果は後ほど紹介しよう。

■ 外洋棲とその他の"アメンボ類"の歩行行動と滑走行動

ウミアメンボ類を研究していて，一般の方によく驚かれることがある。皆さん口をそろえて仰る言葉がこれである。「えっ？　うみにあめんぼ？！」。アメンボと言えば，川や，池，田んぼの水面にスイスイと滑る馴染みの生き物だ。これが海のど真ん中にも生息するということが驚きの理由かもしれない。そもそも，アメンボの仲間は水辺を好むミズムシというカメムシ類の仲間から段々と水辺に進出し，水の上を陸と同じように歩く（左右の肢を交互

③ 外洋棲ウミアメンボ類の特性，分布，耐性

に動かして前進する）カタビロアメンボ類やイトアメンボ類に進化し，更にアメンボ科昆虫のように，水面に降りると「歩く＝locomotion」のではなく「滑る＝striding」行動（左右の中肢を同時にオールのように動かして"漕ぐ"）を獲得するようになる。私達が普段目にするアメンボ類は，陸では「歩き」，水面では「滑る」。水田に多く棲むヒメアメンボ（ヒメ *Gerris latiabdominis*）や池とか川とかあらゆる水面に棲むナミアメンボ（ナミ *Aquarius paludum paludum*），また，前出のケシもそのように行動を切り替える。「滑る」場合，中肢をオールのように動かして推進力とする。ボート競技で選手がオールを動かすのと大変よく似ている。後肢は舵のような働きを担っているのと，水面で体を安定させる効果がある。前肢は，エサや交尾相手の雌を把握する働きがある。このように，陸と水面と両方での行動が可能になる。しかるに，外洋棲ウミアメンボ類は滑る行動のみが残って，「歩く」行動が退化していて存在しない。外洋棲ウミアメンボ類を船から，ニューストンネット（ネット）という箱型の網で採集するとネット曳きの物理的衝撃でウミアメンボ達は麻痺する。採集後，水槽に水没しているウミアメンボ個体を素早く救出して，ペーパータオル上で蘇生させる。このとき，半分から3分の2程度麻痺から蘇生する。蘇生したウミアメンボ達は乾いたプラスチック容器の上を「歩く」のではなく，「滑る」のだ。「ああ，海に進出しているうちに，陸での歩き方を忘れたのね。」と妙に納得してしまう。

■ ウミアメンボ類が時化でも沈まない理由

「ウミアメンボって捕まるところもないのに，よく溺れませんね？」なんて聞かれることが多い。確かに，彼らは360度水平線で海水しかないところで生きている生き物である。低気圧が来れば，海は時化る。ひどいときは2～3 mの波の中，水没することも日常茶飯事であろう。なぜ溺れずに生きていられるのだろう。アメンボ類がなぜ水面に浮いていられるのかという問題は，生物と物理にまたがる面白い教材でもある。アメンボ類の肢を電子顕微鏡などで拡大してみると，すべての種類でおびただしい数の毛が密集して生えている。この毛の束のおかげで，着水したときの肢が水面に接着している面積が約300倍にもなる（原田，2008）。これによって，雪国に昔からあるカンジキの効果が出て，水面に押し付ける単位面積当たりの力（圧力）が小さ

I．水面に住む水生半翅類の生活史と環境適応

なる。また、アメンボ類の個体は非常に軽い。例えば陸水に棲むナミアメンボの雌成虫で45mg，雄成虫では15mgしかない。これも浮きやすくする理由の一つだ。でも何といっても，この毛の束の効果で水の分子の表面張力が強調されることが大きい。つまり，毛と毛のギザギザの部分は表面張力が強調されて，水と水の分子間結合力で，水が毛と毛の間に入っていかない。

物理学では、以下の点が重要だと言われている。即ち、「アメンボの肢が水面に触れて沈もうとすると水面と接着している部分で、上からかかる圧力を下からの表面張力で押し返す。でも、表面張力は触れている面積の大きさに依存するので，最初は上からの圧力が表面張力より大きく，更に沈む。沈めば，接水面積が大きくなるので，それにつれて押し返す力（表面張力）が大きくなり，やがて上からの圧力（体重による）とつりあったときに，浮いた状態になる。」。もうひとつ、水面に浮く理由の1つは、「油」である。アメンボ類の肢の先端の跗節というところに「油腺」が開口していて油が出ている。それをアメンボ類は化粧行動「お互いの足を擦りすりする行動」によって塗り付ける。電子顕微鏡でアメンボの肢の写真を見ると、毛と毛の間に油があるのを観察できる。ナミアメンボを使った実験で、卵から寿命の終わりまで通しての飼育を幾度となく行ってきたが、寿命が来て，ナミアメンボが死ぬ原因は意外なことに、「溺死」が一番多い。老齢で油の出が悪くなって溺れてしまうのだ。

筆者である原田のアメンボ研究の師匠であったが、残念ながら2004年に鬼籍に入られた、Professor Nils Møller Andersen は、彼の The semiaquatic bugs という代表的な著書(Andersen, 1982)の中に、電子顕微鏡写真に基づく、ウミアメンボ体表面の精緻なスケッチ画が掲載されている。そこには、淡水産のアメンボ類と同じ毛の束が描かれているが、その底部にもう1層かぎ状の束の列が存在する。これによって、ビロードのような性質が出て、更に水をはじく効果が生まれる。Dr Lanna Cheng による実験では、17時間沈めていても水中で生きている(Cheng, 1985)。天然の酸素ボンベのように、体の周りに空気層を抱えて潜るため、外洋で時化になってもしばらく生きていることができる。

■ 外洋棲ウミアメンボ類は何を食べているの？

これもよく聞かれる質問である。前出の Dr Lanna Chen が1985年に

3 外洋棲ウミアメンボ類の特性，分布，耐性

　Annual Review of Entomology に書いた総説(Cheng, 1985)の中に出てくる記述には，別の研究者の仕事として紹介している部分がある。「ウミアメンボ類の腸管の中の内容物(液体)の原子構成比を調べると動物プランクトンの原子構成比とよく似ている。その事から，ウミアメンボ類は動物プランクトンを食べているという説がある。」アメンボ類は，カメムシの仲間なので，口が針状になっている。この針状になった口器を獲物につきさし，口器に通っている管から消化液を流し込んで消化する(Andersen, 1982)。飢えたナミアメンボをミドリキンバエ Lucilia illustris というハエの成虫が浮く水面に移したところ，20分くらい口器を突き刺していた。そのハエ個体を解剖してみると，見事にハエの内臓が溶けていた。アメンボはこのスープ状の液体をもう一方の管から吸い取るのだ。

　外洋棲ウミアメンボ類のエサとしては，前出のミドリキンバエの老齢幼虫（太った蛆虫：サシムシ，釣りの餌として養殖販売されている）を成虫に発生させた後エサとして使っているが，問題なく長期航海中にも使える。ネットで採取されたハダカイワシなどの稚魚類も冷凍保存して，圧縮発砲スチロールを2mmくらいの薄い板にして水面に浮かべた上に稚魚を置いても外洋棲ウミアメンボ達はよく食べた。2007年から2008年にかけて約23日間で，東京晴海ふ頭から2週間かけて，東インド洋のインド半島の東の海域で原田は採集実験したことがある(KH-07-Leg 1 航海)。熱帯インド洋には，主にツヤウミアメンボ(ツヤ Halobates micans)が生息しているが，採取されたツヤに，ネットと一緒に採れたハダカイワシの稚魚を与えると，20頭ほどのツヤウミアメンボ個体が一斉に稚魚のところに集まって黒だかりの塊となり，一勢に口器を突き刺した。その20分後，さっと塊が解除された後には，そこにあったはずのハダカイワシが，1mmほどの幅の紐状の食べ残しのみとなっていた。

　外洋で実際に何を食べて生きているのかは，本当のところ不明である。航海の間，ネットで外洋棲ウミアメンボ類の採集個体数を推定生息密度として把握する。一緒に採れたニューストンネットの採取物(主に魚の稚魚とクラゲやコペポーダなどの節足動物)の重量と外洋棲ウミアメンボ類の採集個体数との関係を調べる。すると，他の動物採集重量，取り分け魚類以外の重量(主に動物プランクトン)とウミアメンボ類の採集量の間に正の相関関係が見られた(Furuki et al., 2016)。これは，外洋棲ウミアメンボ類が動物プランクトン

を餌にしていることを暗示するデータである。更に，表層付近の溶存酸素量が極端に少なくて，しかもクロロフィル量が逆に極端に多い海域で外洋棲ウミアメンボ類が高密度で生息していた(Harada et al., 2014)。これは，生物生産量が多くて，しかも動物(プランクトン)量の割合が高い海域にウミアメンボ類が多く採取されたことを表している。即ち，動物プランクトンなどの餌が恵まれた水域にウミアメンボ類が多く生存していることを示唆している。

海洋研究開発機構という日本の海洋学を担っている研究機関があるが，私達が利用させていただいている「淡蒼丸」「白鳳丸」「みらい」の3つの船もこの研究機関が所蔵する船である。この研究機関が主催する，「研究船を利用した研究成果を発表する発表会」である「Blue Earth」という発表会がある。著者らも毎年参加発表させていただいている。ある年の発表の後の質疑応答で，海洋表層プランクトンの専門の研究者に，「表層の動物プランクトンは，海面上に飛び上がることがあるが，それをとらえて食べているのか？」と聞かれたことがある。飼育していても，潜る姿を見たことがないので，その可能性は否定できない。また，別の研究者からは，「海面にあるバクテリアシートを食べている可能性もある。」と指摘された。実験で確かめてみる余地がある。

外洋棲ウミアメンボ類3種のうちどの種が一番温度変化に強いか？

外洋に専ら生息するウミアメンボ類は記載されているもので，たったの5種しかない。その内の2種は南アメリカ大陸の太平洋側の沿岸に近いところにしか生息しない(Andersen, 1982)。従って本当の意味での外洋棲ウミアメンボはわずかに3種しか正式には記録(正式には記載)されていない。この3種は小型(図1)(コガタウミアメンボ：コガタ，体長3.3mmくらい)，中型(センタウミアメンボ：センタ，体長3.6mmくら

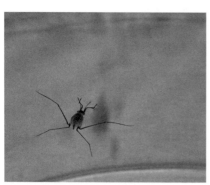

図1　センタウミアメンボ *Halobates germanus* 雌成虫個体。中型，体長3.6mmくらい

い),大型(ツヤウミアメンボ:ツヤ,体長4.4mmくらい)である(図2)。大型のツヤは肢が太く,獰猛で他種と一緒に飼育すると盛んに捕食(共食い)しようとする。大型は太平洋,大西洋,インド洋3洋全部の赤道付近に生息し(図2-1),北緯15度から南緯15度の最も安定した(29℃〜31℃)温度域を優占している。センタは,ツヤほど赤道付近に特化して生息しているわけではなく,もう少し高緯度側に生息している(北緯20度〜南緯25度)(図2-2)。センタの特徴は外洋棲ではあるけれども島嶼の近くを主な生息場所としている点である。コガタはツヤからの捕食圧を強く受けるはずであるので,ツヤの生息する北緯15度〜南緯15度にはほとんど生息せず,北緯または南緯15度〜40度の高緯度域に生息する(図2-3)。

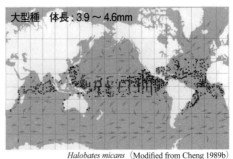

Halobates micans (Modified from Cheng 1989b)
1. 外洋棲ウミアメンボの1種,ツヤウミアメンボの分布

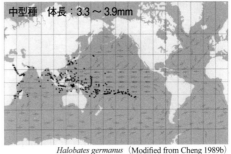

Halobates germanus (Modified from Cheng 1989b)
2. 外洋棲ウミアメンボの1種,センタウミアメンボの分布

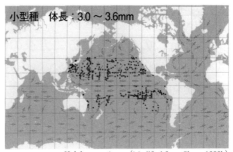

Halobates sericeus (Modified from Cheng 1989b)
3. 外洋棲ウミアメンボの1種,コガタウミアメンボの分布

図2 外洋棲ウミアメンボ3種の分布図

さて,この3種のうち高温度側や低温度側への耐性が強いのはどの種であろうか。生息緯度から考えれば,コガタが温度の季節変動などを受けやすいし,南赤道海流や黒潮によって低緯度側から高緯度側へ運ばれた後も,高緯度地

I．水面に住む水生半翅類の生活史と環境適応

方で生息するので、コガタが最も強いという予想が成り立つ。微生物の生化学培養用に作成された、恒温水槽を用いてウミアメンボ類の温度麻痺実験を行ってきた。温度麻痺とは、胸部腹面が水面に接着してしまい、体幹が浮けず、滑走不可能状態の事を指すが、温度を15分に1℃上げるか、下げるという実験を高温麻痺実験や低温麻痺実験として行ってきた。この自動温度制御恒温水槽を使用するまでは、通常の水槽に棒ヒータを設置し、1時間に1℃ずつ手動の電源オン・オフと手動での棒等による水槽かき回しによって、温度調節をしながら、高温麻痺実験のみ(低温麻痺実験は技術的に不可能)を行っていた。

2006年に行われた白鳳丸航海(KH-06-02)では、ツヤ、センタ、コガタの3種とも採集されたので、この3種で高温麻痺温度を比較したところ、大型、中型、小型の順で31.6℃、32.9℃、35.6℃と麻痺温度の平均値が高くなって行き、コガタが高い温度に最も強かった(Harada et al., 2010)。低温麻痺実験については、2013年〜2014年の2航海で、3種のデータがそろったので、比較してみると、大型、中型、小型の順で19.7℃、17.9℃、16.9℃と麻痺温度の平均値が低くなった。低温側もコガタが最も強かった。いずれも統計解析の結果有意な値の差であった(Furuki et al., 2015)。このように、生息場所の温度環境が安定している種ほど、高温や低温変化には弱いということが分かった。彼らの生理的性質は生息環境によく合致しているのだ。

短日時にのみ見られるコガタの集合行動

コガタは北緯40度から南緯30度までの広い緯度範囲に生息する。比較的高い緯度範囲にも生息する本種は季節情報を取り入れて、環境の季節変動にも対応する必要が外洋にも生じてくるであろう。筆者である原田は2003年に東シナ海(北緯25〜30度)で行われた白鳳丸航海中に多数コガタの成虫を採集し、飼育実験を行った。コガタを採集した、北緯26度の夏至時日長と冬至時日長に合わせ、薄明薄暮時間として約1時間を加算した日長を設定した。夏の日長として、14.5時間明期〜9.5時間暗期、冬の値として10時間明期〜14時間暗期を設定し、約3週間、25℃の室温下で、飼育した。白鳳丸のウエットラボ(甲板に最も近い実験室)で、ダンボール箱に20ワットの蛍光灯を取り付け、照明と電源の間にタイマーを装着し、日長を調節した。水

面の位置での照明は約 300 ルクスであった。

3 週間後になると，図 3 のように，10 頭近くのコガタウミアメンボが"スカイダイビングチーム"のように手をつないで広がるように静止する行動を盛んに見せるようになった。コガタウミアメンボ成虫は水槽中の海水面を目まぐるしくひっきりなし

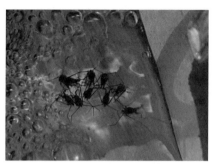

図 3 コガタウミアメンボ *Halobates sericeus* の集合行動（Harada, 2005）

に，滑走するのであるが，この"集合行動"を表す時は，集団で静止するのだ。この行動は専ら短日条件の時のみに盛んに見られた。飼育開始後 3 週間の時点で，長日条件と短日条件のそれぞれで，日中（いずれも明期）に 150 分間コガタの滑走する水槽でコガタの行動が観察された。3 分毎を 1 エポックとすると，集合行動が何エポックで観察されたかを記録した。長日条件では観察した 50 エッポック中 17 エポックのみで観察されたが，短日条件では

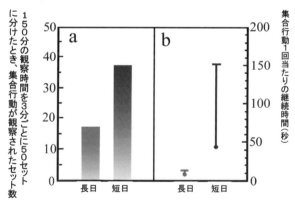

短日条件で頻繁に集合行動が誘発される。また、一回当たりの集合行動の時間が短日下で長い。

(14.5 時間明期-9.5 時間暗期間 対 10 時間明期-14 時間暗期)

図 4 短日条件に 3 週間置いたら，コガタは集合行動を盛んに見せる（Harada, 2005）

37エポックで観察された(図4)。観察された集合行動を構成する個体数は長日条件では2〜3頭だったが,短日では約10頭から成ることが多かった。また,集合行動は,長日ではわずか平均1〜2秒しか続かなかったが,短日条件では平均40秒継続された(図4)。これらの違いは統計解析によって有意であった。

集合行動の記録は2003年の航海時でのみ記録されたが,大変意義深い現象である。即ち海流(例えば黒潮)によって高緯度海域に流されたコガタは,流された季節が夏であれば問題はないが,もし秋から冬であれば,低温などによる餌不足に見舞われる。もし,短日によって,個体群が集まる習性があれば,"共食い"(Cannibalism)によって,個体群を維持できる可能性が広がる。このような意味で,短日下での集合行動が自然選択されてきた可能性が暗示される。今後集合行動を形成し始める臨界日長,生息温度がある程度低くないと形成されないのか,集合行動と飢えへの耐性との関係など,興味は尽きないが今後の研究を待ちたい。

■ 塩分変化に強いのは,外洋棲,沿岸棲,淡水棲のうちどのウミアメンボ類?

ウミアメンボ類は基本的に,Halobatinae(ウミアメンボ科)に属するが,前出のように沿岸棲ウミアメンボの仲間にはケシウミアメンボ(ケシ)という,Haloveliinae亜科(ケシウミアメンボ亜科)に属する2mm程度の体長を持った,小さいが"アメンボ"の形をした昆虫が沖縄本島・今帰仁村の干潟に優占して多数生息している。外洋棲ウミアメンボ類であるツヤ,淡水産ながら,系統的にはウミアメンボ科に属する,"陸水のウミアメンボ"であるシマアメンボ(シマ),沿岸棲のケシは,系統的にはウミアメンボ類の仲間かその近縁であり,しかも,外洋,淡水,沿岸という異なった3つの塩分環境に住んでいる。そこで,それぞれの塩分耐性を調べ,3つの生息塩分環境との関係を探った。

それぞれの場所から採集したウミアメンボ類を実験室に8〜10時間順応させながら,ミドリキンバエ成虫を十分に与えた。その後,海水上で10〜30個体を30×30×30cmの半透明水槽で餌なしの状態で飼育し,死亡までの時間を測った。淡水産であるシマは淡水では平均約80時間生きたが,陸産昆虫の体液塩分の約半分の濃度である5‰下で,生存時間が半分の平均42

3 外洋棲ウミアメンボ類の特性，分布，耐性

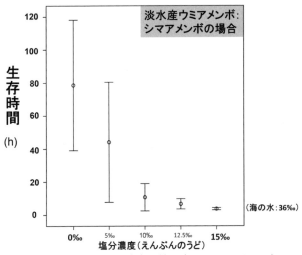

図5　シマアメンボは塩水に弱い（Sekimoto *et al.*, 2014）

時間となり，10‰で，10時間，にまで短くなった。15‰では3時間以内に全ての個体が死滅した。このように，系統学的にはウミアメンボ類の仲間であっても，長く淡水に生息していたシマは塩分にはほとんど耐性がなかった（図5）（Sekimoto *et al.*, 2014）。

次にもっとも外洋に適応して生息している種と言える，ツヤはどうだろうか。海水の塩分と同等の36‰では生存時間は平均80時間程度であった（Sekimoto *et al.*, 2013）。その3分の1の濃度である12‰では100時間程度までわずかに生存時間が長くなった。淡水下では3時間以内に全ての個体が"淡水ショック"を起こし，6本の肢が痙攣状態となって死亡した。外洋ではにわか雨などの激しい降水がときおりウミアメンボに襲いかかる。その時，一時的であるにせよ，淡水に近い低塩分化にさらされる機会は多いはずである。海水の3分の1の低塩分で最も生存時間が長いのは，これら激しい降水への適応かもしれない。

しかし最も広い塩分に耐えられる可能性の高いのは沿岸棲のケシであろう。生存実験を行ってみると，淡水から海水濃度の約1.5倍の45‰まで，平均生存時間は120時間を超え，50‰下でも約70時間生存し，70‰下でも約20時間耐えることができた（図6）（Sekimoto *et al.*, unpublished）。干潟は，降

I. 水面に住む水生半翅類の生活史と環境適応

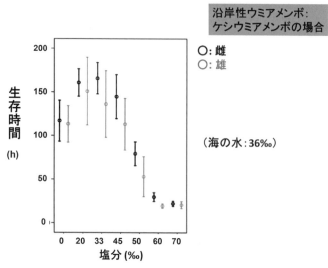

図6 ケシウミアメンボは広い塩分範囲に耐性がある（Sekimoto et al., unpublished）

水時にはタイドプールは淡水化する一方で，夏の晴天干潮時にはタイドプールの海水塩分濃度は通常の2倍に達することも想像できる。このようなケシの広塩分耐性はこれらの生息場所の特徴による自然選択によってもたらされたと推定できる。

■ 外洋棲センタと沿岸棲ケシの低温麻痺温度の比較

　センタは外洋棲主要3種の中でも島嶼近くを主な生息場所としており，外洋棲ウミアメンボ類の中では，比較的陸水の影響が大きく降水も多く発生し，塩分や環境変動は比較的大きいと考えられる。しかるに，亜熱帯沿岸棲のケシにとっては，干潟の温度環境は季節変動もあって，激しく変動しており，同じウミアメンボ類の中にあっても，温度耐性は強くなっているはずである。ケシは低温側では，平均約12℃まで麻痺は起こらず，高温側でも平均約43℃の麻痺温度を記録した（図7）（Furuki et al., unpublished）。2015年「みらい」航海（MR15-04）ではインドスマトラ島沖100km以内の海域で採取されたセンタ（外洋棲ウミアメンボ類の中でも比較的温度耐性が強い個体群）の

3 外洋棲ウミアメンボ類の特性，分布，耐性

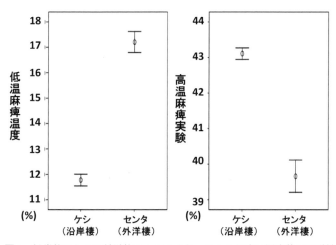

図7 沿岸棲のケシは外洋棲のセンタより，はるかに広い温度範囲に耐性がある（Furuki *et al*., unpublished）

温度耐性を調べた。低温側は平均約17℃，高温側は平均39.8℃で麻痺が起こった（図7）（Furuki *et al*., unpublished）。この結果を比較しても，低温側で平均5.3℃，高温側では平均3.3℃，両側で，ケシはセンタより8.6℃も温度耐性範囲が広いことになる。この違いは見事に両種の生息温度環境の違いを反映している。

■ 台風発生と外洋棲ウミアメンボ類の高温耐性能

海洋地球研究船「みらい」は8,600tを誇り，地底掘削を目的とする「ちきゅう」（50,000t）などを除けば，海洋研究船としては，世界一の規模を誇る。ドイツ，イギリス，ロシア，カナダなど，海洋先進国でも，一級の海洋研究船はどれも約4,000t規模のものである。この世界一贅沢な研究船「みらい」は，船にドラム式減揺装置を付けたため（479tの比較的小型船に並行して乗船していた原田にとっては）殆ど揺れを感じない，理想的な研究船である。ウミアメンボ類のサンプリング及び実験のミッションは，20を超える研究課題の1つである。2006〜2016年まで10回お世話になった，「みらい」航海のうち，5回は，海洋気象学のミッションがメインテーマの航海であった。ウミアメ

ンボ研究班はそれらにも参加させてもらった。そのうち，MR08-02 航海では，北緯 12 度，東経 135 度の定点に約 20 日船が留まって，台風発生から発達までを船から船の周りの気象変動を記録することが最大の目的であった。

外洋棲ウミアメンボ研究班も連日サンプリングをさせていただき，気象条件と生息密度との関係を探った。すると，晴天に恵まれた，前半 10 日間に採集された外洋棲ウミアメンボ（殆どがツヤ）の高温麻痺温度は平均 34.7〜35.1 であったが，台風が発生した後半は 33.7〜34.0 と約 1℃ほど，耐性が弱くなった。そこで，採取時刻（夜間 19 時〜20 時）前 24 時間の降水量や波など，様々な要因との関係を探ったが，相関関係が見られたのは，水深 5m 付近の海水温が 26℃を下回った時間の割合（24 時間中何時間下回ったか）と採集個体数との間に負の相関関係が見られた（Harada et al., 2011）。

即ち，台風発生や嵐などで，水温が 26℃を下回るとそれによる低水温によって，特にツヤは温度耐性が弱まってしまうことを暗示している。白鳳丸航海で，東京〜ハワイ間を往復しながらウミアメンボ採集を 2010 年 9 月と 2012 年 2，3 月に行ったが，その際，大型と中型のツヤとセンタは 27.8℃を境にそれより，低温域では採集されなかったが，高緯度にも生息するコガタは 22℃くらいが生息限界温度であった。3 種の代表的な外洋棲ウミアメンボ類は生息可能な温度範囲が種によって明確に異なっているようだ。

■ マッデン＝ジュリアン振動発生海域とそこでのツヤの異常に強い温度耐性

様々な海域で外洋棲ウミアメンボを採取し，高温麻痺温度を調べてきた（図 8）（Harada, 2018）。全部で 1,000 を超える個体の高温麻痺温度と麻痺温度測定後に過冷却点を測定した。過冷却点とは，昆虫の体が凍り始める温度の事である。昆虫学では，過冷却点がその昆虫の低温耐性温度の 1 つの指標となるという意見もある。同じ個体で，低温側と高温側の両方で耐性温度を測定することは，不可能である。そこで，低温側の耐性の指標として，過冷却点を用いた。1,000 を超える大量データからは，概ね負の相関関係（高温麻痺温度が高い個体程，過冷却点は低い）が得られた。これは，高温側と低温側に何らかの共通の耐性をもたらす仕組みが存在することを暗示している。

同じ種類でも海域によって，高温耐性が異常に強い個体が生息する海域が

[3] 外洋棲ウミアメンボ類の特性，分布，耐性

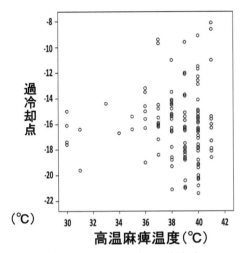

図8 東インド洋の季節内温度変動の激しい海域（マッデン＝ジュリアン振動発生海域）でのセンタウミアメンボ (Pearson's correlation test: r = 0.013, p = 0.883, n = 131). は異常に高温度耐性が強い（Harada et al., 2012）

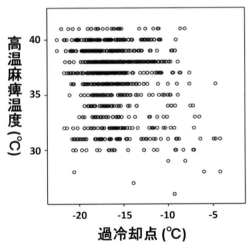

図9 温帯〜熱帯大平洋，熱帯インド洋で行った11航海中に得られた実験データ (Pearson's correlative analysis: r--=-0.178, p<0.001, n=1004). (Harada, 2018)。ツヤ，センタ，コガタ，未記載種の4種成虫のデータである。弱い負の相関関係が見られる。高温耐性と低温耐性の間に何らかの共通の仕組みが暗示される

53

I．水面に住む水生半翅類の生活史と環境適応

ある．それは，インド洋の中でも，北緯7度から南緯6度，東75度から85度の海域である．この海域で2度の航海でツヤやセンタを採集し，高温麻痺温度を調べた．するといずれも，平均41℃を超える麻痺温度を記録した（図9）．これは，前出の沿岸棲ウミアメンボであるケシの43℃に迫るものであり，淡水産のシマの高温耐性温度に匹敵する高さである．なぜ，安定した表面海水温度であるはずの外洋にあって，この海域に棲むツヤだけが高い温度耐性をもつのであろう．MR08-03及びMR11-03航海の首席研究者で両航海プロジェクトリーダーを務められた，米山邦夫博士（海洋研究開発機構）に伺うと，「この海域は，直径6,000kmにもなる，マッデン＝ジュリアン振動と呼ばれる巨大低気圧塊の発達するところで，季節内温度変動が世界で最も激しい海域」という情報を頂いた．この海域のツヤは激しい温度変動にさらされ，それに適応したものだけが生き残ったのであろう．

〔引用文献〕

Andersen NM (1982) *The Semiaquatic Bugs* (*Hemiptera: Gerromorpha*) *phylogeny, Adapta-Tions, Biogeography and Classification*. Scandinavian Science Press LTD. Klampenborg-Denmark. 1–455.

Andersen NM, Cheng L (2004) The Marine insect *Halobates* (Heteroptera: Gerridae): biology, adaptations distribution, and phylogeny. oceanography and marine biology an annual review, *Oceanography and Marine Biology an Annual Review*, 42: 119–180.

Cheng L (1985) Biology of *Halobates* (Heteroptera: Gerridae). *Annual Review of Entomology*, 30: 111–135.

Furuki T, Nakajo M, Sekimoto T, Moku M, Katagiri C, Harada T (2015) Comparative study of cool coma temperature between two populations of oceanic sea skaters, *Halobates sericeus* (Heteroptera: Gerridae), located at 24-25oN and 138oE or 160oE in the Pacific Ocean. *Trends in Entomology*, 11: 55–61.

Furuki T, Sekimoto T, Umamoto N, Nakajo M, Katagiri C, Harada T (2016) Relationship of abundance of oceanic sea skaters, *Halobates* in the tropical Pacific Ocean to surface biomass and chlorophyll/oxygen concentrations. *Natural Science*, 8: 264–270.

Harada T (2005) Geographical distribution of three oceanic Halobates spp. and an account of the behavior of H. sericeus (Heteroptera: Gerridae). *European Journal of Entomology*, 102: 299-302.

原田哲夫 (2008) 滑走歩行のメカニズム―（第3編　第3章　第2節），（下

澤楯夫，針山孝彦監）；807-813，昆虫ミメテイックス，エヌ・テイー・エス，東京．

Harada T (2018) Heat coma temperature and supercooling point in pceanic Sea Skaters (Heteroptera, Gerridae). *Insects*, 9: 15; doi: 10.3390/insects9010015

Harada T, Sekimoto T, Iyota K, Shiraki T, Takenaka S, Nakajyo M, Osumi O, Katagiri C (2010) Comparison of the population density of oceanic sea skater of *Halobates* (Heteroptera: Gerridae) among several areas in the tropical pacific ocean and the tropical Indian ocean. *Formosan Entomologist*, 30: 307–316.

Harada T, Takenaka S, Sekimoto T, Ohsumi Y, Nakajyo M, Kayagiri C (2011) Heat coma and its relationship to ocean dynamics in the oceanic sea skaters of Halobates (Heteroptera, Gerridae) inhabiting Indian and Pacific oceans. *Journal of Thermal Biology*, 36: 299-305.

Harada T, Takenaka S, Sekimoto T, Osumi Y, Iyota K, Furutani T, Shiraki T, Nakajo M, Katagiri C, Moku M, Kostal V (2012) Correlation analysis of heat hardiness and super-cooling point in the oceanic sea skaters, *Halobates*. *Trends in Entomology*, 10: 115-124.

Harada T, OsumiY, Shiraki T, Kobayashi A, Sekimoto T, Nakajo M, Takeuchi H, Iyota K (2014) Abundance of oceanic sea skaters, *Halobates* in the tropical Indian Ocean with respect to surface chlorophyll and oxygen concentrations. *Journal of Experimental Marine Biology and Ecology*, 460: 32–36.

Sekimoto T, Iyota K, Osumi Y, Shiraki T, Harada T (2013) Lowered salinity tolerance in sea skaters *Halobates micans, Halobates sericeus*, and *Halobates* sp. (Heteroptera: Gerridae). *Environmental Entomology*, 42: 572–577.

Sekimoto T, Osumi Y, Shiraki T, Kobayashi A, Emi K, Nakajo M, Moku M, Koštál V, Katagiri C, Harada T (2014) Comparative study of salinity tolerance an oceanic sea skater, *Halobates micans* and its closely related fresh water species, *Metrocoris histrio*. *Natural Science*, 6: 1141–1148.

（原田哲夫・古木隆寛）

II．水中に住む水生半翅類の生活史と環境適応

Ⅱ. 水中に住む水生半翅類の生活史と環境適応

1 コンクリート水路の絶滅危惧種・トゲナベブタムシ

■ トゲナベブタムシとは

　水中生活する水生カメムシ類の種分化を表す系統樹(China, 1955)では，ナベブタムシ科 Aphelocheiridae は最上位に置かれている。最も水中生活に適応した(進化した)カメムシということである。水生カメムシ類は陸生のカメムシが二次的に水中に進出したグループで，カゲロウ類の幼虫のような鰓を持つ種はいない。水槽内の植物などに止まっているマツモムシ Notonecta triguttata の腹側を見ると，銀色に光って見える。これはガムシ Hydrophilus acuminatus の腹側を見た時も同じで，腹側に張り付いたうすい空気の膜が光って見えるからである。マツモムシの腹側には細かい毛がたくさん生えていて，その毛の間に貯えた空気が全体として膜のようになっている。マツモムシはこの空気の膜を使って水中で呼吸をしているが，時々水面に浮上して膜の中の空気を交換しなければならない[注1]。ナベブタムシ科昆虫も腹側に空気の膜をつけて潜水しているが，彼らの場合，止水より溶存酸素濃度の高い流水中で生活する。そこでは，水中と膜内の酸素濃度(分圧)の差が大きく，水中から膜内により多くの酸素が溶け込んでくるため，ナベブタムシ科昆虫は水面に浮上することなく一生水底で生活することができる。このような呼吸方法をプラストロン呼吸という(Thorpe, 1950)。皮膚呼吸を行う幼虫も(宮本, 1973)水面に浮上する必要はない。ナベブタムシ科の昆虫が鍋のふたのように薄い円形をしているのは，流水中で砂礫に潜って生活するため，また，腹側の面積をより広くするためと思われる。

　国内には3種類のナベブタムシ科昆虫が分布するが，そのうち琵琶湖とそこから流れ出す河川等で確認されているカワムラナベブタムシ Aphelocheirus kawamurae は，1960年代の初期に最後に確認されて以来採集されておらず，絶滅が危惧されている(友国ら, 1995)。残る2種のうち，ナベブタムシ A. vittatus は全国的に減少しているが，本州，四国，九州の各地で近年の生息が確認されている(環境省自然環境局生物多様性センター, 2002)。残るトゲナベブタムシ A. nawae (図1：口絵 ④ h)については，近年確実に生息が確認さ

1 コンクリート水路の絶滅危惧種・トゲナベブタムシ

れているのは、兵庫県、島根県と九州北部の福岡県、佐賀県、大分県だけである。このうち島根県では2000年に確認されたが、2002年の調査では確認されなかった（尾原, 2002）。兵庫県では三田市を流れる武庫川中流部で生息が確認されていたが（友国ほか, 1995）、2010年に姫路市内を流れる夢前川水系のコンクリート水路で多数のトゲナベブタムシが発見された（市川・姫路飾西高校自然科学部, 2012）。この章では、この水路での本種の生息状況と、三面コンクリート水路になぜ多数の個体が生息できるのかについて、現在までにわかってきたことを報告する。

図1　トゲナベブタムシ

絶滅危惧種の発見

最初に発見したのは私の妻、市川涼子である。2010年9月、散歩道の横を流れるコンクリート水路（図2）で、ザルを使ってカワリヌマエビ類

図2　トゲナベブタムシのすむ水路

II. 水中に住む水生半翅類の生活史と環境適応

Neocaridina sp. を採集している人のザルの中を覗いて，5齢幼虫を発見した。数日後に現場で成虫を採集し，トゲナベブタムシが生息していることを確認した。私もこの道を時々散歩するが，上から見ても魚影はほとんどなく，カワニナ *Semisulcospira libertina* とタイワンシジミ類 *Corbicula fluminea* ばかりが目立つなんの変哲もない水路で，ナベブタムシ類が生息しているなどとは想像もできない場所だった。この水路は，夢前川支流の菅生川の山陽自動車道がかかる橋付近から取水され，菅生川，夢前川の西側を農地と住宅地を縫うように流れて，約5km下流の夢前川本流へ排水される農業用水路で，途中の2カ所の水門から取水された水と混じり合い複雑な水路網を形成している。

10月末から11月初めにかけて，この水路の最上流の取水水門から排水口付近にかけての12カ所を調査した。水底に25cmの方形枠を置き，手でかき混ぜてそのなかにいる全ての虫を熱帯魚用の網などで受けて採集した。堆積物が無いところや細かい砂泥が堆積しているところにはほとんどいないことがすぐにわかったので，細礫と砂が混じってパッチ状に堆積している場所を探して調査した。各地点で2〜3回の枠調査を行い，全ての地点で成虫が確認できた。枠調査1回当たりの成虫数は2〜40匹であった。2〜5齢の幼虫も多数網に入った（市川・姫路飾西高校自然科学部, 2012）。

■ 高校生との共同調査・研究

前世紀後半に日本各地の多くの水路が三面コンクリート化された。それに伴い，水路に生息する魚類の多様性や生息数が各地で激減した（紀平, 1983など）。吸盤を持たないトノサマガエルなどのカエル類にも，コンクリート水路は大きな障壁となったはずである（市川, 2012）。しかし，全国的に激減し絶滅危惧種となったトゲナベブタムシが，このコンクリート水路には多数生息する。水生生物にとっては暮らしにくいと思われていた環境に，なぜこのように多数の個体が生息できるのだろうか。この水路での本種の暮らしを調べることによって，この謎を解明することを研究の目的として調査を始めた。

この水路は兵庫県立姫路飾西高校のすぐ前を流れている。ちょうどこの高校の教頭をしていた知人を通して共同調査を申し入れ，自然科学部の生徒たちと共同で調査を行うことになった。1年目は水路の水温や水位，流速の変化とともに，枠を使った単位面積当たりの生息数や齢構成の変化，パッチ全

体の生息数などを調べた。調査は主に高校生が担当した。2年目以降は，餌生物や天敵の調査，産卵場所や産卵時期などの調査も加えた。

先駆研究

　これまでに本種の生態について詳しく調べた研究は，石田，吉安両氏による研究だけである（石田・吉安，2004）。石田さんたちは兵庫県三田市を流れる武庫川の中流域での調査と，実験室での観察を行い，次のようなことを明らかにした。

　武庫川の調査地で横幅25cmのD型ネットによる生息調査を行い，周年成虫と幼虫を確認した。キックサンプリング[註2]によって1回3～10匹の成虫を確認したが，その量は越冬成虫の死亡により7～8月に減少し，新成虫が多数出現する9～10月に増加した。2～5月には1齢幼虫が確認できなかった。5月21日に採集したメスの越冬成虫を解剖したところ，7匹とも成熟卵を持っていたが，9月30日に採集したメスの新成虫では5匹とも成熟卵を持っていなかった。

　研究室の恒温期による実験で，卵期間は18℃で67.5日，22℃で35.9日，25℃で30.4日，30℃で22.1日，卵期間と幼虫期間の合計は，16.6℃で211.2日，21.8℃で113.9日，23.5℃で109.5日，28.8℃で83.9日だということを明らかにした。また，発育ゼロ点は，8.2℃であった。幼虫で越冬し6月2日に羽化した個体が7月7日に産卵を初め，10月16日までに164卵を産みつけたこと，7月7日に羽化した個体が8月12日から産卵を初め，年をまたいで合計24卵を産みつけたことを研究室で観察している。この観察により，羽化個体が産卵を始めるまでに約1ヵ月を要することがわかった。石田さんたちはこれらの結果から，トゲナベブタムシの生活環を次のように考察した。

　5月に越冬成虫が産卵を開始し，それらは6月に一斉に孵化する。その幼虫は9月下旬から10月に羽化するが，年内には産卵しない。しかし，本種の産卵期間は長く，5月に産卵を始めた越冬成虫は6～8月まで産卵を続ける。遅く産みつけられた卵から孵化した幼虫は，2～5齢で越冬する。このうち5齢で越冬したものは，翌年6月中旬から羽化を初め，7月中旬に産卵を開始する。この卵は8月中旬から孵化を初め，その年の1齢幼虫の2回目のピークをつくる。

II. 水中に住む水生半翅類の生活史と環境適応

　以上が，石田さんたちが導いた結論だが，これは水温などが異なれば若干変化する可能性がある。『コンクリート水路になぜ多数のトゲナベブタムシが生息できるのか』を解明することが私たちの研究の主目的だが，この水路での本種の生活史を明らかにすることも，生徒たちの研究課題となった。

■ 水路の環境

　ここの水路網は，田畑への灌漑と雨水の排水のために設けられたもので，三面コンクリート製の幅 1.5～4m，深さ 1～1.5m の主水路と，それより細い枝水路からなる。水路の所々に砂や砂混じりの細礫がパッチ状に堆積している。砂などの堆積が無い場所は，短い藻類が着生している。主水路と一部の枝水路には周年水があり，水田への取水のために堰板が設置されたわずかな時間以外は常に流れていた。自記録式の小型温度計（サーモクロン）を使って測定した正午の水温を図3に示した。8月に 30℃を越えた日が 12日あり，最高水温は 32.5℃であった。氷が張ったことはなかった。堰板設置時や多量の降雨があった時を除けば，水位は 5～17cm と安定していた。プロペラ式の流速計を使って，降雨後の増水時を除いて流速を測定したところ，流速は秒速 20～80cm と安定していた（図4）。増水時も，本流のような濁流が渦巻いて流れるような状態にはならなかった。

　水底にはカワニナが多数付着している。遊泳魚はミナミメダカ *Oryzias latipes* と 5cm 以下のオイカワ *Opsariichthys platypus* などの幼魚がわずかに群れているだけで，水底にはヨシノボリ類 *Rhinogobius* spp. と 5cm 以下のドンコ *Odontobutis obscura* の幼魚がわずかに生息している。カワリヌマエビ属の小エビが多くはないが生息する。ヒラタドロムシ *Mataeopsephenus*

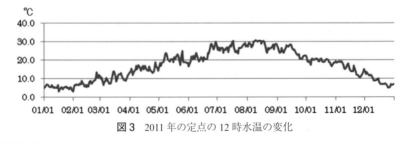

図3　2011年の定点の12時水温の変化

① コンクリート水路の絶滅危惧種・トゲナベブタムシ

図4　2011年の定点の流速の変化

japonicus の幼虫や，サホコカゲロウ *Baetis sahoensis* やトウヨウモンカゲロウ *Ephemera orientalis*，シマトビケラ類 Hydropsychidae などの幼虫も少なくない。外来種のアメリカツノウズムシ *Girardia dorotocephala* やヒル（未同定）も多い。

生息数と齢構成

この水路に多数のトゲナベブタムシが生息すると書いたが，それでは一つの砂礫のパッチにどのくらいいるのだろうか。パッチ内の成虫数は新成虫が出現してくる秋以降に増加し，4カ所の内3カ所のパッチで，1m² 当たりの成虫生息数が1,000匹を越えてしまった(図5，表1)。絶滅危惧種とは思えないほどの量であった。砂礫の堆積がなく短い藻類が着生しているところ

図5　パッチで採集されたトゲナベブタムシの一部（口絵④g）

II. 水中に住む水生半翅類の生活史と環境適応

表1 パッチ内の全成虫個体数 (市川, 2012)

	♂	♀	合計	㎡	数/㎡
2011.7.14	41	40	81		
2011.8.26	180	277	457		
2011.10.2	999	2611	3610	2.3	1570
2011.11.23	899	1144	2043	2.3	888
2011.12.22	1298	1461	2759	1.3	2122
2012.1.29	860	912	1772	1.5	1181

でも本種は見つかったが，その量は砂礫パッチの2%以下だった。

2012年4月から2013年6月まで，25×25cm枠2回分の成虫，齢別幼虫数の変化を図6に，そのうち1齢幼虫の確認数だけを図7に示した。7月に成虫数が少なくなるのは，石田さんたちの調査と同様で，成虫で越冬した個体が産卵を終えて死亡したためと思われる。

6月初めから7月初めにかけて多数出現する1齢幼虫は，越冬成虫が産んだ卵由来の幼虫で，二つ目の山をつくっている8月の1齢幼虫は，幼虫で越冬した個体が羽化し産卵した卵由来のものが主と思われる。

この水路は夢前川支流の菅生川から取水し，夢前川に排水する。取水口から排水口にかけての付近は夢前川水系の中流域で，流れの速いところには川

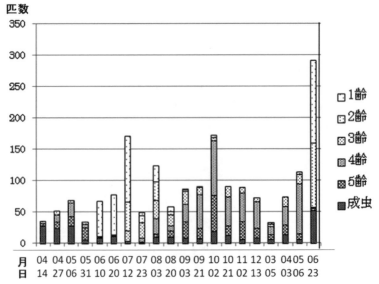

図6 2012〜2013年の齢構成の変化 (市川・姫路飾西高校自然科学部, 2014)

1 コンクリート水路の絶滅危惧種・トゲナベブタムシ

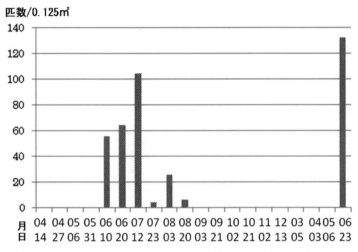

図7　1齢幼虫の出現（2012年～2013年）（市川・姫路飾西高校自然科学部, 2014）

底に玉石が堆積し，緩いところには細かい砂や泥が堆積している。本種が生息する細礫と砂が混じるような場所は少ない。2011年7月末に菅生川のA地点で調査したところ，25cm方形枠10回の合計が成虫1匹，5齢幼虫19匹，4齢29匹，3齢17匹，2齢7匹であった。成虫の少ない時期だが，それでも水路と比べると生息数ははるかに少なかった。

　ところが同じ場所に2015年4月に行ってみると川の様相が全く変わっていて，2011年に採集した場所は中州になっていた。近くに細礫混じりの砂が堆積しているような場所は無く，トゲナベブタムシは1匹も見つからなかった。2011年に少数確認したB地点も川の様相が変わり，前回より100mほど下流で少数の成虫や幼虫を確認した。

■ いつどこに産卵するのか

　2011年4月に採集してきた成虫をプラスティック容器で飼育していたところ容器の隅に卵を産みつけた。宮本(1973)にナベブタムシは小石や貝殻に卵を産みつけると書かれていたので，6月から毎月100個のカワニナを取り上げ何個の卵が産みつけられているかを調べた。しかし，産みつけられていた卵は，6月3個，7月2個，8月1個，9月1個と多くはなかった。カワニナは主な産卵場所とは考えられなかった。

Ⅱ．水中に住む水生半翅類の生活史と環境適応

図8 コンクリートに産みつけられた卵

次にコンクリート面ではないかと考えたが、水路の側面や底面で卵を探すのは非常に困難なので、2015年4月16日に溝幅15cm長さ60cmのコンクリート製のU字溝を沈めて、11月6日まで産卵の有無を調べた。U字溝のコンクリート面に多くの卵が産みつけられた（図8）。毎回の調査日に付着している全ての卵を取り除くことによって卵数を数えた。調査間隔が不揃いなので、調査日に数えた卵数を前回調査日からの日数で割り、調査日までの1日当たりの産卵数を求めた。1日当たり50卵を超える卵が産みつけられたこともあった（図9）。石田さんたちの調査では産卵開始は5月だったが、この水路では4月中に産卵が始まっている。主な産卵期は8月上

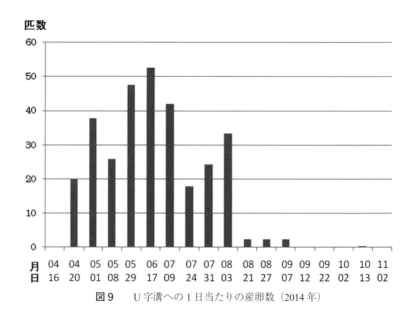

図9　U字溝への1日当たりの産卵数（2014年）

旬までだが，少数の産卵が 9 月上旬まで続くことが判明した。この調査では 10 月 13 日に 2 個だけ卵を確認したが，どのような個体が産卵したのか，気になるが今のところ不明である。また，2016 年の調査で水路のコンクリート側面に産みつけられた卵を，防水カメラを使って撮影しており，本種が産卵場所としてコンクリート側面を利用していることは確認できた。

餌と天敵

1 匹のカワリヌマエビ類を複数のトゲナベブタムシが捕食したり，モンカゲロウ類やヒラタドロムシの幼虫を捕食したりするところは，飼育下で観察している（図 10）。また，飼育下では共喰いを頻繁に観察している。従って，水生昆虫類が豊富な時期はそれらやエビなどを捕食し，水生昆虫類が少ない（小さい）時期は共喰いもして，餌の少ない時期をしのいでいるものと推察される。

図 10　モンカゲロウを捕食するトゲナベブタムシ

この水路にはドンコやカワムツ *Nipponocypris temminckii* の幼魚はわずかに生息しているが，大型のものは姿を見ない。一方，本流の菅生川には全長 10cm を越える大型のカワムツやドンコが多数生息する。

表 2　肉食魚による捕食（同居から 1〜2 日後の結果）（市川・姫路飾西高校自然科学部, 2014）

		体長	給餌			残餌			摂食数
		(cm)	成虫	5 齢	4 齢	成虫	5 齢	4 齢	
ドンコ	A	10.7	5	5	1	2	1	0	8
ドンコ	B	9.5	5	5	1	1	0	0	10
カワムツ	A	12.5	5	5	1	2	0	0	9
カワムツ	B	11.5	5	6	0	0	0	0	11
カワムツ	C	11.0	8	3	0	2	0	0	9
ヌマムツ		12.5	5	5	1	2	0	0	9

II. 水中に住む水生半翅類の生活史と環境適応

これらの大型魚は本流内で本種を捕食しているのではないかと考え、魚と本種を1〜2日間水槽内で同居させ、捕食の有無を観察した。実験の結果、肉食性の魚が本種を捕食することが明らかになった(表2)。

なぜ水路に多数生息できるのか

平野部にある灌漑用水路の多くは、晩秋から春までの間、降雨時以外は水が流れていない。一方、この水路は周年水が適度な流速で流れている。上流に大きな灌漑用のダムがあって流量を調節しているため、菅生川は冬でも真夏でも水が枯れるようなことはなく、この水路も周年取水することができる。また、台風などで多量の降雨があった時、本流は濁流が渦巻き、川の様相が変わるほどに砂や玉石が移動するが、水路ではそのようなことは起こらない。農地や住宅地を縫うように流れる水路があふれないように、水門を操作して取水量を調節するからである。台風通過後、砂と細礫でできたパッチの大きさや形が変わることはあるが、パッチは同じ場所に留まっている。生息場所や流量が本流より安定していることが、この水路に本種が多数生息できることの第一の理由と思われる。

本流で本種が確認できた場所は水深が25cm以下の浅瀬だが、水ぎわの植物の茂みにはドンコが潜んでいる。増水時に流されれば、下流側でカワムツなどが待ち構えている。本流には本種の天敵が多数いる。水路で時々見かける5cm以下のドンコの幼魚やヨシノボリ類は、本種の幼虫を捕食するかもしれないが、その量は本流より少ないだろう。水路の方が、天敵が少ないことが、この水路に本種が多数生息できることの第二の理由と思われる。

第三の理由は産卵場所である。本流では転石などに産みつけるものと思われるが、増水時に転石は動き回り、摩擦により卵が剥がれて流されることもあるかもしれない。しかし、水路のコンクリート側面は転がることはない。水路には安全な産卵場所が延々と続いている。これらの理由が重なり、コンクリート水路に多数のトゲナベブタムシが生息できるものと思われる。

トゲナベブタムシの生活環

成虫で冬を越したトゲナベブタムシは、この水路では4月20日頃に産卵を始める。これらの卵は6月初旬に孵化し、9月下旬から羽化を始める。石

田さんたちの報告には,羽化した新成虫が産卵を開始するのに約1カ月が必要と書かれている。10月下旬以降は水路では卵を確認できないので,9月下旬から羽化を始めた新成虫は越冬前には産卵していない。

4月20日頃に産卵を始めた越冬成虫は7月まで産卵を続けた後死亡する。このため,7月後半から8月にかけて成虫数が減少する。産卵期の後半に産みつけられた卵は,1カ月弱で孵化するが,おそらく年内には羽化せず,幼虫で越冬するものと思われる。10月末には水温が20℃を下回り,11月半ばには15℃を下回るからである。

幼虫で越冬した個体は,4～6月に羽化し,その後1カ月を経てから産卵を開始する。生まれた1齢幼虫が,図9の8月頃の二つ目の山となる。生まれた個体は幼虫で越冬する。石田さんたちの報告にあるように,水温の低下によって産卵を中断し,翌春に産卵を再開するメスもいるかもしれない。このような生活環の結果,周年成虫と幼虫が共存する複雑な齢構成になったものと思われる。

トゲナベブタムシのいる環境

宮本(1973)は,ナベブタムシ類は渓流中に生息すると述べており,多くの研究者が渓流や清流に住む昆虫だと思い込んでいた。確かにナベブタムシはアマゴ *Oncorhynchus masou ishikawae* が生息するような渓流の脇の細礫混じりの砂が堆積しているような所に多い。しかし,渓流や清流だけとは限らない。私は2011年に兵庫県神河町を流れる市川に流れ込むコンクリート水路で,多数のナベブタムシを観察した(市川,2015)。緩く流れる水路の砂混じりの細礫が堆積しているところに多数が生息していた。このとき,すぐ近くを流れる本流も調査したが,本流ではナベブタムシは全く見つからなかった。

佐賀市内には田畑や住宅地の中を水路が縦横に流れている。流れがよどんだ場所の水底は砂泥だが,少し流れがある場所は砂礫が混じる。このような場所を探ると多数のトゲナベブタムシが網に入った(図11)。菅生川・夢前川西側のこの水路網が全面的にコンクリート化されたのは,1976年におきた洪水の後である。コンクリート化される以前は,佐賀市内を流れる水路のような環境であったと思われる。

島根県で本種が確認された場所も,道路脇を流れる幅1m未満の水路で(尾

Ⅱ．水中に住む水生半翅類の生活史と環境適応

図11 佐賀市内を流れる水路

原，2008），姫路市，佐賀市の水路とともに，渓流や清流というイメージからはほど遠い。夢前川を遡ってアマゴがすむ渓流域まで行くと，ナベブタムシが生息している。しかし，調査域付近の中流から下流に移行する付近には，トゲナベブタムシはいてもナベブタムシは確認できない。三田市内を流れる武庫川も中流域の様相をしている。宮本(1973)は，トゲナベブタムシは流れの速い礫間に多いと述べているが，本種が暮らしていくのにそれほど速い流れは必要ないようで，むしろ，中流域の緩い流れに暮らすと考えた方が良いかもしれない。上記の神河町のナベブタムシ生息地を考慮に入れると，ナベブタムシ科昆虫全体が，それほど早い流れを必要としないのかもしれない。

謝辞

　この調査研究は，兵庫県立姫路飾西高等学校自然科学部の生徒たちとの共同のもので，この小論の中で使用した調査データの多くは生徒たちが集めたものである。2011年度以降の同校自然科学部の生徒たちに感謝するとともに，同クラブ指導教諭の先生方に深く御礼申し上げる。また，この水路は，平成27年に『生物多様性の観点から重要度の高い湿地』として，環境省によって選定された。これも私たちの調査・研究の大きな成果である。

〔註〕

（註1）マツモムシは気門を通して膜内の空気を取り入れるが，呼吸の結果，膜の中の酸素濃度は下がり二酸化炭素濃度は上昇する。膜内の酸素濃度が水中の酸素濃度より低くなれば（正確には酸素分圧が小さくなれば），水中から膜内に酸素が取り込まれ，高濃度となった二酸化炭素は逆に水

中へ溶け出す。このため，マツモムシは膜内の酸素だけを使う場合より長時間水中で過ごすことができる。羽の下に空気を貯めて潜水するゲンゴロウが長時間潜水できるのと同じ原理である。しかし，活動性の高い春から秋までの期間はこれだけでは十分な酸素を得ることができないため，マツモムシもガムシも時々水面に浮上して膜内の空気を交換している。冬期に水底で越冬するガムシは，ほとんど水面に浮上することはない。

（註2）水底に固定した網の上流側で，足を使って砂などをかき混ぜ，砂中に潜む動物を網に追い込む採集方法。

〔引用文献〕

China WE (1955) The evolution of the water bugs. pp. 91–103 in: *Symposium on organic evolution. India. Bulletin of the National Institute of Science* 7.

市川憲平 (2012) 魚やカエルから見た田んぼの生物多様性．兵庫陸水生物，63: 59–66.

市川憲平 (2015) 市川水系のコンクリート水路でナベブタムシを発見．兵庫陸水生物，66: 32.

市川憲平・姫路飾西高校自然科学部 (2012) 夢前川水系コンクリート水路のトゲナベブタムシ 1．新生息地は三面コンクリート水路．兵庫陸水生物，61: 21–28.

市川憲平・姫路飾西高校自然科学部 (2014) コンクリート水路の絶滅危惧種：トゲナベブタムシの発見から．昆虫と自然, 49(2): 19–22.

石田直人・吉安　裕 (2004) 近畿地方におけるナベブタムシ属2種（半翅目：ナベブタムシ科）の生活環ならびにそれらの発育と生息環境．昆虫ニューシリーズ, 7(2): 55–68.

環境省自然環境局生物多様性センター (2002) 生物多様性調査・動物分布調査報告書・（昆虫（セミ・水生半翅）類）．自然環境研究センター，東京．

紀平　肇 (1983) 大阪府枚方市の農業水路の環境の変化と魚相の遍歴淡水魚，9: 58–60.

宮本正一 (1973) 半翅目 Hemiptera（上野益三編）日本淡水生物学: 567–575, 北隆館，東京．

尾原和夫 (2008) 島根県におけるナベブタムシ類の分布．ホシザキグリーン財団研究報告，11: 211–215.

Thorpe WH (1950) Plastron respiration in aquatic insects. *Biological Reviews*, 25: 344–390.

友国雅章・佐藤正孝・市川憲平・荒木　裕・二宗誠治 (1995) 絶滅が危惧されるカワムラナベブタムシと，兵庫県で生息が確認されたトゲナベブタムシ．*Rostria*, 44: 21–25.

（市川憲平）

Ⅱ．水中に住む水生半翅類の生活史と環境適応

2 風船虫のなぞ—ミズムシ科の生態と人との関わり

■ 風船虫の正体

　風船虫（フウセンムシ）とは，ミズムシ科 Corixidae に属する水生半翅類のうち，特にコミズムシ属 *Sigara* を指す俗称である。俗称がついていることからわかるように，実はコミズムシ属は身近な昆虫である。しかし，その正体は，一般にはほとんど知られていないのが現実だろう。認識されている場合でも，コミズムシ属はマツモムシ科 Notonectidae のマツモムシ *Notonecta triguttata* と混同されている例は驚くほど多い。マツモムシ科とミズムシ科のもっともわかりやすい違いは，泳ぎ方である。マツモムシ科は背面を下に向けて，もっぱら水面のすぐ下を泳ぎ，陸上からの落下昆虫などを捕食する。それに対し，ミズムシ科は背面を上に向けて，頭を水底に沿わせるように泳ぎ，底の餌を探すことが多い（図1）。ミズムシ科は水中にすむ水生半翅類の中ではもっとも体サイズが小さく，形や色も地味であまり目立たないため，注目されることが少ない。本章ではコミズムシ属と，その他のミズムシ科に属する水生半翅類の生態や人間との関わりについて解説する。

図1　マツモムシ（上）とコミズムシ（下）

■ 日本の伝統遊び「風船虫」とは

　風船虫という呼び名は，日本の伝統的な遊びに由来する。コミズムシ属を使った遊び方は次のようなものである。まず，細かく切った色紙を水の入ったコップに沈める。そこにコミズムシ属を数匹入れる。すると，コミズムシ属たちはコップの底に沈んだ色紙につかまる。しかし，自身の浮力によって，すぐに色紙をつかんだまま水面に浮き上がってしまう。浮き上がると色紙を離し，また底に潜って色紙につかまり，浮き上がる。このようにして色紙が次々に浮き上がる様子が，風船が空に浮き上がるように見える(図2)。これが風船虫の語源である。

　この「風船虫」遊びの起源は，文献によると少なくとも明治時代までさかのぼる。この遊びは，透明なガラス瓶がないと始まらないため，ガラス瓶が普及した明治時代に考案された可能性が高い。明治39年に発行された教育雑誌『婦人と子ども』(辻本編, 1906)に，風船虫のことが紹介されている。当時，風船虫は小瓶に入れられ夜店で売られていたようである。この記事では，母親に風船虫を買うようにねだる子どもに対し，母親が田んぼに採りに行こうと誘い出す会話が書かれている。そこには「コミズムシ」という種名は登場しないが，風船虫のことを「田んぼの水溜まりなどにいる小さな虫」と表記している。また，同年

図2　ホッケミズムシを使った「風船虫」遊びの様子（口絵④e）

に出版された『家庭新話』(樋口, 1906)にも風船虫が登場する。ここでは風船虫の本名が「コミズムシ」であり，大きさが2分(約6mm)であると明記されている。これらのことから，風船虫はコミズムシ属の総称であると判断できる。ちなみに，この本では風船虫につかませるのは色紙ではなく，茶殻を使うと書かれている。また，風船虫遊びの応用編も紹介されている。小さなおもちゃの汽船を沈めて，20匹程の風船虫がその船を浮き上がらせるのを見て楽しむという遊びである。この遊びは「すこぶる妙」と絶賛されている。このことができるのは風船虫の鋭い爪のためであり，風船虫と一緒に金魚や小ブナを瓶に入れると，風船虫に刺し殺されてしまうと説明されている。しかし，コミズムシ属には金魚を刺し殺すような鋭い爪や口もないため，これは明らかに風船虫がマツモムシ，あるいはタガメ Kirkaldyia deyrolli の幼虫などと混同されていると思われる。つまり，風船虫の正体は当時からはっきりとは認識されていなかったようである。本書では風船虫＝コミズムシ属と定義したが，実際には，つかませる紙切れの大きさを調節すれば，コミズムシ属以外のミズムシ科の種でも風船虫として遊ぶことができる。図2はコミズムシ属より体長の大きい，ホッケミズムシ Hesperocorixa distanti hokkensis を使った風船虫遊びの様子である。明治時代にも，このようなコミズムシ属以外の大型ミズムシ類が，風船虫として利用されることもあったかもしれない。

　明治以降，現代に至るまで風船虫遊びはいくつもの児童書や図鑑等で紹介されており(芹澤, 1942; 海野ほか, 1999 など)，現在でも実体以上に風船虫という言葉が知れ渡っているようである。しかし，この遊びを行ったことがある人は，今ではほとんどいないのではないだろうか。

日本のミズムシ科

　日本国内ではこれまで3亜科30種(亜種)のミズムシ科が記録されている(林・宮本, 2005; Hayashi & Miyamoto, 2009)(表1)。コミズムシ属は最も多い12種が記録されている。コミズムシ属の体長は4〜6mm程で，おもに水田，池，水溜まりなどの水深が浅い水辺に生息している。過去の分布記録などの文献に出てくる「コミズムシ」は，種としてのコミズムシ S. substriata として正確に同定されたものではないことも多い。特に1種のみの記録の

表1　日本で記録されているミズムシ科のリスト

種和名	学名	レッドリスト*
チビミズムシ亜科 **Micronectinae**		
ハイイロチビミズムシ	*Micronecta sahlbergii*	
チビミズムシ	*Micronecta sedula*	
クロチビミズムシ	*Micronecta orientalis*	
ケチビミズムシ	*Micronecta grisea*	
コチビミズムシ	*Micronecta guttata*	
フタイロコチビミズムシ	*Micronecta hungerfordi*	
アマミコチビミズムシ	*Micronecta japonica*	
ヘラコチビミズムシ	*Micronecta kiritshenkoi*	
モンコチビミズムシ	*Micronecta lenticularis*	
ミゾナシミズムシ亜科 **Cymatiainae**		
ミゾナシミズムシ	*Cymatia apparens*	準絶滅危惧（NT）
ミズムシ亜科 **Corixinae**		
ツヤミズムシ族 Agraptocorixini		
ツヤミズムシ	*Agraptocorixa hyalinipennis*	
オオメミズムシ族 Glaenocorisini		
オオメミズムシ	*Glaenocorisa propincqua cavifrons*	情報不足（DD）
ミズムシ族 Corixini		
チシマミズムシ	*Arctocorisa kurilensis*	情報不足（DD）
ミズムシ	*Hesperocorixa distanti distanti*	
ホッケミズムシ	*Hesperocorixa distanti hokkensis*	準絶滅危惧（NT）
オオミズムシ	*Hesperocorixa kolthoffi*	準絶滅危惧（NT）
ナガミズムシ	*Hesperocorixa mandshurica*	準絶滅危惧（NT）
ヒメコミズムシ	*Sigara matsumurai*	
エサキコミズムシ	*Sigara septemlineata*	
ホテイコミズムシ	*Sigara assimilis*	
オモナガコミズムシ	*Sigara bellula*	
トカラコミズムシ	*Sigara distorta*	
タイワンコミズムシ	*Sigara formosana*	
アサヒナコミズムシ	*Sigara maikoensis*	
ハラグロコミズムシ	*Sigara nigroventralis*	
コミズムシ	*Sigara substriata*	
トヨヒラコミズムシ	*Sigara toyohirae*	
サキグロコミズムシ	*Sigara lateralis*	
（和名なし）	*Sigara falleni*	
ミヤケミズムシ	*Xenocorixa vittipennis*	準絶滅危惧（NT）

* 環境省レッドリスト 2017（http://www.env.go.jp/press/files/jp/105449.pdf）

II. 水中に住む水生半翅類の生活史と環境適応

図3　ミズムシ科各種（口絵④a～d）
a：チビミズムシ，b：エサキコミズムシ，c：ミゾナシミズムシ，d：ホッケミズムシ

場合は，その記録の扱いに注意する必要がある。コミズムシ属の種同定は簡単ではないが，雄であれば，実体顕微鏡下で頭部や前脚などの形状を観察すれば比較的容易に区別することができる（林・宮本, 2005; 三田村ほか, 2017）。雄の顔面には凹みがみられ，種によってこの凹みの大きさや毛の生え方が異なる。また，雄の前脚の跗節（先端）にはペグ列と呼ばれる点状の列があり，この並び方が種によって異なる。このような雄の特徴は交尾の際，雌を固定するのに役立つと考えられる。雌にはこのような特徴がないため，前胸背板の模様や腹部末端の背面部の形状を観察する必要があり，雄と比べて種を見分けるのが難しい。ミゾナシミズムシ亜科のミゾナシミズムシ *Cymatia apparens* はコミズムシ属と体サイズが重なり，肉眼ではコミズムシ属と非常によく似て見えるが，前胸背の模様や前脚の形態がコミズムシ属と大きく異なる。

ミズムシ科の中で，コミズムシ属の次に種数が多いのはチビミズムシ属 *Micronecta* である（図3）。現在，国内で記載されているチビミズムシ属は9種であるが，南西諸島にはさらに未記載種も存在している（三田村ほか，2017）。チビミズムシ属の体長はミズムシ科の中でもっとも小さく，2〜3mm 程度である。チビミズムシ属の雄は，求愛のために音を出すことが知られている。その音の大きさは，体サイズに対して世界最大といわれ，ヨーロッパに分布する *M. scholtzi* では最大100dB程にもなると報告されている（Sueur et al., 2011）。これは電車が通過する音に匹敵するが，発せられた音のほとんどは，水中から空気中に伝わる際に失われてしまう。それでも，人間の耳でも聞こえる大きさである。この音は交尾器を腹部に擦りつけるという特異な方法で発せられている。

ミズムシ科の中で最も体サイズが大きいのは，体長10mmを超えるミズムシ属 *Hesperocorixa* の種で，国内ではオオミズムシ *H. kolthoffi* など4種（亜種）が記録されている。オオミズムシの体長は最大13mm程になり，コミズムシ属の2倍もの大きさである。これらの大型ミズムシ類は水生植物が豊富なため池などに生息する。どの種も全国的に個体数が減少しており，多くの都道府県や環境省のレッドリストの掲載種となっている。

ミズムシ科の食性

タガメやマツモムシ，アメンボ *Aquarius paludum paludum* など，ほとんどの水生半翅類は動物食性で，他の水生昆虫やオタマジャクシなどを捕食する。一方，ミズムシ科はミゾナシミズムシ亜科を除き，食性は多様であり，よくわかっていない。ミズムシ科の食性は同属でも種や性別によって異なることや，生息環境によって変化することも知られている。ミゾナシミズムシ亜科はミズムシ科の中では特異的に捕食性が強いといわれ（Hädicke et al., 2017），前脚は細長い形状をしており，前脚がへら状になっている他の亜科と比べ，捕食に適している形態をしていると考えられる。国内に生息するミゾナシミズムシもユスリカ科の幼虫やミジンコ類などを捕食することがわかっている（三田村ほか，2017）。しかしその他の亜科に属するミズムシ科は，藻類やデトリタス，微小甲殻類（ミジンコ類），ユスリカ科等の水生昆虫の幼虫，ミミズ類などの幅広い餌資源を利用することが報告されている（Hädicke et al.,

2017)。Popham et al. (1984) はイギリスに分布する 21 種のミズムシ科の食性を調べた。消化管内容物の割合から個体ごとに食性を動物食性，藻類食性，デトリタス食性，雑食性に分けた結果，ミズナシミズムシ属以外の種は全体的に雑食性の個体の割合が高いことが示されている。しかし，例えばコミズムシ属でも種によって藻類食性の割合が高いものやデトリタス食性の割合が高いものなど，食性の多様性が高いこともわかった。また，*Sigara falleni* の雄はおもに藻類食性であるのに対し，雌は雑食性が強いという，性別による食性が異なる例も示されている。一方，Reynolds & Scudder (1987) は，北米の塩水湖に生息する *Cenocorixa* 属の食性が，共存する同属異種の有無によって変化することを明らかにしている。

　国内のミズムシ科の食性は，ミズナシミズムシを除くとほとんど明らかになっていない。観察例として，ハイイロチビミズムシ *M. sahlbergii* がフナの死体に群がっている事例が報告されているが(中島ほか，2009)，フナの死体から吸汁しているのか，あるいはフナの死体に集まった微小生物を捕食しているのか，明らかではない。また，筆者は，エサキコミズムシ *S. septemlineata* がユスリカ科の幼虫を捕食することを観察している。しかし，ユスリカ科の幼虫だけを与えてエサキコミズムシを飼育しても，数日で死んでしまった。一方，水田から採ってきた新鮮な泥を水槽に入れてエサキコミズムシを飼育すると，水槽内で繁殖させることができた。水田では，エサキコミズムシが底泥の表面を頻繁につついて何かを摂食する様子がよくみられる。このことからも，本種は泥の表面の様々な餌資源を無作為に，あるいは何かを選択的に摂食しているのかもしれない。

生態学の発展に貢献した風船虫

　近代生態学の創始者の一人，ジョージ・エブリン・ハッチンソン(George Evelyn Hutchinson, 1903〜1991 年)は，ミズムシ科からニッチ理論の基礎につながるヒントを得た(Hutchinson, 1959)。彼は小さな人工池で大量の 2 種のミズムシ科の *Corixa punctata* と *C. affinis* が共存しているのを観察し，なぜこの 2 種が共存できるのか疑問に思った。そして，2 種の体長差に注目し，*C. punctata* は *C. affinis* の 1.46 倍の体長となっていることを確認した(図 4)。近縁種の共存にはこの体サイズの違いが重要であると考えた。鳥類などの他

② 風船虫のなぞ—ミズムシ科の生態と人との関わり

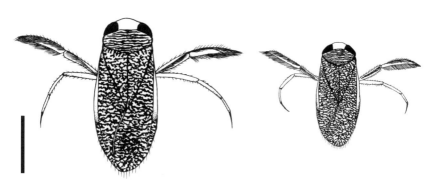

図4 *Corixa punctata*（左）と *C. affinis*（右）（スケールバーは5 mm）

の生物の例も調べた結果，共存する近縁種間の体長差が約1.3倍となっている法則を発見した（ハッチンソン則）。ハッチンソンは，この体長差によって，種間で資源を分け合うことができ，資源競争が緩和されることで近縁種が共存できると考えた。最近の研究では，近縁種間の体サイズの差は資源競争の緩和よりも，異種間の誤った交尾（繁殖干渉）を避けるために重要であることが指摘されている（奥崎ほか，2012）。

ハッチンソン則は国内のコミズムシ属にも概ね当てはまることがわかっている。藤井ほか（2015）は，1枚の水田で高密度に共存するエサキコミズムシとコミズムシ *S. substriata* の体長を継続的に調べた。その結果，両種の体長は水温の低下とともに小型化したが，コミズムシの体長はエサキコミズムシの約1.2倍で維持されていることが明らかになった。

また，ミズムシ科は生物の移動分散の研究例として対象とされたこともある。Brown（1951）は，イギリスの池に生息する *Corixa* 属各種の移動分散を調べた。その結果，水が干上がりやすい一時的水域にすむ種は，恒久的水域にすむ種に比べて移動分散能力が極めて高いことを明らかにした。これは，不安定な環境にすむ昆虫が頻繁に移動分散することを示した最初の例であった。

■ 水田で繁殖するコミズムシ属

日本のミズムシ科にとって重要な生息場所の一つが，水田やため池などの水田水域である。水田水域を利用するミズムシ科は14種（亜種）といわれており，その中でもっとも種数が多いのはコミズムシ属である（桐谷編，2010）。

Ⅱ．水中に住む水生半翅類の生活史と環境適応

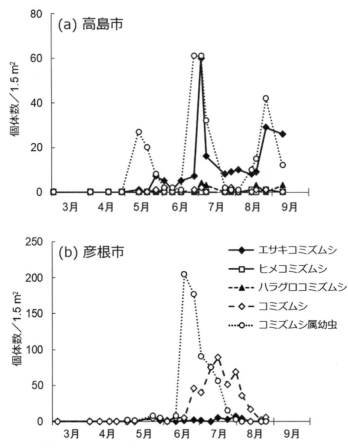

図5 滋賀県高島市（a）と彦根市（b）の水田各1枚で採集されたコミズムシ属の個体数の季節変化

　水田水域の中でも，水田を利用する種は6種に上り，水田でのコミズムシ属の生息密度は高い（中西ほか，2009）。また，コミズムシ属はため池と水田の両方で見られるが，おもに水田を繁殖場所として利用していることが示唆されている（西城，2001）。

　筆者らは滋賀県高島市の山間部と，彦根市の平野部の水田で，コミズムシ属の季節消長を調べた。調査した水田では，冬期湛水農法（冬水田んぼ）でイネが無農薬で栽培され，中干しも行われなかったため，長期間コミズムシ属の生息が可能な環境であった。これらの水田で，2009年3月から9月まで，

2 風船虫のなぞ—ミズムシ科の生態と人との関わり

コミズムシ属の個体数を継続的に調べた。高島市の水田では，4種のコミズムシ類が同時に採集された（図5a）。個体数のほとんどを占めていたのがエサキコミズムシであった。エサキコミズムシの個体数は5月下旬，7月上旬，8月下旬に3回のピークがみられた。また，種までの

図6　コミズムシ属の幼虫

同定ができなかったが幼虫の個体数もこれらよりやや早い時期に，同様に3回の増加がみられた（図6）。このことから，エサキコミズムシは年3回繁殖（産卵）している可能性が考えられた。ハラグロコミズムシ S. nigroventralis はエサキコミズムシが最多となった2回目のピーク時に，やや個体数を増加させたが，エサキコミズムシと比べると個体数は季節を通じてわずかであった。一方，彦根市の水田では，エサキコミズムシとコミズムシの2種が確認された（図5b）。ここでは，採集されたほとんどがコミズムシであり，エサキコミズムシの個体数は少なかった。6月中旬に幼虫の個体数が急激に増加し，7月中旬にコミズムシの個体数のピークがみられた。つまり，コミズムシはおよそ1カ月の幼虫期間を経て成虫になることが推測された。このように，場所によってコミズムシ属の種構成や季節消長が異なることがわかった。筆者は11月下旬に，水が抜かれた水田内にできた水溜まりで，コミズムシ属の幼虫が多数泳いでいるのを観察したことがある。この時期の幼虫は，当年に羽化した新成虫から産まれた世代であり，コミズムシ属は年多化性である可能性が考えられる。また，一部は幼虫の段階で越冬するのかもしれない。いずれにしても，コミズムシ属の生態にはまだ不明な点が多い。

珍味「メキシカンキャビア」

国際連合食糧農業機関（FAO）は2013年に世界の昆虫食に関する報告書を公表した（FAO, 2013）。食材として有名な水生半翅類は，やはりタイワンタガメ Lethocerus indicus であろう。しかし，この報告書に登場する多様な昆虫の中でも，とりわけ異彩を放っているのがミズムシ科である。ミズムシ科の

II. 水中に住む水生半翅類の生活史と環境適応

卵はメキシコの伝統的な食材「アウアウトレ（Ahuahutle）」として，食用にされる。この食材は，草の束を水中に沈め，産み付けられた卵を回収するという方法で調達される。アウアウトレには少なくとも6種のミズムシ科とマツモムシ科の複数種が含まれていることが確認されている（FAO, 2013）。アウアウトレは祝いの席などで用いられる高級な食材で，メキシカンキャビアとも呼ばれ，乾燥させたものが食べられる。しかし現在では，水域環境の変化によって，アウアウトレの調達が難しくなってきているようである。

■ コミズムシ科の今後

ミズムシ科は水生半翅類の中ではもっとも認知度の低いグループかもしれない。しかし，歴史的に人間との関わりもあり，水田を始めとした日本中の水辺で見られる実は身近な存在である。また，種数が多く，高密度に生息することも多いため，生態学を始めとした研究の材料としての価値も高い。ハッチンソンの時代以降，生態学においてもミズムシ科が研究対象とされることは，それほど増えなかった。その一つの理由は，食性が単純でないことなどに起因する，飼育の難しさにあるかもしれない。また，大型ミズムシ類は全国各地で減少しているため，その保全対策を急ぐ必要があり，予断が許されない状況である。今後，ミズムシ科の認知度が上昇するとともに，基礎生態の解明が進み，ミズムシ科が再び学問の発展にも貢献することを期待したい。

〔引用文献〕

Brown ES (1951) The relation between migration-rate and type of habitat in aquatic inseets, with special reference to certain species of Corixidae. *Journal of Zoology*, 121(3): 539–545.

FAO (2013) Edible insects: Future prospects for food and feed security. FAO Forestry Paper 171, FAO, Rome.

藤井暢之・中西康介・西田隆義 (2015) なぜ水田で複数種のコミズムシ類は共存できるのか？—「温度－サイズ則」の実証と近縁種間の体サイズ差が持つ意味. 日本生態学会第62回全国大会講演要旨: PB1–040.

林　正美・宮本正一 (2005) 半翅目 Hemiptera. 川合禎次・谷田一三（編），日本産水生昆虫—科・属・種への検索: 291–378. 東海大学出版会，神奈川.

Hayashi M, Miyamoto S (2009) New record of *Sigara* (*Subsigara*) *falleni* (Heteroptera, Corixidae) from northern Japan. *Japanese Journal of Systematic*

Entomology, 15: 287–288.

Hädicke CW, Rédei D, Kment P (2017) The diversity of feeding habits recorded for water boatmen (Heteroptera: Corixoidea) world-wide with implications for evaluating information on the diet of aquatic insects. *European Journal of Entomology*, 114: 147–159.

樋口二葉 (1906) 家庭新話．読売新聞社，東京．

Hutchinson GE (1959) Homage to Santa Rosalia or why are there so many kinds of animals? *The American Naturalist*, 93: 145–159.

桐谷圭治編 (2010) 田んぼの生きもの全種リスト　改訂版．農と自然の研究所，福岡．

三田村敏正・平澤　桂・吉井重幸 (2017) タガメ・ミズムシ・アメンボ ハンドブック（水生昆虫 2）．文一総合出版，東京．

中島　淳・林　博徳・小崎　拳 (2009) フナの死体に群がるハイイロチビミズムシ．月刊むし，465: 44–45.

中西康介・田和康太・蒲原　漠・野間直彦・沢田裕一 (2009) 栽培管理方法の異なる水田間における大型水生動物群集の比較．環動昆 20(3): 103–114.

奥崎　穣・高見泰興・曽田貞滋 (2012) 同所的オオオサムシ亜属種間の体サイズ差の意味：資源分割よりも必要とされる生殖隔離．日本生態学会誌，62(2): 275–285.

Popham EJ, Bryant MT, Savage AA (1984) The role of front legs of British corixid bugs in feeding and mating. *Journal of Natural History*, 18(3): 445–464.

Reynolds JD, Scudder GGE (1987) Serological evidence of realized feeding niche in *Cenocorixa* species (Hemiptera: Corixidae) in sympatry and allopatry. *Canadian journal of zoology*, 65(4): 974–980.

西城　洋 (2001) 島根県の水田と溜め池における水生昆虫の季節的消長と移動．日本生態学会誌 51: 1–11.

芹澤喜三 (1942) 少年昆虫記．清水書房，東京．

Sueur J, Mackie D, Windmill JF (2011) So small, so loud: extremely high sound pressure level from a pygmy aquatic insect (Corixidae, Micronectinae). *PloS one*, 6(6): e21089.

辻本卯蔵編 (1906) 風船虫．婦人と子ども 6(6): 1.

海野和男・筒井　学・高嶋清明 (1999) 虫の飼いかた・観察のしかた⑥　水辺の虫の飼いかた〜ゲンゴロウ・タガメ・ヤゴほか〜．偕成社，東京．

（中西康介）

II. 水中に住む水生半翅類の生活史と環境適応

③ 稲作水系におけるオオコオイムシとタガメの生活史

■ コオイムシ科の水生昆虫

　オオコオイムシ *Appasus major* とタガメ *Kirkaldyia deyrolli* が属するカメムシ目コオイムシ科は，雄が孵化まで卵塊を保護を行うグループで，日本にはコオイムシ亜科3種，タガメ亜科2種，合計2亜科5種が生息している（川合・谷田，2005）。コオイムシ亜科では，雄が背中に生み付けられた卵を哺育するのに対し，タガメ亜科では，水面上の茎などに生み付けられた卵塊上に，雄が留まって保護する（Cullen, 1969 など）。両種とも，水田地域や湿地に生息するが（Okada *et al*., 1992; Mukai *et al*., 2005 など），近年減少傾向にあり，タガメは環境省RDBの絶滅危惧II類（VU）に指定されている。

　本稿では，Mukai *et al*.（2005），Mukai & Ishii（2007）および向井（2009）に基づき，稲作地域でのオオコオイムシとタガメの生活史，生活環，行動に関する知見を報告する。

■ 調査地と調査方法

　稲作地域にすむオオコオイムシとタガメの生活史，および季節的な生活場所利用パターンを明らかにするために，1999年から2001年に，大阪府の標高約350mの山間部にある棚田群上部で野外調査を行った。生活史や生活場所の利用パターンが水域の特性により異なるかを検討するため，調査地内の放棄水田を利用して，水管理様式の異なる複数のビオトープ池を造成した。これにより，100m範囲内に「水田」，水田と同様の水管理をする「季節性湿地」，水田脇の湧水を温めるための水路（以下，「掘上」（ほりあげ）），湧水により湿地化した放棄水田（以下，「湧水湿地」），年中水を溜めているビオトープ池（以下，「池」），の5つのタイプの水域が隣接した環境が形成された（図1）。

　この調査地で，1999年6月から2002年5月までの期間に，厳冬期を除いて原則として週1回，標識再捕獲法を用いてオオコオイムシとタガメ成虫の調査を行った。標識にはサクラ社製のフェルトペン（サクラ マイネーム）を

3 稲作水系におけるオオコオイムシとタガメの生活史

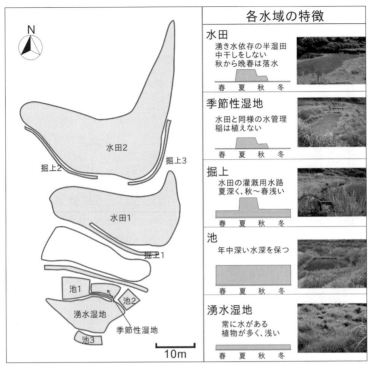

図1 調査地の水域の配置と，各水域タイプの特徴の概要
池1〜3と季節性湿地は，湿地化した放棄水田を利用して造成した．

用い，オオコオイムシ成虫の前胸背板，タガメ成虫の前翅と前胸背板に個体識別番号を記入した．成虫の捕獲の際に捕獲された両種幼虫については，齢と個体数を記録した．なお本稿では，成虫と幼虫のデータが揃っている，2000年6月から2001年12月までの調査結果を示す．

季節消長と寿命

(1) オオコオイムシ

オオコオイムシ幼虫は，6月から確認され始め，7から8月にピークを示し，9月まで確認された（図2）．幼虫の確認期間に幅はあるものの，一山型の分布を示したことより，オオコオイムシは年1化の生活環を持つと考えられた．成虫個体数は6月から8月にかけて増加したのち，減少するものの，冬期に

II. 水中に住む水生半翅類の生活史と環境適応

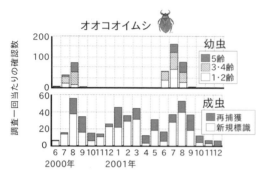

図2 オオコオイムシ幼虫と成虫の調査1回あたりの確認数

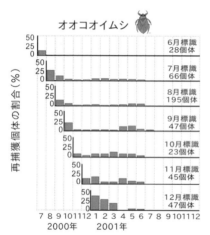

図3 各月のオオコオイムシ成虫標識数と翌月以降の標識個体の再捕獲履歴

も調査地内で継続的に確認された（図2）。新規標識個体は幼虫が確認される7月から9月と，5月に多かった。

全調査期間を通じて，オオコオイムシ成虫1,174個体に個体識別の標識を施し，392個体（33.4％）が少なくとも1回以上再捕獲された。6月に標識を施した成虫が，翌月以降確認されることはなかった（図3）。それに対し，7月から12月に標識を施した成虫は，標識を行った月によらず，一部が翌年の6月まで確認された。5月に確認された新規標識個体は，越冬成虫と考えられる。オオコオイムシの成虫に標識を施したのち，最後に再捕獲されるまでの期間は約11カ月であり，成虫の寿命は1年以下であることが示された。

(2) タガメ

タガメ幼虫は，6月から確認され始め，7月にピークを示し，9月まで確認された（図4）。幼虫の確認期間に幅はあるものの，一山型の分布を示したことより，タガメもオオコオイムシ同様，年1化の生活環を持つと考えられた。成虫個体数は8月から9月にかけて増加したのち急激に減少し，11

③ 稲作水系におけるオオコオイムシとタガメの生活史

月以降調査地で確認されなかった（図4）。新規標識個体は，幼虫が確認される8月から9月に多かった。

調査期間を通じて，タガメ成虫99個体に個体識別の標識を施し，そのうち52個体（53％）が少なくとも1回以上再捕獲された。このうち，6月に標識を施した成虫が，翌月以降確認されることはなかった（図5）。それに対し，7月から12月に標識を施した成虫は，標識を行った月によらず，一部が翌年の6月まで確認された。タガメ成虫に標識を施したのち，最後に再捕獲されるまでの期間は，最大で10カ月であり，成虫の寿命は1年以下であることが示された。

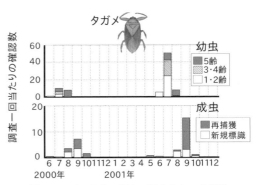

図4　タガメ幼虫の調査1回あたりの確認数

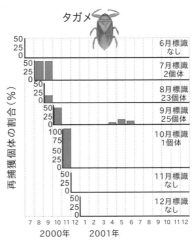

図5　各月のタガメ成虫標識数と，翌月以降の標識個体の再捕獲履歴

生活場所利用

(1) オオコオイムシ

卵を背負った雄成虫は，調査地全体では4月から8月に確認され，水田に比べ堀上や池でおよそ1カ月早く見られ始めた。しかし，若齢幼虫の出現時期はいずれの水域でも，6月であった（図6）。6月から9月にすべての水域で，全ての齢の幼虫が確認された。水田では8月まで幼虫が増加し続ける傾向を

II. 水中に住む水生半翅類の生活史と環境適応

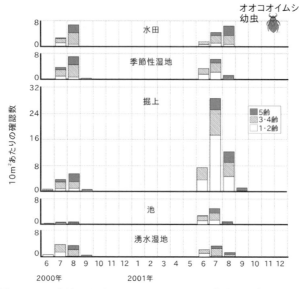

図6 5つの水域タイプでの，オオコオイムシ幼虫の調査1回，10m²あたりの確認数の季節変化

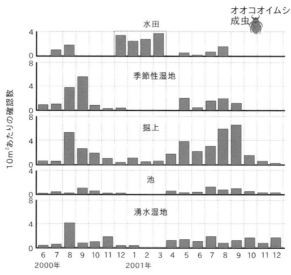

図7 5つの水域タイプでの，オオコオイムシ成虫の調査1回，10m²あたりの確認数の季節変化
2000年12月から2001年3月の水田での確認数は，陸上での調査結果を表す．

③ 稲作水系におけるオオコオイムシとタガメの生活史

示した。

オオコオイムシ成虫は水系内の全水域タイプで確認され，成虫の密度は掘上で高い傾向を示した(図7)。成虫は季節性湿地と池，湧水湿地では12月までに確認されなくなったが，掘上では冬季にも継続的に確認された。水田では湛水期間，ほかの水域に比べて成虫の密度は低かったが，落水から翌春まで，成虫が高密度で継続的に確認された(後述)。これらのことより，オオコオイムシは，調査を行った空間スケールで，生活環を完結していると考えられた。

(2) タガメ

2000年6月に池の杭，7月には水田の稲で，2001年6月には池の杭および露出した石の表面に，それぞれ1つずつタガメの卵塊が確認された。このうち2001年6月に杭で確認された卵塊では，雄による保護行動と孵化が確認された。タガメ幼虫はオオコオイムシと同様，すべてのタイプの水域で確認され，幼虫密度は季節性湿地を除く水域で，7月にピークを示した(図8)。

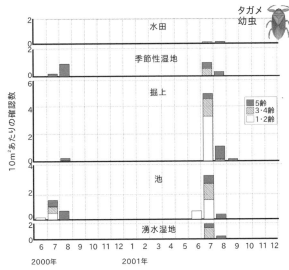

図8 5つの水域タイプでの，タガメ幼虫の調査1回，10m²あたりの確認数の季節変化

II. 水中に住む水生半翅類の生活史と環境適応

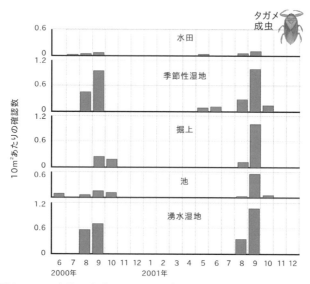

図9 5つの水域タイプでの，タガメ成虫の調査1回，10m²あたりの確認数の季節変化

若齢幼虫は水田，掘上および池でのみ確認された。しかし，若齢幼虫が確認されなかった季節性湿地と湧水湿地でも，中齢以降の幼虫が確認された。2000年7月に，卵塊および若齢幼虫の確認された池1から季節性湿地に向かって，畦を横切って陸上移動するタガメ4齢幼虫が確認された。このことから，中齢以降の幼虫は畦を越えて隣接した水域へ移動可能であると推察された。若齢幼虫の確認されなかった季節性湿地や湧水湿地は，隣接した繁殖水域から中齢以降の幼虫が移入することで，幼虫の生息地として機能したと考えられる。

タガメ成虫はすべての水域で確認されたものの，各水域タイプで成虫密度が異なっており，利用様式が水域によって異なることが示された(図9)。タガメ成虫の密度は季節性湿地，掘上，池，湧水湿地で高く，水田で低かった。成虫密度の高かった水域では，成虫は8月から確認され，いずれの水域タイプでも9月にピークを示したのちに，急激に減少した。本種成虫は10月以降，どの水域でも確認されず，冬季に水域周辺で行った陸上調査でも確認されな

かったことから，調査地外で越冬していると考えられた。

生活場所と環境条件

タガメの卵塊もしくは若齢幼虫は，水田と掘上，池で確認された。若齢幼

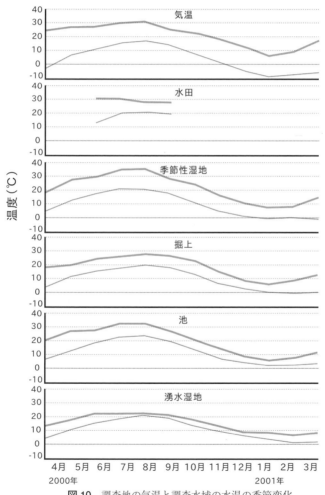

図10 調査地の気温と調査水域の水温の季節変化
太線と細線は，その月の最高と最低温度の平均をそれぞれ表す。

II．水中に住む水生半翅類の生活史と環境適応

虫が確認されなかった湧水湿地の最高水温は25℃程度と，他の水域に比べて低かった（図10）。Hashizume & Numata（1997）は，飼育実験の結果に基づき，28℃の高水温で本種の繁殖が開始され，短日により休止することを報告している。最高水温が25℃程度の湧水湿地では，タガメは繁殖できなかったと思われる。一方，季節性湿地では，夏季の水温が30℃を超えていたにもかかわらず，調査期間を通じて卵塊および若齢幼虫は確認されなかった。タガメを含むタガメ亜科の種は，ヨシやガマ，イネなどの抽水植物や水面に突き出た落枝，フェンスの支柱のような場所に産卵する（Cullen, 1969など）。この調査地では，タガメは卵塊を池の畔を固定するための杭，植物の根，水田のイネに産み付けていた。対して季節性湿地では，イボクサやコナギのような小型の水生植物が優占しており，杭や大型の植物はなかった。一時的な池では，

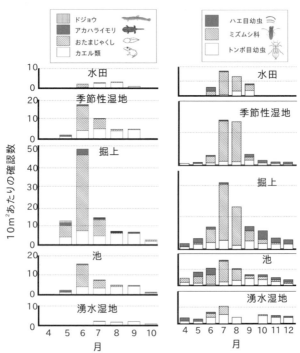

図11　5つの水域タイプでの，脊椎動物および無脊椎動物のあたりの調査1回，10m²あたりの確認数の季節変化

3 稲作水系におけるオオコオイムシとタガメの生活史

水温は好適であったものの，有用な産卵基質がなかったためにタガメが繁殖できなかった可能性がある。これらのことにより，タガメの繁殖には，少なくとも高水温と，有用な産卵場所の条件がそろう必要があると考えられた。

Hirai & Hidaka（2002）は，水田では本種の成虫がカエル類を主要な餌資源として利用していることを示しており，Ohba & Nakasuji（2006）は野外で本種幼虫がカエル幼生を，成虫はカエル成体をそれぞれ主に利用していることを明らかにした。また，北米に生息する同亜科の *Lethocerus americanus* と *L. medius* の成虫および幼虫もカエルの成体および幼生を主要な餌資源としていることが報告されている（Rankin, 1935; Smith & Larsen, 1993）。この調査地でも，これまでに両種の餌として報告されている水生動物の密度が高い水域タイプで，両種の幼虫および成虫の密度が高い傾向があった（図 11）。

本調査地では，オオコオイムシは繁殖時期に他の水域より水温が低い湿地でも繁殖を行っていた。タガメ亜科の種は産卵に水生植物の茎などの産卵場所を必要とするのに対し，オオコオイムシを含むコオイムシ亜科の種では，産卵は雄の背中に行われる（Cullen, 1969 など）。

これらの特性により，オオコオイムシがタガメに比べ，稲作水系のより幅広い水域タイプを繁殖に利用可能であったと推察される。水田では，水位低下により調査が困難となった 8 月下旬にも，中齢以降のオオコオイムシ幼虫が確認されており，これらの幼虫が 9 月下旬に完全に落水されるまで，羽化が続いていた可能性がある。

オオコオイムシの越冬生態

2001 年 2 月および 3 月に，落水後の水田全体をくまなく調べた結果，それぞれ 186 個体および 256 個体の成虫が陸上で確認された（図 12）。

体表面の水分を軽く拭き取って測定したオオコオイムシ成虫の過冷却点（凍結が始まる温度）は約 -4.0℃（向井，未発表）で，他の水生昆虫類の過冷却点 -3℃〜-7℃の範囲（Moore & Lee 1991; Frisbie & Lee 1997 など参照）と同等であり，凍結すると死亡することが分かった。Frisbie & Lee（1997）は，コオイムシ科の種 *Belostoma flumineum* が凍結すると死亡することを報告している。

厳冬期，調査地の気温はしばしば -4℃を下回り，最低で -10℃まで低下し

■ II. 水中に住む水生半翅類の生活史と環境適応

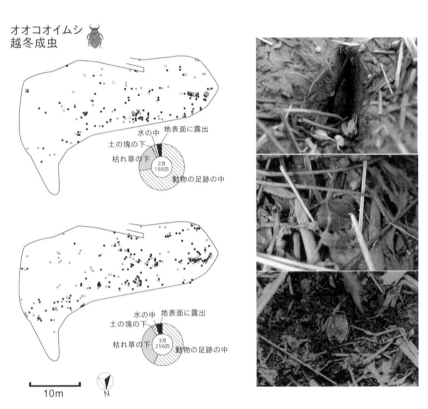

図12 冬期の水田でのオオコオイムシ成虫の分布と利用環境
分布図の●，●，○のプロットは，それぞれメス，オス，性別不明の個体が確認された場所を表す。

た(図13)。オオコオイムシは凍結に耐えることができないため，この調査地での冬期の生存には，好適な越冬場所の選択が不可欠である。実際，地表面に露出した状態で見つかったオオコオイムシ成虫は，すべて死亡していた。橋爪(1987)は，準野外条件での実験により，オオコオイムシと同属のコオイムシ *Appasus japonicus* の越冬の様式として，水中で草本につかまるもの，陸上で枯草の下に隠れるもの，穴を掘って潜入するもの，の3つのタイプがあることを報告している。調査地周辺の水田の土壌は，落水期にも湧水の影響で完全に乾燥することはなく，田面は落ち葉や枯れ草で覆われており，水田

③ 稲作水系におけるオオコオイムシとタガメの生活史

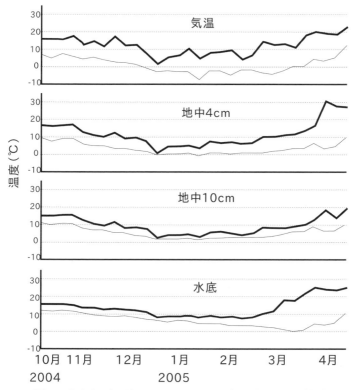

図13 調査地の気温とオオコオイムシの越冬場所の温度の季節変化
太線と細線は，最高と最低温度の週ごとの平均をそれぞれ表す。

の全域にイノシシやシカの足跡が多数あった。冬期，オオコオイムシ成虫の多くは，自ら掘った穴ではなく，田面のイノシシやシカなど野生動物の足跡を利用していた。オオコオイムシ成虫が多く確認された，野生動物の足跡の平均的な深さ(約4cm)の土の温度は，厳冬期にも0℃を下回ることがほとんどなかった(図13)。このような温暖な微小環境を選択することが，オオコオイムシ成虫の陸上での越冬を可能にしていたと考えられる。これに加えて，2月から3月に水田で確認されたオオコオイムシ成虫の一部が，水田内を移動していることが，標識再捕獲の結果から確認された。オオコオイムシは，

冬季に致命的な凍結の危険がない温暖な場所を選択し，また，水田内を移動して，より好適な場所を探索することで，越冬中の生存率を高めていた可能性がある。

野外調査から，オオコオイムシは，水田落水後もその場に留まり耐える戦略を採ることが分かった。雄の背中が産卵場所になるオオコオイムシにとって，毎年決まった時期に水が入る水田での越冬成功は，入水後に水田でいち早く採餌・繁殖できることを意味している。

■ 生活史戦略と稲作水系

オオコオイムシとタガメは，成虫の寿命が1年以下，水田の耕作期間に繁殖する，水田暦に同調した年1化の生活環，という共通性を持っていた。しかし，水田落水期には，オオコオイムシが水系に留まるのに対し，タガメは水系から姿を消し，系外で越冬していることが推察された。Wiggins et al.(1980)は，一時的な水域に生息する動物が水域の消失を乗り切る戦略を，(1)土の中に潜るなどしてその場に留まり耐える，(2)基質中で産卵するなど乾燥条件で生存するが，陸上でも回避可能，(3)成虫が水面消失後に基質に産卵し，耐久卵で越冬する，(4)水域が乾燥する前に行動的な水域へ移動して，再湛水後に移入する，の4つに分類した。オオコオイムシは(1)，タガメは(4)に区分されると考えられ，水田という広大な一時的水域とその周辺の水域を，異なる戦略で利用していることが分かった。

本研究で，タガメの4齢幼虫1個体が畦上を歩行しているのが観察された。また，卵塊および若齢幼虫が確認されなかった季節性湿地と湧水湿地に，タガメの中齢以降の幼虫が出現した。河川に生息するコオイムシ科の *Abedus herberti* の3齢，5齢および成虫は激しい降雨を信号として，洪水を避けるために陸上を移動して河川を離れる行動をとることが知られており(Lytle, 1999)，陸上移動がコオイムシ科の複数の種で，前適応的に見られることも報告されている(Lytle & Smith, 2004)。オオコオイムシとタガメも前述の陸上移動の特性を持っているとすれば，発育の段階次第で，盛夏に中干しや間断灌水を行う一般的な水田でも，幼虫が隣接した水域に移動することにより生き延びられる可能性がある。調査結果と先行研究の知見から，オオコオイムシとタガメは，水田の水管理に同調した生活環と，水域間移動の能力を併

せ持つことで,さまざまな水域が隣接して配置されている,伝統的な日本の稲作水系を,生息場所として利用できた,と考えられる。

〔引用文献〕

Cullen MJ (1969) The biology of giant water bugs (Hemiptera: Belostomatidae) in Trinidad. *Proceeding of the Royal Entomological Socety of London*, 44(7–9): 123–136.

Frisbie MP, Lee RE (1997) Inoculative freezing and the problem of winter survival for freshwater macroinvertebrates. *Journal of the North American Benthological Society*, 16(3): 635–650

橋爪秀博 (1987) 穴を掘って越冬するコオイムシ. Nature study 33(12): 140.

Hashizume H, Numata H (1997) Effects of temperature and photoperiod on reproduction in the Giant water bug, *Lethocerus deyrollei* (Vuillefroy) (Heteroptera: Belostomatidae). *Japanese Journal of Entomology*, 65(1): 55–61.

Hirai T, Hidaka K (2002) Anuran-dependent predation by the giant water bug, *Lethocerus deyrollei* (Hemiptera: Belostomatidae), in rice fields of Japan. *Ecological Research*, 17: 655–661.

川合禎次・谷田一三 (2005) 日本産水生昆虫―科・属・種への検索. 東海大学出版会, 神奈川. p300–301.

Lytle DA (1999) Use of rainfall cues by *Abedus herberti* (Hemiptera: Belostomatidae): a mechanism for avoiding flash floods. *Journal of Insect Behavior*, 12(1): 1–12

Lytle DA, Smith RL (2004) Exaptation and flash flood escape in the giant water bugs. *Journal of insect behavior*, 17(2): 169–178.

Moore MV, Lee Jr. RE (1991) Surviving the big chill: overwintering strategies of aquatic and terrestrial insects. *American Entomologist* (*summer*): 111–118.

向井康夫 (2009) 稲作水系における水生昆虫の保全生態学的研究. 大阪府立大学学位論文.

Mukai Y, Ishii M (2007) Habitat utilization by the giant water bug, *Appasus* (=*Diplonychus*) *major* (Hemiptera: Belostomatidae), in a traditional rice paddy water system in northern Osaka, central Japan. *Applied Entomology and Zoology*, 42(2): 595–605.

Mukai Y, Baba N, Ishii M (2005) The water system of traditional rice paddies as an important habitat of the giant water bug, *Lethocerus deyrollei* (Heteroptera: Belostomatidae). *Journal of Insect Conservarion*, 9: 121–129.

II. 水中に住む水生半翅類の生活史と環境適応

Ohba S, Nakasuji F (2006) Dietary items of predacious aquatic bugs (Nepioidea: Heteroptera) in Japanese wetlands. *Limnology*, 7: 41–43.

Okada H, Fujisaki K, Nakasuji F (1992) Effects of interspecific competition on development and reproduction in two giant water bugs, *Diplonychus japonicus* Vuillefroy and *Diplonychus major* Esaki (Hemiptera: Belostomatidae). *Researches on Population Ecology*, 34: 349–358.

Rankin KP (1935) Life history of *Lethocerus americanus* (Leidy) (Hemiptera-Belostomatidae). *The University of Kansas Science Bulletin*, 22(15): 479–491.

Smith L, Larsen E (1993) Egg attendance and brooding by males of the giant water bug *Lethocerus medius* (Guerin) in the field (Heteroptera: Belostomatidae). *Journal of Insect Behavior*, 6(1): 93–106.

Wiggins GB, Mackay RJ, Smith IM (1980) Evolutionary and ecological strategies of animals in annual temporary pools. *Archiv fur Hydrobiologie supplement*, 58: 97–206.

（向井康夫）

Ⅱ. 水中に住む水生半翅類の生活史と環境適応

④ 稲作水系におけるタイコウチとコオイムシの生活史

　タイコウチ *Laccotrephes japonensis* とコオイムシ *Appasus japonicus* は水田や溜池に住み，他種の昆虫やオタマジャクシを捕食する（Okada & Nakasuji, 1993a; Ohba & Nakasuji, 2006）。タガメに比べて地味なイメージがあるが，立派な前脚を持つ容姿が似ていることから，ときとして『タガメの子ども』と間違われることもある。タイコウチは体長28～38mm（呼吸管は除く）の大型の水生半翅類であり，環境省のレッドリストには掲載されていないものの，地域によっては絶滅危惧種に指定されている（8都県で指定，東京では絶滅）。筆者が住む長崎県では準絶滅危惧種指定であるが，ここ数年で急速に見られなくなったと近しい関係者から，その減少について異口同音に聞かれる。一方，コオイムシは環境省の準絶滅危惧種であり，33都府県で地方版レッドリストに掲載されており，長崎県では絶滅危惧Ⅰ類に指定されている。しかし，近年では割と増えている印象を筆者は持っており，昨年も長崎市内の学校プールで採集されている（大浦・大庭, 2018）[註1)]。これらの2種について，環境省のレッドリストと実際の個体数の増減が一致しないことが不思議である。この章ではこの2種の野外での生活史について，筆者が取り組んだ研究を紹介した後に，近年の個体数の増減について長崎県での例を中心に考察したい。

■ タイコウチの生活史

　タイコウチは河川の指標生物としても知られ，汚い水で見られる生物にランクされている（佐藤ほか, 2002）。清流ではなく，水田や溜池，湿地，河川の水溜りを含む止水や流れの緩やかな有機質に富んだ環境を好む（日比, 1994; Iwasaki, 1999; 伴ほか, 1988; 日比ほか, 1998）。彼らは長い呼吸管を持つのにも関わらず，水田の浅い場所に多いとされる（伴ほか, 1988; 日比ほか, 1998）。水田と溜池間の水生昆虫の季節消長を調査すると，タイコウチは溜池ではほとんど見つからず，繁殖地と非繁殖期共に主に水田で見つかる（西城, 2001）。しかしながら，彼らが良く見つかる水田での詳細な生活史や越冬

II. 水中に住む水生半翅類の生活史と環境適応

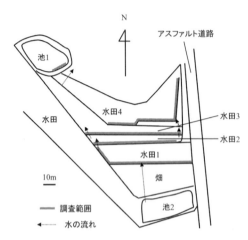

図1 タイコウチの調査地
池2にはコイがいて,水生半翅類がほとんどいなかったため調査していない。

場所はよく分かっていない。成虫に個体標識を付けて行う標識再捕獲調査によって個体群動態や移動実態を把握することで,より詳細な生息場所利用や越冬場所を明らかにすることができるだろう。

2006年4月〜2007年10月にかけて,5〜14日おきに兵庫県のある水田地帯で合計47回の調査を行った(Ohba & Perez Goodwyn, 2010)。この場所では5月上旬から7月の終わりまで水田に水が入り,中干しで水田から水が抜かれるものの,水田脇の水路には水が数cm残る状態であり,完全に干上がることはなかった。また水田が棚田上に配置され,溜池が2カ所あるが,そのうちの1カ所ではコイ Cyprinus carpio が放たれており,水生昆虫が少なかったため調査を断念した。水田4枚とそれらと接するように配置された溜池(池1)を調査地とした(図1)。池1は,常に水がある状態で深いところでは1m以上の水深があり,護岸工事がなされていない池であった。溜池の中央ではタイコウチがほとんど見られなかったので,岸から約50cmの深さのところまでを調査範囲とした。タイコウチは夜行性であるため,雨の日を除く夜間(20時〜翌1時)に懐中電灯を用いて直接の見つけ取りを行った。見つけたタイコウチは成虫・幼虫共に金魚網で採集した。予備調査として最初の4回の調査では成虫の雌雄別の個体数のみを記録していたが,2006年5月16日の調査からはペイントマーカー(PX-21 三菱鉛筆株式会社 東京)で個体標識を付けて,性別と世代(越冬成虫か新成虫か),体サイズ(前胸幅)を記録してから,採集した場所へ戻した。世代は成虫の翅の先が擦り切れているかいないかで識別でき,擦り切れていない場合を新成虫として記録した。得られた標識再捕獲調査のデータからジョリー・セーバー法(Jolly, 1965; Seber, 1965)で,

④ 稲作水系におけるタイコウチとコオイムシの生活史

水田群と溜池の推定個体数をそれぞれ算出した。

(1) 季節消長と交尾ペアについて

　成虫について標識再捕獲調査を行った結果，成虫は水田と溜池に4月には出現し，水田から水が抜かれている時期にも水田脇の水路には水が残っていて，ここで確認できた。タイコウチはオスがメスの背中に乗って交尾をするため，これを交尾ペアと呼ぶことにする。交尾ペアは5月16日から7月14日の調査まで確認できたので，この期間が繁殖期なのであろう。1齢幼虫は6〜7月にかけて，水田と溜め池の両方で見られた。2齢と3齢は6月中旬から8月に，4齢と5齢は7月から9月にかけて見られた。そして，新成虫は8月の終わりから10月にかけて見られるようになり，その個体数の変動パターンは水田と溜池で大きな差はないようであった（図2）。水田と溜め池の両方で，2年間で721頭の成虫に標識をつけ，そのうち438頭（全体の61%）が，2006年5月から2007年10月にかけて1度以上，再捕獲された。しかし，2006年の5月から7月にかけて標識したオス157頭，メス142頭のうち，

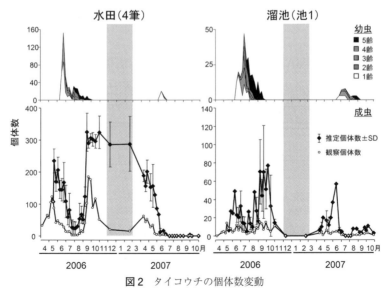

図2　タイコウチの個体数変動

グレーの部分は冬季を示す。Ohba & Perez Goodwyn（2010）を改変。

II. 水中に住む水生半翅類の生活史と環境適応

翌2007年4月以降に再捕獲されたのはそれぞれ2頭と1頭のみであったことから，タイコウチは基本的に1年に1回，5月から7月にかけて繁殖し，夏から秋にかけて出現する新成虫が，越冬後に繁殖してから大半が死亡すると推定される。

2006年の調査では88頭のオスが他個体の上に乗っているのが記録された。そのうちの9頭はオス，3頭はメスの死体の上，残りの76頭はメスの上に乗っていた(図3)。オスはオスやメスの死体にも乗っていたことから，雌雄の区別があまり出来ないのかもしれない。発見時に単独でいた個体と他個体に乗っていた個体の2グループ間で前胸幅(体サイズの指標)や体重を比較したが，オス・メスともに両グループ間に違いはなかった。また，オスとメスの交尾ペア間で体幅および体重に相関は無かったことから，オスはメスの体サイズで相手を選んでいるというわけではなく，繁殖期のオスは，餌を取ることよりもメスの背中に乗ることに専念しているのかもしれない。実際に，体重を調べてみると繁殖期(交尾ペアが観察された5月16〜7月14日まで)のオスは，非繁殖期のオスよりも明らかに体重が軽かった(表1)のに対し，

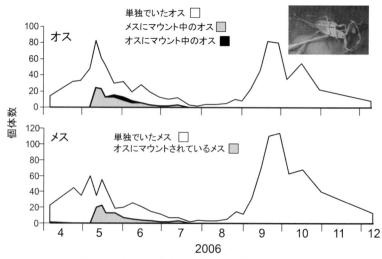

図3　タイコウチ成虫の交尾ペアの内訳とその変動
右上の写真はメスの上に乗っているオス（大串俊太郎氏撮影；口絵⑥f）。

4 稲作水系におけるタイコウチとコオイムシの生活史

表1 繁殖期と非繁殖期におけるタイコウチの生体重（g）の比較

	オス			メス		
	平均	S.E.	頭数	平均	S.E.	頭数
繁殖期	0.535	± 0.004	271	0.79	± 0.008	224
非繁殖期	0.570	± 0.016	20	0.77	± 0.019	23

繁殖期と非繁殖期の比較：オス *、メス ns

* は有意差あり（$P < 0.05$, 対数変換データについての一元配置の分散分析）。
ns は有意差なし。

表2　2年間で確認された交尾ペアと交尾相手の数

		オス				メス			
		2006年	2007年	合計	%	2006年	2007年	合計	%
交尾相手の数[*]	1	53	16	69	87.3	57	14	71	88.8
	2	8	0	8	10.1	7	1	8	10.0
	3	2	0	2	2.5	0	0	0	0.0
	4	0	0	0	0.0	1	0	1	1.3

* 個体標識をしているので，複数回捕獲されると個体の交尾履歴を追うことができる。

メスでは違いはなかった。日本のタイコウチと近縁種の *Laccotrephes griseus* では，交尾後もオスがメスの背中に乗ることが知られており（Venkatesan & Ravisankar, 1993），これは一種の交尾後ガード[註2]だと考えられる。タイコウチのオスも，自分が交尾したメスが他のオスと交尾をするのを阻止していると思われる。実際に，2年間の調査から雌雄ともに複数の相手と交尾をしていることも明らかとなった（表2）ので，オスとしては自分の精子を受精に使ってもらえるようにメスをガードする必要があるのかも知れない。しかし，この交尾後ガードがどれほど有効なのかを調べることは，今後の課題である。

(2) 繁殖地としての水田と溜池

2006年の8〜10月に確認された新成虫（体がまだ柔らかい個体）はそれぞれの場所で育ったと仮定できる。水田と溜池のそれぞれで成長した新成虫の体の大きさの指標として前胸幅を比較したところ，雌雄ともに顕著な差はな

表3　水田と溜池で羽化した成虫の前胸幅（mm）の比較

	オス			メス		
	平均	S.E.	頭数	平均	S.E.	頭数
水田	7.51	± 0.030	130	8.49	± 0.03	157
溜池	7.39	± 0.209	14	8.42	± 0.07	28

水田と溜池の比較：オス ns、メス ns

ns は有意差なし（$P > 0.05$, 一元配置の分散分析）。

II. 水中に住む水生半翅類の生活史と環境適応

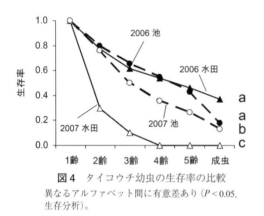

図4 タイコウチ幼虫の生存率の比較
異なるアルファベット間に有意差あり（$P < 0.05$, 生存分析）。

かった（表3）。このことから，両方でタイコウチは繁殖でき，同じ程度のサイズの成虫になれるだけの資源（餌）がこの調査地の水田と溜池にはあるようである。また2年間調査をしたので年次変動にも着目したい。2006年に出現した新成虫が冬を越し，その後，2007年5月から繁殖を開始したが，なぜか2007年は水田と溜池の両方で個体数が少なかった（図2）。この2年で幼虫の出現時期はほとんど一緒であったが，2007年は個体数の少なさが目立つ。その結果，2007年9月には水田で新成虫のオス，メスがそれぞれ1頭ずつ，溜池で4頭のメスが見つかったのみであった。

この減少理由は分からないが，調査した2年間の水田と溜池の幼虫の生存率を Kiritani-Nakasuji-Manly 法（Kiritani & Nakasuji, 1967; Manly, 1976）で算出し比較したところ，2006年は水田と溜池の生存率に差がなかったが，2007年よりも生存率が高かった。そして，2007年では溜池よりも水田の生存率が非常に低く，得られたデータからはほとんどの幼虫が死滅したことが分かった（図4）。もしかしたら，筆者が気付かないような環境の変化があり，2007年はタイコウチにとっての"外れ年"[註3]にあたったのかもしれない。その外れ年の2007年は水田よりも溜池の幼虫の生存率が高かったため，2007年は池1に避難所としての役割があったといえる。このように，環境による変動やタイコウチ自身の年変動を考慮すると，個体群が安定的に持続するためには水田だけでなく，水田と溜池の両方が存在する環境が必要なのかもしれない。

(3) 越冬場所

冬季の間，タイコウチはどこで越冬しているのか？ これを調べるため，2006年9～10月中にマークした個体を追うことにした。水田と溜池の両方で

4 稲作水系におけるタイコウチとコオイムシの生活史

図5　越冬中のタイコウチ成虫
水田脇の水路（a）の矢印のところで，越冬個体（b）が見られた。背中の点は個体識別用のマーキング。Ohba & Perez Goodwyn（2010）を改変。

2006年12月10日と2007年2月20日に見つけ取り調査を昼間に行った。その結果，水田に隣接する水路（明渠）の水底で12月10日にオス8頭，メス12頭を，2月20日にそれぞれ3頭と12頭を確認した。成虫は単独で前脚を折り曲げて泥の上に静止していた（図5）。しかし，2度の越冬調査で溜池では採集することはできなかった。2回の調査でオスの個体数が減っているように感じるが，図2の推定値に着目してほしい。水田のタイコウチ成虫は冬季の2回の調査で推定値もほとんど変わっていないことがわかる。2006年秋と2007年春の標識再捕獲調査の結果から，越冬場所を推測してみよう。2007年春に再捕獲された個体の履歴を調べてみると，前年の秋に最後に捕獲された場所と違うことに気付いた。すべての個体を追跡して見ると，秋から春にかけて，水田から溜池またはその逆の場所間の違い（つまりタイコウチの移動）が確認された。2006年の秋に水田で確認された328頭の標識個体のうち，119頭（全体の36.3%）は翌年の春にまた水田で見つかり，4頭（1.2%）は溜池で見つかった。一方，2006年の秋に溜池で確認した47頭のうち，池で見つかったのは3頭（6.4%）のみで，8頭（8.5%）は水田で見つかった（図6）。その傾向

II. 水中に住む水生半翅類の生活史と環境適応

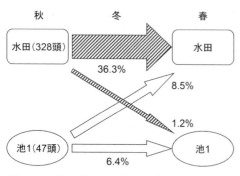

図6 2006年の秋から2007年の春にかけての移動
矢印の太さは移動個体数の相対頻度を示す。

に雌雄差はなかった。このように，秋から春にかけての移動は水田では水田→水田，池では池→水田で割合が高いことから，タイコウチは水田またはその周辺で越冬していることが推測される。筆者が子どもの頃に読みふけっていた図鑑では，タイコウチは陸上の落ち葉の下などで越冬するとされていた(中山・矢島，1985)。河川の水溜りでは11月から翌年の春までタイコウチは見つからないそうで(Iwasaki, 1999)，越冬場所は定量的には調べられていなかったのだが，筆者の調査で水中越冬もするという新知見を得ることもできた。今回の調査地は比較的狭い範囲に水田や溜池があるので，タイコウチは自分で畔を歩いて水から移動したのだろう。実際に調査をしていると水田と水田の間の畔の上を歩いて移動する個体を見かけることがあった。

ここで示したようにタイコウチは水田で越冬するようであるが，タイコウチ科のミズカマキリ *Ranatra chinensis* やヒメミズカマキリ *R. unicolor* は溜池のような深い場所で越冬することが報告されているため(伴ほか，1988; 日比ほか，1998)，タイコウチと越冬場所の棲み分けを行っているのかもしれない。

(4) タイコウチに適した生息環境

タイコウチに必要な生息条件を提案する。タイコウチの生活史をすべてカバーできる湿田や乾田化されていても水田脇に流れの緩やかな水路があることが生息地の条件であるため，水田の圃場整備は個体群の存続に影響が甚大である。ただ圃場整備が行われている水田であっても，コンクリートの水路に土砂が堆積し，緩やかに水が流れるような止水的な環境になるとタイコウチが高密度で生息していることがある(図7)。乾田にすると水田を冬期に限って畑にするところもあるが，水田→畑への転換を繰り返すことが可能な水田は，乾燥しやすくタイコウチは住めなくなるだろう。そして，予期せぬ

4 稲作水系におけるタイコウチとコオイムシの生活史

図7 タイコウチが高密度で生息するコンクリート水路
コンクリート水路になっているが，イノシシが畔を壊しているため，
見た目は素掘りの止水に近い水路になっている。

図8 長崎市内の公共湿地（a：2009 年 5 月 23 日撮影）
2009 年はタイコウチが抽水植物に上る姿も見られた（b；口絵 ⑥ d）が，現在は湿地
が陸地化し，タイコウチの姿は見られない。現在は有志によって湿地"掘り"が行われ，
かろうじて湿地を維持している。ニホンアカガエル *Rana japonica* の産卵も見られるが，
年々減少している（c：2017 年 12 月 16 日撮影）。

107

II. 水中に住む水生半翅類の生活史と環境適応

環境変化やタイコウチ自身の年変動を考慮すると水田に加えて，近くに安定的な溜池があることも重要かもしれない。

長崎市内でも数年前までタイコウチが見られた公共の湿地（昔の水田を湿地に復元している）があった（図8）。最近ではイノシシ Sus scrofa が畦を荒らすことに加えて，水漏れや遷移によってほとんどの湿地が陸地化してしまった。この場所では最近タイコウチが全く確認できず，全滅したのかもしれない。このように，最近タイコウチが減少している理由は圃場整備による乾田化に加えて，水田の管理放棄といった生息地の陸地化が影響している可能性が高い。

■ コオイムシの生活史

コオイムシはタガメと同じく，オス親が子を背負うという珍しい繁殖の仕方をする。筆者はレッドリストに掲載されている本種について，将来的な保全に必要な情報を得ると共に，行動学的に興味深い本種の生態を明らかにする必要性を感じたため，野外調査を行った（Ohba *et al.*, 2010）(註4)。

岡山県北部の3カ所のフィールドで，コオイムシの標識再捕獲調査を行い，卵塊サイズ（一つの卵塊に含まれる卵数），1シーズンに背負う卵数などの繁殖に関するデータ，体サイズ及び個体群動態，移動分散などを調べた（図9）。2006年は4月から9月にかけて1週間に1回，10月から11月にかけては2週間に1回の頻度で調査を行った。2007年は，4月末から9月にかけて5〜14日間隔に1回，10月末に1回調査を行った。

A地点は休耕田脇の水路，B地点は稲作が行われていた水田脇の水路，C地点は稲作が行われていた水田に隣接する湿地とその脇の水路であった。A地点の水位の変動はほとんどなく，水深は約5〜15cm程度であった。B地点の水深は，隣接する水田に水が存在する時期は約50cm，中干しや稲作終了後の水田に水がない時期は約3cm程度であった。C地

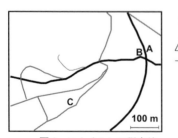

図9　コオイムシの調査地
黒いラインはアスファルトの道路，グレーのラインは農道を示す。A地点は休耕田脇の水路，B地点は稲作が行われていた水田脇の水路，C地点は稲作が行われていた水田に隣接する湿地とその脇の水路である。Ohba *et al.* (2010) を改変。

④ 稲作水系におけるタイコウチとコオイムシの生活史

点の水路の水深は，隣接する水田に水が存在する時期は約5～40cm，中干しや稲作終了後の水田に水がない時期は約3cm程度であった。C地点の湿地の水深は隣接する水田の増減に伴って変動した。湿地の最高水深は5cm程度であった。また，湿地は7月中旬以降，水が完全になくなることもしばしばあった。AとBの間はおよそ直線距離で10m，AとCは同様に300m，BとCはおよそ290m離れていた。

(1) 成虫の個体数変動と移動

成虫の個体数を調べるため，幅30cmのD型フレーム(3mmメッシュの

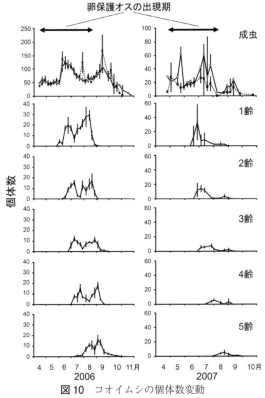

図10　コオイムシの個体数変動

成虫の推定個体数はJolly-Seber法により算出した。■はオス，○はメスを示す。幼虫は20すくいあたりの平均値を示す。成虫と幼虫共に垂直線は標準偏差。Ohba *et al.*(2010)を改変。

109

II. 水中に住む水生半翅類の生活史と環境適応

図11 溜池の岸際で越冬中のコオイムシ（2015年3月12日撮影。長崎県松浦市にて；口絵⑤ c）
コオイムシを◯で囲む。岸際の石の下で発見された。

網）のタモ網を用いて採集を行った。捕獲した個体の性別をチェックし，体サイズの指標として前胸幅をノギスで測定した後，ペイントマーカーを用いて色の組み合わせによる個体標識を施し，採集地に放した。幼虫については個体数をカウントするため，タモ網で水面近くを網で約0.5m引いてすくい取り，捕獲されたそれぞれの齢の個体数を記録した。20回のすくい取りを1セットとし，それを3セット行った。

結果を調査地全体でまとめ，図10に示す。2006年の越冬成虫の発生のピークは6月中旬から7月上旬で，4月23日から8月27日にかけて卵を背負ったオスが確認された。1齢幼虫は5月下旬から出現した。2齢幼虫および3齢幼虫は6月上旬，4齢幼虫は7月上旬，5齢幼虫は7月中旬，新成虫は7月中旬から出現した。新成虫の発生のピークは9月上旬と10月中旬であった。成虫の推定個体数では，6月中旬と9月中旬に大きなピークがあった。そして，この調査地では越冬中の個体を見つけられなかったが，コオイムシは岸辺の落ち葉や石の下で越冬することを別の調査地で確認している（図11）。

2007年は5月に成虫のピークが現れた。5月8日から8月1日にかけて卵を背負っているオスが確認された。6月に1齢幼虫が出現し，2，3齢は6月下旬から7月上旬，4齢幼虫は7月中旬，5齢幼虫は8月に見られた。新成虫は8月より観察され，ピークが8月下旬から9月にかけて見られた。B地点のみで7月に出現した新成虫のうち，4個体が7月下旬から8月上旬にかけて，それぞれ18，52，43，49卵を背負うのが確認された。

同一個体のオスを 1.9 ± 2.5 回（平均 ± S.D.），最大12回，メスで 1.8 ± 2.3 回，最大15回再捕獲し，性別間で捕獲回数に差はなかった。3調査ポイント間でメス4個体の移動が確認されたが，オスでは確認されなかった（図12）。AからBへ1個体，AからCおよびCからAへは，それぞれ2および

4 稲作水系におけるタイコウチとコオイムシの生活史

1個体のメスの移動が確認された。これまでにコオイムシ科昆虫で移動に関する性差については報告がないので，今回の結果は初めての報告である。これは，オスは背中に卵を背負うため飛翔移動できないが，メスは飛翔移動できることを示しているといえよう。

図13に2006年にマークし，2007年に確認された個体を月別に示す。前年マーク個体の再捕獲率は月間と雌雄間で異なり，合計で見るとオスよりもメスの再捕率が高いようである。これには2つの可能性が考えられる。1つ目は，卵保護中のオスは鳥などの天敵に見つかりやすく，捕食されやすいので再捕獲できる確率が低くなるのかもしれない。2つ目は，卵塊を背負うとオスは飛べないので，あらかじめ他の場所へ移動した後に繁殖する一方で，メスはその場に留まって繁殖するのかもしれない。すなわち，秋に標識したオスが既に調査地外へと移動していて再捕獲できないという可能性である。4月（繁殖期前）には前年にマークした個体が雌雄共に捕獲個体

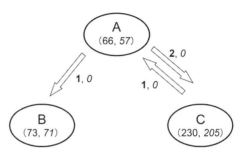

図12 調査ポイント間の移動
各円内のカッコ内の数字は総マーク個体数を，矢印は移動を示す。各矢印横のノーマルおよびイタリックの数字はそれぞれ，メスおよびオスの移動した個体数を示す。Ohba *et al*.（2010）を改変。

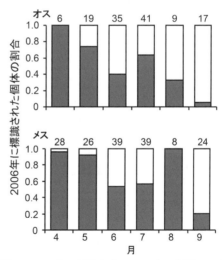

図13 2007年の捕獲個体に2006年の標識された個体がしめる割合
グレーが再捕獲個体を示す。各バーの上の数字は採集個体の総数を示す。

の9割以上を占めたが，9月(繁殖期後)には最も割合が低下しているため，コオイムシは繁殖期の後に寿命を迎えるものと思われる。

(2) 繁殖生態と生活史

　発生消長の調査の際に，オスが卵を背負っていたら写真撮影し，卵数をカウントした。画像をもとに，卵数および卵塊の形，卵の発育度合の違いから，卵塊の区別を行った。産み足しが行われた場合は最大値をその卵塊の卵数とした。その結果，2006年は平均2.1，最大8卵塊，2007年は平均1.4，最大4卵塊を1匹のオスが背負っていた。総卵数(1シーズンに背負った全卵数)では，2006年は平均134.9(最大531卵, $n = 117$)，2007年は89.0(最大293卵，$n = 20$)を背負った。ただし，調査頻度が高かった2006年の方が，値が大きいことに留意してもらいたい。

　十分なデータが得られた2006年に着目しよう。6月と7月において3調査ポイント間でオスあたりの背負った卵数に違いがあった(図14)。オスが背負う卵塊あたりの卵数(卵塊サイズ)は月間で異なった。6月と7月は5月

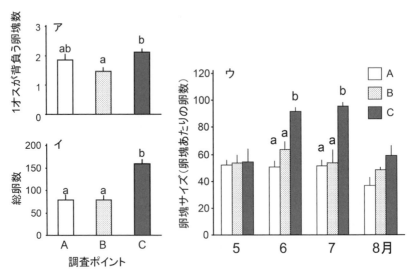

図14 各調査ポイントにおける雄が背負う卵塊数(ア)，総卵数(イ)および卵塊あたりの卵数(ウ)
　異なるアルファベットは有意差があることを示す($P < 0.05$, Scheffe's F test)。Ohba et al. (2010)を改変。

4 稲作水系におけるタイコウチとコオイムシの生活史

と8月よりも，オスの背負う卵数が明らかに多かった。C地点では1オスが背負う卵塊数，総卵数，卵塊サイズのいずれもが他の地点よりも多かった。これには以下の4つの理由が考えられる。1つ目に，C地点の個体は他の地点よりも体サイズが大きいこと，2つ目に，C地点では，オスに対してのメスの個体数（メス比）が多い（高い）こと，3つ目に繁殖可能なオスの割合がC地点で最も少なく，少数の繁殖可能なオスにメスが集中して産卵した結果，卵塊サイズが大きくなったという可能性，そして4つ目に水温などの環境条件の違いである。まず，体サイズはメスの前胸幅の平均

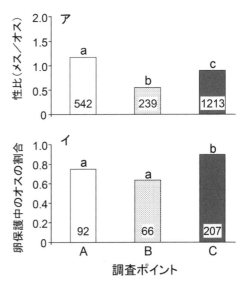

図15 繁殖期中期（6月から7月にかけて）における各調査ポイントの性比（雌／雄）（ア）と繁殖期中期（6月から7月にかけて）における各調査ポイントの卵塊を背負った雄の割合（イ）

異なるアルファベットは，調査ポイント間で有意差があることを示す（$P < 0.05$, ロジスティック回帰分析）。グラフ中の数字は繁殖期中期（6月と7月）に捕獲された全個体（ア）およびオス（イ）の延べ個体数を示す。Ohba et al. (2010) を改変。

がオスよりも大きかったが，ポイント間で差がなかった（オス, $n = 298$; 7.12 ± 0.40 (S.D.)，メス, $n = 329$; 7.30 ± 0.42）。6，7月のメス比はC地点ではなく，A地点で最高だった（図15）。加えて，卵塊を背負っているオスの割合は，予想に反してC地点が最高だった（図15）。このため，上記の1～3の可能性が，C地点の大きな卵塊サイズを生み出した要因とは考え難い。3カ所では遺伝子の流動があるため，調査ポイント間での卵塊サイズの違いは遺伝的な違いではなく，環境要因に依存すると推察される。A地点及びB地点では，小川の水や染み出し水を利用していたため，測定してみるとC地点よりも水温が低かった。一方，C地点は水田脇の湿地となるため，日当たりが良く水温が常に高かったものと考えられる。コオイムシの近縁種であるオオコオ

II. 水中に住む水生半翅類の生活史と環境適応

イムシ *Appasus major* では，水温が高くなると雌の卵生産速度が増加することが知られている（市川，1993）。このことから，水温がもっとも高い C 地点では，他の地点よりも卵生産速度が高かったのかもしれない。卵塊サイズが場所によって違う要因の特定は今後の課題であるが，同一地域でも環境の違いが本種の繁殖生態に大きな影響を及ぼす可能性が示唆された。つまり，暖かい環境にいるコオイムシは卵生産速度が上がり，繁殖速度も高くなるようだ。

（3）コオイムシの減少要因

コオイムシはオスが卵保護をするため，孵化率が高く，何度も繁殖でき，コオイムシの繁殖に適した環境さえ整えば，増えやすい昆虫である。図16に今回の調査結果からまとめたコオイムシとタイコウチの生活史を示す。コオイムシの方が，繁殖期間が長いことが分かる。両種ともに幼虫が見られ始めるのは 5 月後半からであるが，新成虫の出現はタイコウチでは 8 月後半か

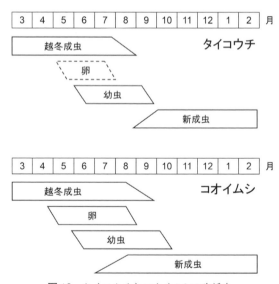

図16　タイコウチとコオイムシの生活史
タイコウチの卵は確認できなかったので交尾ペアが確認された時期を産卵期としている。そのため，推定産卵期間として破線で示した。

ら始まるのに対し，コオイムシでは7月には見られる。つまり，コオイムシの方が，幼虫期間が短いといえよう。繁殖期間が長く，幼虫期間が短いということは単純に考えてもコオイムシの方がタイコウチよりも繁殖能力が高いことになる。また，鈴木ほか(Suzuki *et al.*, 2014; 鈴木ほか, 2014)が示したように，コオイムシは，高い分散能力を持っているようなので，個体群のソースとなるような場所があると，そこで増えたのちに，周辺へと徐々に分布拡大ができるのかもしれない。

　コオイムシはコンクリート護岸された水田や池にも見られることがあり，環境の選択性が低く，どこにでも生息できそうな印象である。Okada & Nakasuji(1993b)はオオコオイムシよりもコオイムシは平野部の水田に棲むことと，発育ゼロ点がオオコオイムシは11.0℃であるのに対して，コオイムシでは14.3℃であることを明らかにしている。日当たりの良い湿地があれば，コオイムシは安定的に個体群を維持できるのかもしれない。しかし，当然ながら湿地がなくなるとダメージが大きい。実は，図8で示した湿地にもコオイムシが生息していたが，遷移と陸地化が進み，2016年以降，生息が確認できなくなってしまった。また，図8の湿地から数キロ離れたところにも長崎市が管理する湿地(大串, 2014)があるが，そこにはアメリカザリガニ *Procambarus clarkii* が多数確認されており，2016年からコオイムシは確認できなくなった。干上がることなく湿地は維持されているため，おそらくアメリカザリガニに捕食されたのであろう。実際に，アメリカザリガニの密度を低下させるとコオイムシが増加する例が知られている(苅部・西原, 2011)。このように他の水生半翅類と同様に外来種はコオイムシにとって脅威となっている。

■ 本土と離島のある長崎での考察

　本書(Ⅲ-5の図6)に示したように，安定同位体比分析を行うとタイコウチ成虫とコオイムシ成虫では，タイコウチの方が $\Delta 15N$ の値が少し高く，生態ピラミッドで考えると，タイコウチの方が上位の消費者ということになる。つまり，バランスの取れた生態ピラミッドの場合だと，個体数が少ないのはコオイムシよりもタイコウチの方であると予想される。ではなぜ，コオイムシが全国的に減少して準絶滅危惧種に指定されているのに対して，タイ

II. 水中に住む水生半翅類の生活史と環境適応

コウチは指定されていないのだろうか。ここでは，本土と離島が多い長崎県を例に考えたい。コオイムシ科はタイコウチ科に比べて農薬の影響を受けやすい印象である^(注5)。長崎県では，福江島，壱岐，対馬にもコオイムシの記録がある(長崎県県民生活環境部自然保護課, 2001)が，2012 年以降の筆者の度重なる調査でも，これらの離島では全く採集できていないし，最近の記録もないようである(深川, 2015)。おそらく，戦後に農薬を大量に撒いた時代に農薬に弱いコオイムシの離島の個体群は衰退し，絶滅またはそれに近い状態になったと考えられる。離島は面積が小さいのでもともとの個体群サイズが小さく，大打撃を受けたに違いない。一方，聞き取り調査の範囲であるが，長崎県本土でも 30 年ほど前は，コオイムシはどこを探してもなかなか見つけられない存在であったそうだ。しかし，近年では少し郊外に行けば確認できるし，最初に述べたように 2017 年 11 月に住宅地内にある小学校のプールでも確認できるようになった(大浦・大庭, 2018)。おそらく，離島と同じく大量に農薬を散布していた時代に個体数が減少したのであろうが，離島よりも面積が大きい本土では農薬の影響が及ばない水域が存在し，そこに(結果的に)逃れられた個体群がいたものと推察される。その後，本種特有の高い繁殖能力で徐々に増え，現在の拡散に繋がっているのかもしれない。一方，タイコウチ科のタイコウチとミズカマキリ *Ranatra chinensis* は，長崎本土および離島でも現在も生息が確認できるので，農薬の影響を受けにくかったと考えられるが，コオイムシに比べて増殖能力が低いため，増加しにくいのかもしれない。

　以上が個体群の増減の違いに対する筆者なりの仮説である。今後これらの 2 種はどのように変遷していくであろうか。ここでは長崎県の事例を紹介したが，他地域でも同様の調査がなされ，減少と増加要因を把握したうえで適切な保全策を講じるとともに，増減の基本となる繁殖生態の解明が待たれる。コオイムシ類は，オスが子育てをするという独特の繁殖生態から研究例は比較的多いが，タイコウチは見つけにくい場所に産卵するため，野外のメスが産卵する場所や産卵数もよく分かっていない。今後，これらが解明されることを期待したい。

〔註〕

（註1）現状の長崎県の離島ではほとんど見られないため，離島では絶滅危惧Ⅰ類，本土では絶滅危惧Ⅱ類〜準絶滅危惧が妥当である．

（註2）交尾後ガードにより，オスの精子が受精に使われる確率が高まる．

（註3）この場所では激減しているのではないかと気になり，2017年10月7日に再訪して確認すると池1で15頭，水田4枚で67頭を確認できた．やはり2007年は個体数が少ない外れ年だったのかもしれない．

（註4）公表された論文（Ohba *et al.*, 2010）は，2006年に実施した加藤勝彦さんと宮竹貴久さんとの共同研究であったが，2007年も筆者が単独で調査を継続したので，合わせて報告したい．

（註5）レッドデータブックに記載されたコオイムシの減少要因には必ず農薬の影響が指摘されているため，このように仮定した．実際にこの可能性は高いと感じている

〔引用文献〕

伴　幸成・柴田重昭・石川雅宏 (1988) ヒメタイコウチ．文一総合出版，東京．

深川元太郎 (2015) 長崎県の大型水生カメムシ類の記録3．こがねむし, (80): 41–48.

日比伸子 (1994) 虫たちの集う池．昆虫と自然，29: 19–20.

日比伸子・山本知巳・遊磨正秀 (1998) 水田周辺の人為水系における水生昆虫の生活．水辺環境の保全—生物群集の視点から—（江崎保男・田中哲夫編）: 111–124. 朝倉書店，東京．

市川憲平 (1993) 雄が子守をする虫たち2．オオコオイムシの生態（1）．海洋と生物，86: 192–197.

Iwasaki K (1999) Water scorpions, *Laccotrephes japonensis*, at river margins : Their distribution and life cycle in the Yamato-gawa Water System, Nara, Japan. *Japanese Journal of Limnology*, 60: 559–568.

Jolly G (1965) Explicit estimates from capture-recapture data with both death and immigration-stochastic model. *Biometrika*, 52: 225–247.

苅部治紀・西原昇吾 (2011) アメリカザリガニによる生態系への影響とその駆除手法．エビ・カニ・ザリガニ：淡水甲殻類の保全と生物学（川井唯史・中田和義編）: 315–330.

Kiritani K, Nakasuji F (1967) Estimation of the stage-specific survival rate in the insect population with overlapping stages. *Researches on Population Ecology*, 9: 143–152.

Manly BFJ (1976) Extensions to Kiritani and Nakasuji's method for analysing insect stage-frequency data. *Researches on Population Ecology*, 17: 191–199.

II. 水中に住む水生半翅類の生活史と環境適応

長崎県県民生活環境部自然保護課 (2001) ながさきの希少な野生動植物―レッドデータブック 2001―. 昭和堂, 長崎.
中山周平・矢島　稔 (1985) 小学館の学習百科図鑑 45　水生昆虫. 小学館, 東京.
大串俊太郎 (2014) 黒崎永田湿地自然公園における動物群集. 長崎県生物学会誌, (75): 24–31.
Ohba S, Nakasuji F (2006) Dietary items of predacious aquatic bugs (Nepoidea: Heteroptera) in Japanese wetlands. *Limnology*, 7: 41–43.
Ohba S, Perez Goodwyn PJ (2010) Life cycle of water scorpion, *Laccotrephes japonensis*, in Japanese rice fields and a pond (Heteroptera: Nepidae). *Journal of Insect Science*, 10.45 available online: insectscience.org/10.45.
Ohba S, Kato K, Miyatake T (2010) Breeding ecology and seasonal abundance of the giant water bug *Appasus japonicus* (Heteroptera, Belostomatidae) *Entomological Science*, 13: 35–41.
大浦ひなた・大庭伸也 (2018) 長崎市浦上川沿いにおけるコオイムシの記録. 長崎県生物学会誌: (82): 印刷中.
Okada H, Nakasuji F (1993a) Comparative studies on the seasonal occurrence, nymphal development and food menu in two giant water bugs, *Diplonychus japonicus* Vuillefroy and *Diplonychus major* Esaki (Hemiptera: Belostomatidae). *Researches on Population Ecology*, 35: 15–22.
Okada H, Nakasuji F (1993b) Patterns of local distribution and coexistence of two giant water bugs, *Diplonychus japonicus* and *D. major* (Hemiptera: Belostomatidae) in Okayama western Japan. *Japanese Journal of Entomology*, 61: 79–84.
西城　洋 (2001) 島根県の水田と溜め池における水生昆虫の季節的消長と移動. 日本生態学会誌, 51: 1–11.
佐藤温重・永井　彰・山上　明 (2002) 増補版　生物学実験. 東海大学出版会, 神奈川.
Seber GAF (1965) A note on the multiple-recapture census. *Biometrika*, 52: 249–259.
Suzuki T, Kitano T, Tojo K (2014) Contrasting genetic structure of closely related giant water bugs: Phylogeography of *Appasus japonicus* and *Appasus major* (Insecta: Heteroptera, Belostomatidae). *Molecular and Phylogenetics and Evolution*, 72: 7–16.
鈴木智也・谷澤　崇・東城幸治 (2014) 東アジア産コオイムシ類における進化生物学的研究. 昆虫と自然, 49: 9–14.
Venkatesan P, Ravisankar S (1993) Copulatory behaviour of *Laccotrephes griseus* and its phylogenetic relevance in Nepidae (Hemiptera). *Journal of Ecobiology*, 5: 197–202.

（大庭伸也）

5 東日本大震災の津波跡地における水生半翅類相の変化

津波による福島県沿岸部の環境変化

2011年3月11日に発生した東日本大震災では,東北地方を中心に広い範囲で津波や地盤沈下が発生した。これにより,沿岸部では住宅や水田を中心とした農耕地が大きな被害を受けた。震災前からあった水域は津波による攪乱や塩分の流入が起こり,場所によっては水域そのものが消失した。住宅は流され,水田を中心とした農地も津波直後は一面の水域となり,その後荒れ地や湿地となった(図1)。そのため,沿岸部に生息していた多くの昆虫類は大きな影響を受け,ある種は消滅し,ある種は大きく減少した。福島県沿岸部でも,相馬市松川浦のヒヌマイトトンボ *Mortonagrion hirosei* 生息地では,津波により浦と生息地のヨシ原の境にあった堤防が決壊し,海水の流入とともに,漁船や自動車などが流れ着いた(図2)。湿地だった所は松川浦の水が入り常に満水となってしまい,さらには漁船や自動車の撤去工事も加わり,ヒヌマイトトンボはいまだ確認されていない。一方で,津波による新たな環境の出現でその生息域を拡大し増加した種もある。津波被災地では,塩分を含んだ塩性湿地

図1 津波で水浸しになった水田(相馬市,2011年4月3日)

図2 津波後のヒヌマイトトンボ生息地(相馬市,2011年4月3日)

II．水中に住む水生半翅類の生活史と環境適応

が各地に出現し、かつての水田地帯も浅い湿地や沼地となった。このような場所には、ミズアオイ Monochoria korsakowii やツツイトモ Potamogeton pusillus など震災前にはほとんど見られなくなった希少植物が各地に生えてきたのである（図3, 4）。これらは土中に埋まっていた埋土種子が津波の攪乱によって発芽したことが原因とも考えられている（鈴木, 2016）。水生昆虫にとっては、震災前には限られた水辺しかなかった沿岸部に広大な水域が出現したのであるから、当然、勢力を増す種が出るであろう。ここでは、福島県の津波被害のあった沿岸部における水生半翅類の変化について紹介する。

図3 ミズアオイが咲くかつての水田地帯（相馬市）

図4 津波により海水浴場にできた水域（相馬市原釜海水浴場）

津波被害にあった沼や湿地の水生半翅類

ここでは津波被害を受けた相馬市松川浦の事例を紹介する。相馬市松川浦は面積 6.06m²、太平洋側に細長い砂州が発達した潟湖である。ここは単なる潟湖ではなく、北側の鵜ノ尾岬周辺が高台となっており、森林に覆われた一帯には湿地が点在し、豊かな生物多様性を形成していた。この松川浦周辺には、震災前は汽水のヨシ原に生息するヒヌマイトトンボをはじめとして、林内や林縁に発達したヨシ原湿地ではネアカヨシヤンマ Aeschnophlebia anisoptera やアオヤンマ A. longistigma、カトリヤンマ Gynacantha japonica など多くのヤンマ類を筆頭に 45 種が生息するトンボの宝庫であった（三田村ほか, 2012）。さらに、オオイチモンジシマゲンゴロウ Hydaticus conspersus や

5 東日本大震災の津波跡地における水生半翅類相の変化

コオイムシ *Appasus japonicus* などの水生昆虫も数多く生息していた(三田村・斎藤, 2014)。東日本大震災では，この相馬市松川浦周辺は9.3m以上の津波(気象庁, 2011)に襲われ，灯台のある鵜ノ尾岬の頂上付近を除き，ほとんどのエリアは浸水した。そのため，ヒヌマイトトンボは姿を消し，多産していたヤンマ類も減少した(三田村, 2017)。

2011年4月3日，震災から23日後，松川浦を訪れ震災前から調査をしていた沼や湿地に足を踏み入れようとした際，著しい環境変化に唖然とした。松川浦大橋には巨大な波消しブロックが打ち上がり，橋を渡って瓦礫が散乱する鵜ノ尾トンネルを抜けると，その先にあったはずの道路はなくなっ

図5 波消しブロックが打ち上げられた松川浦大橋

図6 津波後の松川浦鵜ノ尾岬遊歩道

ていた(図5)。鵜ノ尾岬遊歩道周辺の森林や湿地の多くは消失していた(図6)。ヤンマ多産地の湿地も一部が残されただけであった。また，希少種が生息する沼は残っていたものの，津波により発砲スチロールの箱などのゴミが流れ込んでおり，生き物がいる気配が感じられなかった。このように津波により攪乱されてしまった湿地や沼では，これまで生息していた水生昆虫はどうなってしまったのだろうか？　そこで，2011月5月から，残された湿地と沼の水生昆虫調査を始めたのである。この場所は，松川浦の北部，鵜ノ尾岬や松川浦大橋に近いエリアである(図7)。

まず沼であるが，震災前は淡水であったこの場所で2011年5月15日の測定では，塩分濃度が1.25%であり，津波により海水が流入していることが明

II. 水中に住む水生半翅類の生活史と環境適応

図7 相馬市松川浦（○印は調査を行った鵜ノ尾岬周辺，Google map よりダウンロード）

らかであった．その後，塩分濃度は低下し，同年8月にはほぼ0％となった．この沼で定期的に調査を続けたところ，震災前に生息していた種で震災後も生息が確認された水生半翅類はコオイムシとマツモムシ *Notonecta triguttata*，ヒメアメンボ *Gerris latiabdominis*，ヤスマツアメンボ *Gerris insularis* であった．

一方で，震災前には確認されなかったミゾナシミズムシ *Cymatia apparens* やババアメンボ *Gerris babai*，ヘリグロミズカメムシ *Mesovelia thermalis* などの生息が新たに確認された．震災前後の沼の水生昆虫の種類を見ると，震災後は震災前より種類数は増え，さらに年々増加していることが明らかとなった（図8，Mitamura *et al.*, 2012）．これは，震災前は沼の周囲にはクロマツ *Pinus thunbergii* を中心とした樹木が生い茂り，沼の半分ほどは木陰になっていたのが，津波によりクロマツが枯死したことにより，沼全体が明るい開放的な環境へと変化したことも要因のひとつと考えられる．また，沼の中には枯死した樹木が多数倒れ込み，沼

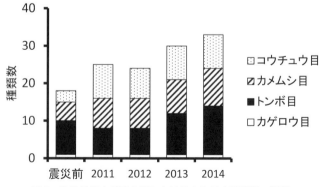

図8 津波被害を受けた沼における水生昆虫種類数の推移

5 東日本大震災の津波跡地における水生半翅類相の変化

図9 津波被害を受けた沼の環境変化（相馬市松川浦）
左：津波前（2010年5月），中：津波4年後（2015年7月），右：津波6年後（2017年10月）

の環境自体も変化している（図9）。一方，ヨシ原湿地（図10）では，震災前に松川浦の別の場所で確認されていたキタミズカメムシ *Mesovelia egorovi*（図11）やコオイムシ，マツモムシ，ヒメアメンボ，ヒメイトアメンボ *Hydrometra procera* が震災後にも確認された。キタミズカメムシはこれまで北海道道東でのみ確認されていたが，その後島根県とこの福島県松川浦での生息が確認された種である（林ほか，2016）。このヨシ原湿地でも，震災後にはババアメンボとヘリグロミズカメムシが新たに確認され，特にヘリグロミズカメムシは急激に増加し，キタミズカメムシが減少傾向にある。

このように，津波の被害を受けた水域では，生き残る種がいる反面，新たに確認される種もいることが明らかとなった。これは，津波で攪乱された水域が，周辺環境の変化など様々な要因

図10 津波被害を受けたヨシ原湿地（相馬市松川浦，2011年4月3日）

図11 キタミズカメムシ♂（口絵③f）

123

II. 水中に住む水生半翅類の生活史と環境適応

により必ずしも元の環境に戻るとは限らないことを示している。

■ 津波によって新たに出現した水域

　東日本大震災の津波では，住宅地や水田が荒れ地や湿地となった。住宅地では，住宅の基礎の部分などが残り，そこが水溜まりとなった。沿岸部に多かった水田では，その多くが湿地となった。その結果，沿岸部は広大な湿地が広がることとなり，多くの水生昆虫が発生した。塘・増渕 (2012) は，震災当年の 2011 年 11 月と 12 月の調査結果から，津波跡地である相馬市磯部大浜地区でチビミズムシ *Micronecta sedula*，エサキコミズムシ *Sigara septemlineata*，コマツモムシ *Anisops ogasawarensis* の 3 種を記録しているが，その後被災地ではさらに種類数は増加している。中でも浅い湿地や水溜まりが多かったことから，ミズムシ類の個体数は非常に多くなった。特に顕著なのは，体長 3mm ほどの小さなクロチビミズムシ *Micronecta orientalis* である。ほとんど植生のない一時的な浅い水溜まりでも極めて高密度で生息しており，1 回掬うだけで大量の個体が網に入る (図 12)。本種の♂は発音することから，大量に生息する水域では近づいただけで容易に音を聞くことができる。

　これ以外にも，ミズムシ類としては，ミゾナシミズムシ，ホッケミズムシ *Hesperocorixa distanti hokkensis*，エサキコミズムシ，オモナガコミズムシ *Sigara bellula*，アサヒナコミズムシ *Sigara maikoensis*，ハラグロコミズムシ *Sigara nigroventralis* が確認されている。表 1 は，3 つの地域の津波被災地 (図13) でのミズムシ科の種類数だが，クロチビミズムシとエサキコミズムシ，

図 12　津波被災地で多く発生しているクロチビミズムシ
左：クロチビミズムシ成虫，中：大量に網に入った個体，右：クロチビミズムシが多い浅い水たまり（相馬市）

5 東日本大震災の津波跡地における水生半翅類相の変化

表1 津波跡地で確認されたミズムシ科

種　名	学　名	相馬市磯部	南相馬市小高区村上	双葉町中浜
チビミズムシ	*Micronecta sedula*	◯※1		
クロチビミズムシ	*Micronecta orientalis*	◯	◯	◯
ミゾナシミズムシ	*Cymatia apparens*			◯
ホッケミズムシ	*Hesperocorixa distanti hokkensis*			◯
エサキコミズムシ	*Sigara septemlineata*	◯※1	◯	
オモナガコミズムシ	*Sigara bellula*		◯※2	
アサヒナコミズムシ	*Sigara maikoensis*		◯	◯
ハラグロコミズムシ	*Sigara nigroventralis*	◯	◯	◯

※1　塘・増渕（2012）による記録。
※2　三田村ほか（2018）による記録で，被災地だが津波による攪乱のない場所。

ハラグロコミズムシの3種はいずれの地域でも確認されている。一方で，双葉町中浜では，ミゾナシミズムシとホッケミズムシが確認されている。この2種はいずれも国，県のレッドリストで準絶滅危惧に指定されている。ここは，太平洋に面する堤防近くの水田地帯に新たにできた沼で，防波堤付近のコンクリートの水路升でもミゾナシミズムシが確認されている。また，南相馬市小高区村上では，東北地方初記録となるオモナガコミズムシが震災後に記録された（三田村ほか，2018）。本種が確認されたのは津波被害を受けて

図13　ミズムシ類が多い津波被災地
左：相馬市磯部，中：南相馬市小高区村上，右：双葉町中浜

II. 水中に住む水生半翅類の生活史と環境適応

図14　ババアメンボ（口絵③g）

図15　ミゾナシミズムシ

いない海岸近くの高台であるが，その周囲は広大な荒れ地や湿地が広がっており，このエリアには生息しているものと思われる。

　このほかに震災後に増えた水生半翅類としては，コマツモムシとババアメンボ（図14）があげられる。コマツモムシは中層を泳ぐ種で，震災前はやや水深のある溜池などで確認されたが，震災後は，被災地の湿地などで確認されている。前述のクロチビミズムシとともに確認されることが多い。コマツモムシも群生する種であるため，場所によっては極めて多数の個体を確認することができる。ババアメンボは，国，県のレッドリストで準絶滅危惧種に指定されている種で，福島県では相馬市光陽三丁目の広大な湿地（休耕田）で初めて確認された（三田村，2013）。震災前はこの場所でのみ確認されていたが，震災後は被災地の水域で普通にみられるようになった。ババアメンボ同様レッドリストの準絶滅危惧に指定されているミゾナシミズムシ（図15）も増えた種のひとつで，震災前には記録のなかった松川浦で確認されたほか，双葉町の津波跡地でも新たに確認された。このように，震災によってできた新たな水域では，普通種だけでなく，レッドリストに掲載されている希少種も増加する場合があることがわかり，震災から2017年までの間に，福島県沿岸部の津波被災地（新地町から双葉町まで）で確認された水生半翅類は26種となった（表2）。

◼ 災害復旧工事で減る水域—水生半翅類は生き残れるのか？

　このように津波によって出現した広大な水域には，多くの水生半翅類が生

⑤ 東日本大震災の津波跡地における水生半翅類相の変化

表2 福島県の津波跡地で確認された水生半翅類

科　名	種　名	学　名
タイコウチ科	ミズカマキリ	*Ranatra chinensis*
コオイムシ科	コオイムシ	*Appasus japonicus*
	オオコオイムシ	*Appasus major*
マツモムシ科	マツモムシ	*Notonecta (Paranecta) triguttata*
	コマツモムシ	*Anisops ogasawarensis*
ミズムシ科	チビミズムシ	*Micronecta sedula*
	クロチビミズムシ	*Micronecta orientalis*
	ミゾナシミズムシ	*Cymatia apparens*
	ホッケミズムシ	*Hesperocorixa distanti hokkensis*
	エサキコミズムシ	*Sigara septemlineata*
	オモナガコミズムシ	*Sigara bellula*
	アサヒナコミズムシ	*Sigara maikoensis*
	ハラグロコミズムシ	*Sigara nigroventralis*
ミズカメムシ科	キタミズカメムシ	*Mesovelia egorovi*
	ヘリグロミズカメムシ	*Microvelia thermalis*
イトアメンボ科	ヒメイトアメンボ	*Hydrometra procera*
ケシミズカメムシ科	ケシミズカメムシ	*Hebrus nipponicus*
カタビロアメンボ科	ケシカタビロアメンボ	*Microvelia douglasi*
	ホルバートケシカタビロアメンボ	*Microvelia horvathi*
	マダラケシカタビロアメンボ	*Microvelia reticulata*
アメンボ科	オオアメンボ	*Aquarius elongatus*
	アメンボ	*Aquarius paludum paludum*
	ババアメンボ	*Gerris (Gerris) babai*
	ヒメアメンボ	*Gerris (Gerris) latiabdominis*
	コセアカアメンボ	*Gerris (Macrogerris) gracilicornis*
	ヤスマツアメンボ	*Gerris (Macrogerris) insularis*

息しているが，これらの水域は急速に失われつつある．すなわち，災害復旧工事によって，防潮堤や防災林の工事が行われ，またかつての水田は再び水田に戻されているからである(図16)．すでに多くの水域が失われてい

II. 水中に住む水生半翅類の生活史と環境適応

るが,工事が終わればまたかつてのように沿岸部には水生昆虫が棲める水域はなくなってしまうであろう。ところが,福島県では,震災によって生じた新たな湿地を残す取り組みが行われている(黒沢, 2016)。その中のひとつが相馬市松川浦大洲地区である。松川浦の東に細長く延びた砂州の内側に保護区を設けるというものである。このエリアは津波によって生じた干潟や塩性湿地で,185種類の植物が確認され,そのうち,ウミミドリ *Glaux maritima* やハマアカザ *Atriplex subcordata*,エゾノレンリソウ *Lathyrus palustris* など震災後に初めて確認された種を含む12種が保護上重要な植物であった(渡邉・黒沢, 2015)。このエリアには,復旧工事の対象からはずされたまったく手を付けない保存区域が1.8ha,復旧工事で一時的には使用されることがあるものの,工事終了後にはもとの環境を復元する保全エリアが9.5haある(図17)。このエリアでは植物の調査が行われているが,水生昆虫についてはこれから始まるところである。震災により増加した沿岸部の水生昆虫たちが,このエリアで生息しうるのかどうか,見つめていきたいと考えている。

図16 水田に復元された津波被災地(相馬市磯部,2017年10月3日)

図17 保全エリア(相馬市松川浦大洲)

謝辞

東日本大震災後の被災地調査にあたっては,永幡嘉之氏,伊賀和子氏,平澤桂氏,吉井重幸氏,薄井翔太氏,吉野高光氏,新妻香織氏,はぜっ子

倶楽部の方々(順不同)に同行，協力していただいた．福島大学システム共生理工学類の黒沢高秀教授と塘忠顕教授には被災地調査にあたって多くのご助言をいただいた．また，震災後通行止めだった松川浦大橋の通行許可は福島県相馬港湾建設事務所から出していただいた．これらの方々に御礼申し上げる．

〔引用文献〕

林　成多・三田村敏正・林　正美 (2016) 本州におけるキタミズカメムシ（ミズカメムシ科）の記録と生息環境．*Rostria*, (59): 35–39.

気象庁 (2011) 平成 23 年（2011 年）東北地方太平洋沖地震．災害時地震・津波速報．1–62.

黒沢高秀 (2016) 津波被災地で行われている復旧・復興事業と保全．生態学が語る東日本大震災—自然界に何が起きたのか—（日本生態学会東北地区会編），164–170．文一総合出版．

三田村敏正 (2013) 相馬市でババアメンボを採集．ふくしまの虫，(31): 48.

三田村敏正 (2017) 東日本大震災が福島県沿岸のトンボ類に及ぼした影響．TOMBO, 59: 23–28.

三田村敏正・斎藤修司 (2014) 第 3 章　第 7 節　相馬市の昆虫．相馬市史 8 自然（特別編Ⅰ）: 780–870.

Mitamura T, Yoshii S, Hirasawa K (2012) Recovery of Aquatic Insects in a Pond of Fukushima, Japan after the Great North Eastern Japan Earthquake & Tsunami. XXⅣ International Congress of Entomology Abstract CD.

三田村敏正・高橋淳志・高橋昭二・横井直人 (2012) 松川浦のトンボ～東日本大震災以前の記録～．ふくしまの虫，(30): 16–25.

三田村敏正・吉井重幸・平澤　桂 (2018) オモナガコミズムシを福島県で採集．*Rostria*, (62): 23–24.

鈴木まほろ (2016) 津波後の湿地によみがえった花．生態学が語る東日本大震災—自然界に何が起きたのか—（日本生態学会東北地区会編），138–143．文一総合出版．

塘　忠顕・増渕翔太 (2012) 東日本大震災による津波等が原因でできた水たまりの水生昆虫相～福島県相馬市磯部大浜地区の事例～．福島大学プロジェクト研究［自然と人間］研究報告, (9): 13–16.

渡邉祐紀・黒沢高秀 (2015) 東日本大震災により福島県相馬市松川浦に生じた干潟や塩性湿地に設けられた保護区の植物相および植生．福島大学地域創造, 27(1): 67–92.

（三田村敏正）

Ⅲ．他種との関係

III. 他種との関係

1 アメンボと卵寄生蜂の水面下での争い

■ 水生半翅類の中でのアメンボ

　水面に生息するアメンボ類は水生半翅類の中でも特に目にしやすく，最も身近なものであろう。童謡「手のひらを太陽に」にもその名前が登場し，小学生にもなればその名前と存在をよく知っていることがほとんどである。一方で，アメンボが何を食べ，どのように繁殖しているかといった生活史は思いの外，知られていない。その生活史はⅠ-2「淡水産アメンボ科昆虫の生活史と環境適応」を参照いただくとして，本項ではアメンボの生活史を語る上で欠かすことができない，その天敵との関わりについて紹介する。なお，本項ではアメンボ類の中で，都市部の池や里山の溜池などで最もふつうに見ることができるナミアメンボ *Aquarius paludum paludum*（図1左）を対象とする。単に"アメンボ"と表記されている場合には，特に断りがない限りは本種のことを指すことに注意していただきたい。

■ アメンボの天敵

　本書を手に取られたみなさんはアメンボの天敵は何かと尋ねられて何を想像するだろうか？　著者は小学生から大学生，さらに社会人まで様々な方にアメンボの天敵について質問した経験がある。せっかくなので読者のみなさんにも同じ質問を投げかけたいと思う。
「アメンボにとって一番の脅威となる生き物はなんだと思いますか？
　その生き物は時期や場所にもよっては，8割以上のアメンボを食べてしまうこともある」
　この質問へは実に様々な回答をいただいた。カラスやその他の鳥類，コイなどの魚類，カエル類，ミズカマキリなどの捕食性の水生昆虫などが多かったように思う。私自身もこれらの天敵候補として挙げられた動物がアメンボの捕食を試みた瞬間や，実際に捕食する瞬間を目にしたことがある。これらの動物を想像した読者は優等生と言って良いだろう。しかし，残念ながら正解ではない。というのも，この質問は少々いじわるなものなのである。著者

1 アメンボと卵寄生蜂の水面下での争い

図1 アメンボと卵寄生蜂（口絵②e, f）
左：アメンボ。メスの上にオスが乗ったタンデムとよばれる状態。
右：卵寄生蜂。ビニール紐に付着したアメンボ卵に産卵している様子。小さいので，野外ではよほど目を凝らさなければ見つけることはできず，見つけたとしても本種とひと目で同定できる人はほとんどいないだろう。

がアメンボの"天敵"としている生き物は，研究者かよほどの愛好家でないとその存在すら知られていないのだから。

先の質問の解答は，体長わずか1mmほどのアメンボの卵寄生蜂(*Tiphodytes gerriphagus*)である（図1右）。寄生蜂というのは文字通り，他の生き物に寄生するハチである[註1]。"卵"寄生蜂なので，この場合は，卵を宿主とする。ここでアメンボの天敵である卵寄生蜂の生活史をごく簡単に説明しておく。

①卵寄生蜂は，アメンボ卵を発見すると，産卵管を差し込み，自身の卵を産み込む（図1右）。

②アメンボ卵の中で孵化した卵寄生蜂の幼虫は，アメンボ卵の中身を食べながら成長する。

③卵寄生蜂幼虫は，アメンボ卵の卵殻のみを残して食べ尽くし，その中で蛹になる。

④羽化する（蛹から出る）時にアメンボ卵の殻を破って，ここで初めてアメンボ卵から外に出る。

⑤外に出た卵寄生蜂はやがて交尾し，メスはアメンボ卵を探し求め，やがて①に戻る。

この卵寄生蜂は基本的にはアメンボ類の卵にしか寄生をしないと考えられ

III. 他種との関係

ている。そのため，アメンボにとって唯一無二の恐るべき敵なのである。一方で，卵寄生蜂からすると，アメンボ卵なくしては自身の子を残すことができない。この2種は切っても切り離せない関係にある。ここからはアメンボがいかにして卵寄生蜂から自身の卵を守るか，卵寄生蜂がいかにしてアメンボ卵を探し出すかを紹介したい。それぞれ「産卵」をめぐって争う2種の関係を楽しんでいきただければ幸いである。

■ アメンボによる卵寄生の回避

(1) 産卵

アメンボがいかにして卵を卵寄生蜂から守るか，を説明する前にまずアメンボがどこで産卵をするかを紹介しておく。アメンボは水辺にある固体になら，基本的にはどのようなものでも産卵する。自然条件下では，水辺の石や草の茎，水面に浮かぶ落葉落枝など，特にその材質を気にすることなく卵をその表面上に産みつけるのである。卵の形は俵型で，長辺が1mmほど（図1右参照）。この卵を直線状や帯状に産み付ける。産卵数は1回あたり10〜20卵程度，産卵の頻度は室内でエサを十分に与えた条件下では2〜3日に1回ほどである。メスは成虫になって数週間は生き，交尾してから死ぬまでずっと産卵をするので，生涯で守るべき卵は決して少なくない。

(2) 卵寄生回避の手段

母親が自身の卵（子）を捕食者から守る手段はいくつかあるだろう。例えば，卵のそばにいて捕食者を撃退する，卵の周りに防護壁となるものを作っておくなどが実際に昆虫でも観察される例である。

さて，アメンボはどのような手段で卵を卵寄生蜂から守るのか。その手段はいたってシンプル，「卵寄生蜂が見つけづらいところに卵を産む」である。アメンボと同じように水面上で生活する卵寄生蜂にとって，見つけづらい場所はどこだろうか。答えは，水面下。アメンボは水面下の水草などによく卵を産むのである。

直感的には水面下にさえあれば，卵は水に守られて，卵寄生蜂はその卵にたどり着けないように思える。しかし，アメンボ卵がなければ次世代を残すことができない卵寄生蜂は，水中に潜ることが可能で，水面下でも卵を探索・

1 アメンボと卵寄生蜂の水面下での争い

寄生を行うことができる。そのため、アメンボからすると単に水面下に卵を配置するだけでは、卵寄生を回避することはできない。ただし、卵寄生蜂もあまりに水面から遠い場所の卵は見つけることが困難なようで、深い位置にあるほど卵は寄生を受けにくい（図2）。その深さは時に水深1mを越えることもある。この深さに到達するために

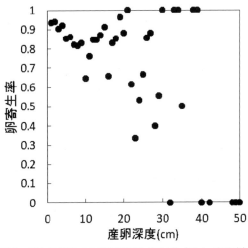

図2　室内条件下での産卵深度と寄生率（平山，未発表）

は，当然ながらアメンボの体が完全に水面下に入ってしまうことになる。これを潜水産卵とよび，アメンボは潜水産卵を行って，深い位置に卵を産みつけることで卵寄生を回避するのである（図3上左，上右，下左）。

(3) 潜水中の呼吸の不思議

さて，水深1mに達する産卵の間，アメンボはどれぐらいの時間，水中で活動をしているのだろうか。筆者のこれまでの観察では完全に身体が水面下に入ってから，最長で60分以上も水中で活動をしていた。呼吸を止めて活動するには長過ぎる時間である。だとすれば，アメンボは水中でなんらかの形で呼吸をしていることになる。

水生昆虫の中には長時間の水中活動を行っているものも多い。特に，ゲンゴロウ類やマツモムシ類などは水中が主な活動場所である。これらの種は身体の一部に，空気泡を付着させ，呼吸用にストックしておくための器官がある。さらに，空気泡の酸素を呼吸によって消費すると，水中の溶存酸素が，空気泡内に移動し，呼吸に利用できる酸素となる。結果として，長時間の水中活動が可能になる。この仕組みによる呼吸をプラストロン呼吸や物理エラと呼ぶ。カワトンボの一種にも，アメンボと同様に潜水産卵をするものが

III. 他種との関係

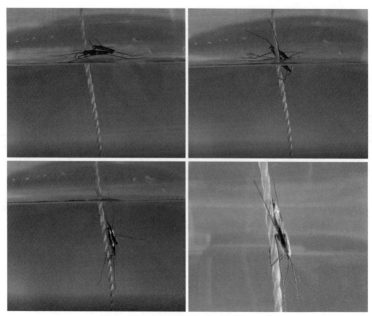

図3 潜水産卵の様子（口絵②a～d）
上左：潜水産卵の開始時。産卵基質（ここではビニール紐）を掴む。
上右：潜水の開始時。産卵基質を前肢でたぐるように水面下に入る。
下左：完全に水面下に入った状態。この後，適当な深さまで進み，産卵を行う。
下右：潜水産卵中のアメンボは，体表を空気の膜で覆われ，銀色に光る。

あり，さらにプラストロン呼吸をすることが明らかとなっていた（Tsugaki et al., 2006）。これらの情報から，アメンボも同様の方法で水面下での呼吸を行っているのではないかと予測することができる。

この予測が正しいことを示すためには次の2つを確かめる必要があった。
①潜水中にアメンボが空気泡をもっている。
②潜水中に溶存酸素を使用している。

ステップ①を確かめるには単純に，観察をすれば良い。早速，潜水中のアメンボを観察すると，身体全体が銀色に輝いていた（図3下右）。触覚から肢先まで"空気泡"というよりは"空気膜"と表現する方が良い形状で，体表全体を空気に覆われていることを確かめることができた。

続くステップ②を確かめる手段はいくつかある。アメンボの潜水の前後で

実際に水中の酸素が減少しているかを比較することが，最も直接的に調べることができる方法だろう。しかし，水中の酸素量を正確に計測することが難しかったため，実際には別の方法を選択した。それは溶存酸素を抜いた水で，アメンボの活動時間が短くなることを確かめることである。

実行可能ということで選択した方法も，言うは易し行うは難しであった。水中の溶存酸素を抜くためには，煮沸して，水中の酸素を抜いた後，冷却

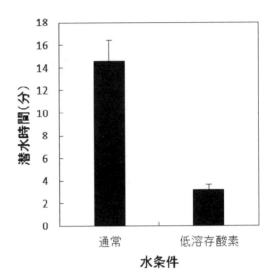

図4 潜水時間の比較

Hirayama & Kasuya（2008）の結果を改編して図化した。タンデム潜水のみの結果を表示（詳細は後述）。煮沸後の低溶存酸素条件の水の溶存酸素量は，通常の水の半分ほどに減少していた。

する方法が最も簡単であった。やかん1杯分であれば苦もないが，アメンボが深くまで潜水することを想定し，水深50cmの容器を準備した。容量はざっと50リットル。大きな鍋で4回に分けて，毎日毎日煮沸していた。実験中は夏場で，ただでさえ暑い上に大量のお湯は重かった。この実験期間の3カ月程度で体重が5kgほど落ちたのは今となっては良い思い出であるが，もう二度とやりたくない実験である。

そんな暑い思いをして得られた実験の結果が図4である。予想通り，溶存酸素が少なくなった水では，潜水時間が短くなった。アメンボが長時間水中で活動できるのは，空気膜内の酸素と溶存酸素の利用があるようである。

(4) 潜水産卵のメリットとデメリット

潜水産卵によって深い位置に産卵するメリットは明らかであり，卵寄生蜂から卵を守ることができる(正確には寄生を受ける確率が低下する)ことであ

III. 他種との関係

る。仮にこのメリットだけが存在するなら，すべてのアメンボが水深 1m ほどの位置に卵を産むはずだろう。しかし，著者の経験上，水表面の落ち葉で卵を発見することもあるし，天野らの研究（Amano *et al.*, 2008）でも同一時期に多様な深度に産卵されることが示されていた。アメンボの個体ごとの差違で，深い位置に産卵する方が良い状況とそうでない状況があるのであろう。そこで，潜水産卵にどのようなメリットとデメリットがあるかを具体的に挙げてみる。

メリットとしては，これまでに述べた卵寄生回避のほかには，あまり想定できるものがない。強いて挙げるとすれば，アメンボの卵は乾燥に弱いため，水位が大きく変動するような生息地では卵が乾燥により死滅するリスクを軽減できるかもしれない。一方で，潜水のデメリットは想像に難くない。自分が素潜りをすることを想像すると，息苦しいし，疲れるのだから。もう少し，真面目にアメンボの状況を考えてみると，デメリットとして，以下が想定できる。

- 溺死のリスク…潜水中の窒息や，水面上で浮いた状態に戻ることができずに死亡してしまう可能性がある。
- 親の捕食リスク…水中の捕食者に親が食べられるリスクがある。実際に，ミズカマキリ類に捕食された場面を観察したことがある。
- 消費エネルギーの増加…潜水に要するエネルギー量や潜水に伴って消費する物質について詳細は不明だが，少なくとも本来不要な水面下への移動でエネルギーと時間が余剰に消費される。

特に，溺死や捕食は親にとって，文字通り致命的なデメリットである。メリットとデメリットをまとめてみると，潜水産卵のメリットを享受できるのは，卵寄生リスクがある状況下のみである。そのため，卵寄生蜂が全くいない状況下では，デメリットのみが存在することになる。

(5) 卵寄生リスクに応じた産卵深度の決定

潜水産卵のメリットとデメリットから，アメンボは卵寄生リスクが高い場合のみ，潜水し，深い位置で産卵を行うことが予測される。逆に，卵寄生リスクがなければ，わざわざ深い位置まで潜っていき，産卵することはないとも予測できる。この予測を確かるため，室内で実験を行った。

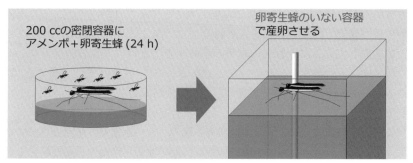

図5 実験の模式図
産卵前に卵寄生蜂6頭を封入した，高密度処理の場合。

　実験の手順は単純である。アメンボと卵寄生蜂を密閉容器の中に閉じ込めておく。その後，アメンボを卵寄生蜂のいない水槽に移し，自由に産卵させた。卵寄生リスクの有無だけでなく，高低による産卵深度への影響を調べるため，密閉容器の中に入れる卵寄生蜂は2頭(低密度)と6頭(高密度)，比較対象として卵寄生蜂を入れなかった場合(コントロール)も行った(図5)。

　結果は概ね予想どおりであった。高密度の卵寄生蜂を経験したアメンボは潜水し，深い位置での産卵を行った(図6右)。予想外のこととしては，低密度の卵寄生蜂を経験したアメンボは，卵寄生蜂と遭遇経験のない場合(コン

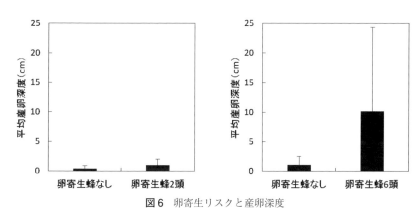

図6 卵寄生リスクと産卵深度
Hirayama & Kasuya (2009) の図を改編。実験の実施時期が異なったため，それぞれに卵寄生蜂なし（コントロール）を設けた。

Ⅲ. 他種との関係

トロール)と同程度の浅い位置に産卵したことである(図6左)。こうした浅い位置で産卵した個体のほとんどは,腹部のみを水面に入れて,潜水をせずに産卵していた。これらの結果が意味することは,多少の卵寄生リスクではアメンボが潜水を行わないことである。予想外と感じたということは,潜水産卵のデメリットが,著者が当初想定していた以上に大きいことを示している。

また,この実験ではアメンボは卵寄生蜂のいない水槽で,産卵をさせている。そのため,アメンボは水槽に移される前の卵寄生蜂との遭遇経験をもとに,産卵深度を決定していることになる。副次的ではあるが,アメンボが卵寄生蜂の密度から卵寄生リスクを評価していること,さらにそれを記憶し,以降の意思決定に利用することも併せて明らかになった。

なお,アメンボが卵寄生蜂の認識につかう手がかりについては別の実験で明らかにした。結果として,においや音のような空気中を伝わる刺激のみでは,アメンボは卵寄生蜂を認識できず,接触が必要であった(Hirayama & Kasuya, 2015)。

(6) 深い位置での産卵に伴うデメリット

先の卵寄生リスクに応じて産卵位置を選択するアメンボから,深い位置での産卵に想定以上のデメリットがあると著者は感じた。では,深い位置での産卵には,具体的にどのようなデメリットがどの程度あるのだろうか。次の課題はこれである。前項で,溺死や捕食,エネルギーの消費をデメリットとして挙げた。これらは,子(卵)を守るため親アメンボが被るデメリットである。これらに加え,深い位置におかれた卵そのものが被るデメリットも考えられる。

・デメリット①:水圧による卵発生への障害

アメンボの卵はとても脆い。水深数十 cm の深い位置は,水圧も高く,卵の発生に適した環境でない可能性もある。この可能性を確かめるため,卵を3つの深さに配置し,孵化率を比較した。その結果,水深50cmに配置した卵は9%程度であるが,孵化できずに死亡するものがあった(図7)。溶存酸素濃度や水温について,水深で差がなかったため,孵化率の低下の主な原因は水圧の上昇であると考えられる。

1 アメンボと卵寄生蜂の水面下での争い

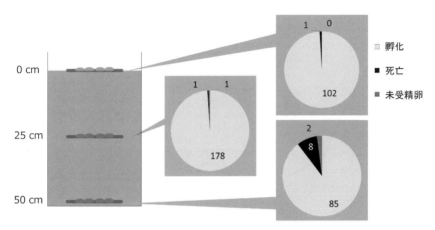

図7　卵の深度と孵化率
Hirayama & Kasuya(2010)を改編して図化。

・デメリット②：溺死のリスクの上昇

　次に，溺死のリスクについて検討するがその前に，別の実験結果を紹介しておく。アメンボに繰り返し卵寄生蜂と遭遇させ，産卵をさせた実験である。基本的な実験の設定は，「(5)卵寄生リスクに応じた産卵深度の決定」と同じである。違いはアメンボ同一個体を，10日間繰り返し卵寄生蜂と遭遇させたことである(図8)。

　当初の予想は，卵寄生蜂と遭遇を重ねるほど，アメンボが産卵する位置は

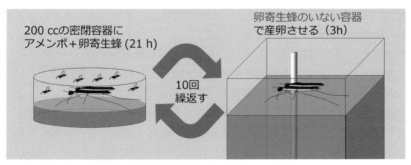

図8　実験設定の模式図

III. 他種との関係

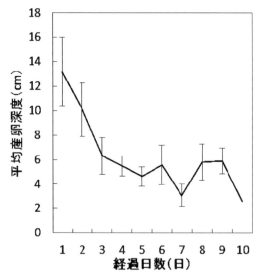

図9　卵寄生蜂と繰り返し遭遇させたアメンボの産卵深度　Hirayama & Kasuya（未発表）をもとに作成。

深くなっていくというものであった。しかし，得られた結果は真逆であった（図9）。

　繰り返し卵寄生蜂に遭遇したにもかかわらず，アメンボの産卵する位置は次第に浅くなっていったのである。アメンボは卵を見殺しにするかのように浅い位置にしか産卵をしなくなった（ここでは紹介を控えるが，別の結果から慣れによるものでないことは明らかであった）。この結果が得られた時，予想と正反対だったため，とても困惑したが，潜水産卵に伴う溺死リスクを考慮することでうまく説明することができた。

　生涯で何度も産卵するアメンボにとって，潜水で溺死するリスクは毎回同じではないことは経験上，分かっていた。アメンボを飼育していると，羽化直後の若い成虫は，当たり前だがきちんと水面に立つことができる。しかし，羽化から数週間もすると，きちんと立つのが難しくなっていく。体の腹面が水面に接触した状態になることもしばしばである。著者は肢先を含む体表組織の劣化か，撥水性物質の生産力の衰え，もしくはその両方が起こっていると予想していた。撥水性バリバリの若い個体と，撥水性を失いつつある老化した個体では，後者の方が溺死のリスクが高いことは容易に想像できる。

　老いて撥水性が低下した個体は水中での活動可能な時間が短くなる，または産卵を終えた後に水面に戻るための浮力を失うために溺死リスクが高くなる可能性がある。これを確かめるため，実験を行うことにした。あれこれと方法を考えたが，最終的に決まった方法はアメンボには酷なものになった。アメンボを水中に沈め，窒息するまでの時間と浮力の消失が起こるかを調べ

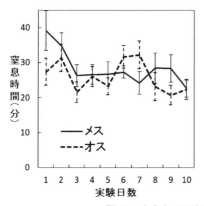
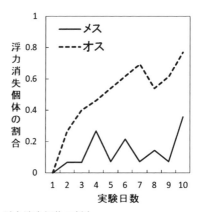

図10　窒息までの時間と浮力消失個体の割合
Hirayama & Kasuya (2014) を改編。

たのである。これを1日1回，10日間にわたって調べた結果が図10である。

実験の結果，潜水を繰り返すと窒息までの時間が短くなり，また浮力を消失する割合が上昇した。アメンボにとって繰り返し潜水をすると，窒息リスクが上昇し，さらに水面上への復帰が困難になる可能性がある。念のため，この実験中に窒息により死亡した個体がいなかったことだけは申し添えておく。

この潜水を強いる実験中には，もうひとつ興味深い現象が観察された。潜水を強いた10日間，アメンボの産卵数が減少したのである（図11）。これは潜水によって撥水性の物質が失われると，その生産が必要になり，卵生産への投資ができなくなったと考えられる[註2]。同様の卵生産への悪影響は，強制的な潜水でなくとも生じると考えられる。そ

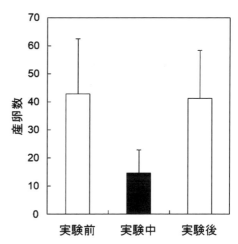

図11　実験前後との産卵数の比較
Hirayama & Kasuya (2014) を改編。

のため，溺死のリスクの上昇と，卵生産への悪影響という大きなデメリットがアメンボに何度も潜水させるという決定をさせないのだろう。

・デメリット③：潜水するメスの捕食のリスク

　潜水するメスにとって，おそらく最も大きなリスクは産卵中に捕食され，死亡することである。そのため，産卵時のリスクを認識し，潜水する深さあるいはその前の段階で産卵をする／しないの決定をする必要があると考えられる。アメンボの捕食者として，魚類や，ウシガエルをはじめとしたカエル類，さらに捕食性の水生昆虫などがある。ここでは，多くの場所でアメンボと同所的に生息するマツモムシ Notonecta triguttata を捕食者として，捕食者の有無がアメンボの産卵に与える影響を調べた。

　自身の捕食者に対するアメンボの反応はシンプルであった。捕食者の存在下では，産卵する割合が低下した（図12）。産卵の位置や産む卵数を変化させるのではなく，産卵そのものを控える選択をしたのである。アメンボのメスは十分にエサを与えた条件下では，2〜3日に一度のペースで産卵を行う。一度，自身が捕食を受ければ，それ以後に生存して得ることができた産卵のチャンスをすべて失うことになる。そのため，子が捕食される場合よりも，自身が捕食される場合のデメリットが大きいため，産卵をしないという選択をしたと考えられる。

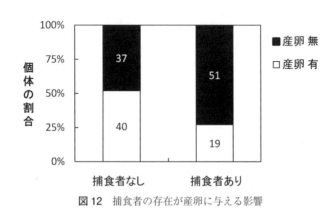

図12　捕食者の存在が産卵に与える影響
Hirayama & Kasuya(2013)を改編。

(7) 背中のオスは何のため？

さて，潜水は産卵を行うメスにとっては危険でデメリットの多い行動である。そんな中，デメリットばかりの潜水産卵に，産卵をしないオスがついていくことがある。室内でメスとオスを1つの容器に入れると，1/3ほどの割合でオスと一緒の潜水が観察された（メス単独：38回，オスとメス：22回が観察された（未発表データ））。一定の割合でオスは危険な潜水に同行する。なぜオスがメスの背中に乗っているのだろうか。なぜ潜水に同行するのだろうか。これらの疑問にひとつずつ答えていきたい。

・タンデムの形成とその機能

オスがメスの上に乗っている状態は，潜水産卵よりずっと前につくられている。性成熟したオスはメスを探し，手当たり次第に飛びかかる。これは交尾のためである。飛び乗られたメスは多くの場合，オスを振り落とそうと抵抗する[注3]。メスの抵抗に振り落とされることなく耐えたオスは，メスと交尾を行う。そして，交尾を終えたオスは，何をするわけでもなくメスの上に乗り続けるのである。このオスがメスの上に乗った状態をタンデムという。

このオスは楽をしようとメスに乗っているわけではない。苦労して獲得したメスを他のオスに奪われないように守っているのである。アメンボ類の卵には最後に交尾したオスの父性が高い割合で反映される（Rubenstein, 1989など）。そのため，オスが自身の子を多く残すためには，単に交尾をするだけではなく，最後の交尾相手となることが重要なのである。なお，このような行動は配偶者防衛とよばれ，他の昆虫でも多く見られる。2頭が連なって飛ぶトンボ類や，大きなメスが小さなオスをおぶって行動を伴にするバッタ類など目にすることもあるのではないだろうか。これらもオスによる配偶者防衛の例である。

さて，アメンボのオスが産卵前にメスの背に乗っているのは配偶者防衛だと理解できる。しかし，水中にはオスにとってライバルとなる他のオスはいない。メスが水中に入った瞬間にオスは背から離れるという選択をするのが合理的であろう。それをせず，デメリットだらけの潜水産卵にわざわざついていくのであれば，それ以上のメリットがあるはずである[注4]。

III. 他種との関係

・潜水中のタンデムの機能

　オスの決死の行動の意図を知る糸口として，潜水中の行動を観察してみる。すると，オスは特筆すべき行動はなにもしない。水中で交尾をするようなこともなく，潜水するメスの手助けとなるような，推進力を与える様子もない。むしろ潜水するメスの邪魔になっていそうな印象である。水中でのオスは特に何もせず，しがみついているだけなのである。

　しかし，オスが意外なところでメスに貢献していることがわかった。ポイントは繰り返しになるが，ほとんど動かず，しっかりとつかまっていることである。潜水中のメスアメンボが全身を覆う空気の膜を呼吸に使用していることは先述した。潜水についていくオスも，メスと同様に空気膜に包まれている。全身というのは文字どおり，頭部の先から腹部末端まで，さらに触覚や6本の肢も空気膜に包まれている。そのため，オスが前肢でメスの背面にしっかりつかまると，オスはメスと空気膜を共有している状態となる(図3下左を参照)。オスがメスと同じぐらい動き，同じ量の酸素を消費するのであれば，潜水の主体となるメスが呼吸に利用できる酸素の量は，単独で潜水する場合と変わらないだろう。しかし，基質をよじ登るように潜水し，さらに産卵を行うメスに対し，オスはほとんど動かない。オスは動かないことで，メスが利用可能な酸素を，空気膜を通して供給している可能性がある。

　もし先の仮説が正しければ，タンデムで潜水した場合に，メス単独で潜水した場合よりも潜水時間が長くなると考えられる。室内で自由に産卵できる条件下で，潜水時間を比較したところ，タンデムの潜水時間はメス単独よりも70％ほど長かった(図13左)。予想どおり，タンデムには潜水時間を延長

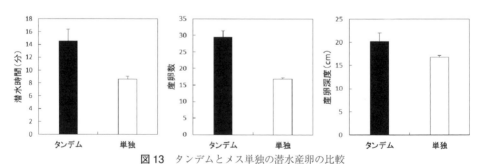

図13　タンデムとメス単独の潜水産卵の比較
左：潜水時間，中央：産卵数，右：産卵深度。Hirayama & Kasuya(2008)を改編。

する機能があることが確かめられた。

　さらに潜水中に産まれた卵の数とその深さを比較してみる。タンデムの場合に，産卵数が多く，さらに産卵深度も深い傾向にあった(図13中央，右)[注5]。

　言うなれば，潜水中のオスはメスにとって邪魔だけれど活動時間を長くできる酸素ボンベとして機能しているのである。オスにとっては危険な潜水であるが，メスの潜水時間を延長することで，自身の子(卵)の数が増えるというメリットがあった。さらに，仮に卵寄生リスクが高い条件下では，深い位置に産卵することを補助することで，子の卵寄生リスクを低下させることができる可能性がある。メスにとっても潜水時間が伸びることから得られるメリットがあり，一見するとメスにもオスにもデメリットばかりの，タンデムでの潜水産卵は，実はメスとオス双方にメリットのある合理的な潜水方法であった。

▣ 卵寄生蜂の宿主探索

　アメンボの巧妙な卵寄生回避の行動を紹介してきたが，ここからは敵役となっていた卵寄生蜂に視点を移すことにする。卵寄生蜂はアメンボの卵のみを，幼虫期の唯一のエサ資源としている。そのため，アメンボ卵なしでは，卵寄生蜂は次世代を残すことができない。アメンボ卵を探し出し，寄生を成功させることが，卵寄生蜂にとっては死活問題なのである。

　先にアメンボが卵寄生をどのようにして回避するのかを紹介したため，卵寄生蜂は卵をあっという間に見つけてしまう恐ろしい昆虫のような間違った印象を読者に与えているかもしれない。アメンボは卵寄生リスクが高ければ深い位置に卵を配置するため，水面下すぐに卵があるとは限らない。場合によっては水深1mより深い位置に産まれることもある。体長わずか1mmの卵寄生蜂が，水深数十cmにあるかどうかも分からない卵を求めて潜水する。卵寄生蜂がアメンボ卵を発見し，寄生を成功させるまでの過程には，卵寄生蜂が乗り越えなければならない困難がいくつもあるのである。

(1) 卵寄生蜂の潜水に伴うリスク

　水面下にあるアメンボ卵を探索・利用するため，卵寄生蜂も当然ながら潜水する必要がある。潜水の仕方は，アメンボと同じで，水草などをつたって歩くように水面下に入る。潜水中は，やはりアメンボと同じく，空気の膜で

III. 他種との関係

体表を覆われているので，この空気膜内の酸素を利用していると考えられる。個人的な観察では，2時間程度は水面で活動を続けることができたため，アメンボよりも活動可能な時間は長いようである。しかし，いくら長時間の潜水が可能であっても，潜水に危険が伴うことには変わりない。水面下で捕食されるリスクも考えられる。また，室内飼育下で，潜水をした卵寄生蜂が水面上に戻る際に，表面張力を突破できず，そのまま水中で死亡することがしばしばあった。アメンボが決死の潜水で水面下に産んだ卵に，寄生を成功させるには，卵寄生蜂にも大きなリスクが伴う。そのため，無闇に潜水してアメンボ卵の探索をすることは，卵寄生蜂にとって得策でないのである。

(2) 利用可能な宿主

さらに卵寄生蜂にとって不幸な事実がある。決死の潜水をし，せっかく見つけたアメンボ卵であっても，卵寄生蜂が利用できないケースがあるのである。

まず，1つ目は卵が古い場合である。いつ産まれたアメンボ卵でも，卵寄生蜂が利用できるわけではない。アメンボは産卵から10～14日前後で孵化する(25℃下での場合)。その間，アメンボ卵の中での発生段階が変化していき，発生がある程度進行してしまった卵は，卵寄生蜂の宿主として適さないのである。私のこれまでの飼育経験から，卵寄生蜂の利用に適した卵は，産卵後24～48時間以内の新しい卵である。

もう1つは卵の寄生の状態である。卵寄生蜂はアメンボ卵1つから1頭しか羽化できない。そのため，既に寄生されたアメンボ卵に，新たに寄生するとアメンボ卵の中で2頭の卵寄生蜂幼虫が競争し，生き残ったもののみが羽化する。通常，先に産卵された個体の方が，先に成長するため，競争に有利である。そのため，既に寄生された卵は利用に適さない。

古い卵や寄生済みの卵は，利用する宿主として適さない。卵寄生蜂にはこれら卵の状態を認識する能力があり，利用に適さない卵に寄生は行わない[註6]。そのため，卵寄生蜂が発見しなければならいのは，新しく産まれたばかりかつ他個体が未発見の卵という限られた状態のものである。

(3) 卵寄生蜂はどのような情報を用いて探索するか

水面下に隠された新鮮なアメンボ卵を卵寄生蜂は見つけ出さなければなら

ない。アメンボは石から落ち葉，水草など何にでも産卵する。そのため，卵寄生蜂は水辺に無数にある選択肢の中から，アメンボが産卵に使用したばかりの場所を探し出さなければならない。とはいっても，無作為に探索をするには，潜水のデメリットは大きい。こうした状況で，卵寄生蜂は何らかの手がかりを用いて，効率的にアメンボ卵にたどり着いていると考えられる。

・宿主由来の情報を利用して潜水場所を決める

利用可能かは別として，アメンボ卵を探す上で，最も直接的な手がかりはア

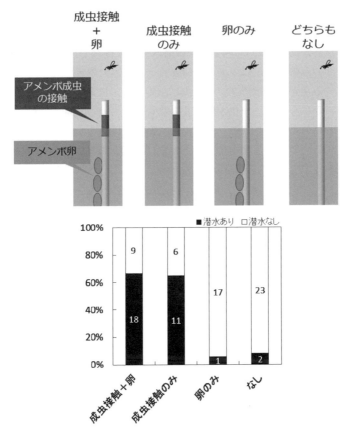

図14 卵寄生蜂が使用する手がかり解明の実験
Kohmura *et al.*（2015）を改編。

III. 他種との関係

メンボ卵そのものが発する情報である。水面下にあるアメンボ卵を視覚または嗅覚でとらえることができれば，効率よく卵にたどり着くことができるだろう。もう1つは間接的ではあるが，産卵をするアメンボ成虫の痕跡が利用可能かもしれない。潜水産卵をする際に，アメンボ成虫は必ず水面上に出た部分から潜水を開始する。そのため，この水面上に出た部分ににおい等の痕跡が残されている可能性がある。

潜水した後に，どのような経路をへてアメンボ卵までたどり着くかは別にして，デメリットの大きな潜水を開始するための手がかりとして，アメンボ卵か成虫の痕跡かを実験によって確かめることにした。実験の設定は図14(上)のとおりである。また，得られた結果を図14(下)に示した。

成虫の痕跡がある場合で，卵寄生蜂は潜水を行う割合が高かった。一方で，アメンボ卵のみの条件では，潜水はほとんど観察されなかった。卵寄生蜂が利用している手がかりはアメンボ成虫に由来する，においなどの痕跡であることが明らかになった。成虫が残す化合物(におい)は，産卵から時間が経過すると失われると考えられる。そのため，産卵後間もない，新鮮なアメンボ卵を発見する必要のある卵寄生蜂にとっては，都合の良い手がかりになっているのだろう。

・他個体の存在を潜水の決定に利用する

卵寄生蜂がアメンボ卵を探索する手がかりとして，水面上で得られる情報はアメンボ由来のものだけではない。アメンボ卵が多いところには，当然ながら卵寄生蜂も多いはずである。そうであるなら，同種他個体の有無や密度が，アメンボ卵の存在を示している可能性もある。そこで，卵寄生蜂の密度を操作し，潜水

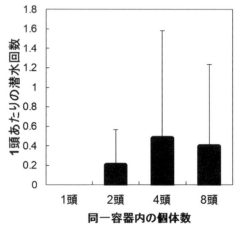

図15 同種他個体と潜水の頻度
Hirayama *et al.* (2015)を改編。

行動を観察した。その結果，卵寄生蜂は単独では潜水を行わなかったが，同種他個体が存在する場合には潜水を行った（図15）。

なお，この実験に使用した基質は，アメンボ卵や成虫と一切接触していないものである。そのため，アメンボ由来の手がかりが全く無い条件でも，同種他個体の存在が潜水の引き金となることが明らかになった。この結果のみからは，同種他個体の存在をアメンボ卵があるという情報として利用したのか，同種他個体の存在によってアメンボ卵をめぐる競争の強度が高いことを感知し，探索努力を上げる結果，手がかりのない条件下でも潜水を実行することになったのかを分離することはできない。しかし，同種他個体から情報を得て，アメンボ卵の探索行動を変化させることは明らかである。

■ アメンボと卵寄生蜂の2種の関係

本項では，アメンボが卵寄生をどのようにして回避しているのか，その意思決定にかかわる要因を解説した。また，卵寄生蜂については，宿主であるアメンボ卵の探索に使用する情報として明らかになっていることを一部であるが解説した。なお，卵寄生蜂の内容が一部なのは，著者がアメンボを中心とした研究から開始したためである。

アメンボと卵寄生蜂という，切っても切り離すことのできない2者が，それぞれ自身の子をより多くのすため，実に合理的ともいえる振る舞いをする。それを感じ取ってもらえ，多少なりとも知的興奮を覚えてもらえたのであれば，幸甚である。

〔註〕

（註1）卵寄生蜂のような宿主を完全に食い殺してしまうような寄生の仕方は正確には捕食寄生とよばれる。多くの昆虫には，その卵や幼虫期をターゲットとする寄生蜂や寄生蠅などの捕食寄生者がいる。単に寄生という場合は，多くの寄生虫がそうであるように，一定の損傷や栄養を奪われることあっても，直接宿主を殺すことがないことが多い。

（註2）強制的に潜水をさせたことで余分なエネルギーを消費した可能性も考えられる。アメンボは潜水産卵を終えて，水面上に浮上した後，肢で身体を丹念に擦るように，グルーミングをする。潜水後でなくとも，暇さえあれば体中をグルーミングしている。グルーミングで身体についた

汚れを取り除き，脚先の撥水性の分泌物を塗布していると想像している。
(註3) メスはオスを乗せると水面上での移動性が低下する，捕食されるリスクが高まるなどのデメリットがある。そのため，前肢でふりほどくような動きや，宙返りなどでオスを振り落とそうと抵抗することが多い。
(註4) 水面上ではメスがオスを乗せておくことで他のオスからの過剰な交尾（ハラスメント）を避けることができる。しかし，水中では他のオスがいないので，やはりメスがオスをわざわざ水中まで連れていくメリットは一見するとないのである。
(注5) 本実験では野外で採集したアメンボを使用し，卵寄生蜂との遭遇経験が統一されていない。同じ卵寄生リスクの下であれば，タンデムでより深い位置を選択する可能性がある。
(注6) 産卵管をアメンボ卵に挿入することで認識ができる。卵への接触前には認識することができない。また，捕食寄生者についての一般論として，不適と考えられる宿主であっても，適した宿主に遭遇できない状況が続くことで，産卵を行う場合もある（Godfray, 1994 等参照）。

〔引用文献〕

Amano H, Hayashi K, Kasuya E (2008) Avoidance of egg parasitism through submerged oviposition by tandem pairs in the water strider, *Aquarius paludum insularis* (Heteroptera: Gerridae). *Ecological Entomology*, 33: 560–563.

Godfray HCJ (1994) *Parasitoids: Behavioral and Evolutionary Ecology*. Princeton Univesity Press, Princeton, NJ.

Hirayama H, Kasuya E (2008) Factors affecting submerged oviposition in a water strider: level of dissolved oxygen and male presence. *Animal Behaviour*, 76(6): 1919–1926.

Hirayama H, Kasuya E (2009) Oviposition depth in response to egg parasitism in the water strider: high risk experience promotes deeper oviposition. *Animal Behaviour*, 78: 935–941.

Hirayama H, Kasuya E (2010) Cost of oviposition site selection in a water strider *Aquarius paludum insularis*: Egg mortality increases with oviposition depth. *Journal of Insect Physiology*, 56: 646–649.

Hirayama H, Kasuya E (2013) Effect of adult females' predation risk on oviposition site selection in a water strider. *Entomologia Experimentalis et Applicata*, 149: 250–255.

Hirayama H, Kasuya E (2014) Potential costs of selecting good sites for offspring: increased risk of drowning and negative effects on egg production. *Ethology*, 120:

1228–1236.

Hirayama H, Kasuya E (2015) Parasitoid avoidance behavior is not triggered by airborne cues in a semi-aquatic bug. *Hydrobiologia*, 745: 195–200.

Hirayama H, So T, Kasuya E (2015) Presence of conspecifics triggers host searching behavior in an egg parasitoid wasp. *Entomologia Experimentalis et Applicata*, 154: 222–227.

Kohmura H, Hirayama H, Ueno T (2015) Diving into the water: cues related to the decision-making by an egg parasitoid attacking underwater hosts. *Ethology*, 121: 168–175.

Rubenstein ID (1989) Sperm competition in the water strider, Gerris remigis. *Animal Behaviour*, 38: 631–636.

Tsubaki Y, Kato C, Shintani S (2006) On the respiratory mechanism during underwater oviposition in a damselfly *Calopteryx cornelia* Selys. *Journal of Insect Physiology*. 52: 499–505.

（平山寛之）

Ⅲ. 他種との関係

2 水生半翅類に取り付くミズダニ

野外でミズカマキリ *Ranatra chinensis* やコオイムシ *Appasus japonicus* を採集すると、体に 1〜2mm 程度の丸い物体が付いているのに気付くことがある（図 1）。この物体は動かないことから初めはゴミだろうと思うが、この物体が付いた昆虫を水槽に入れ、1〜2週間飼育していると、やがてこの物体の中から小さな動物が泳ぎ出る。実はこれはミズダニと呼ばれる動物である。

ミズダニとは何か

現在 5 万種以上のダニ類が知られているが、その約 1 割は生物進化の過程で生息域を陸上から水中へと移行し、生活史の大部分を河

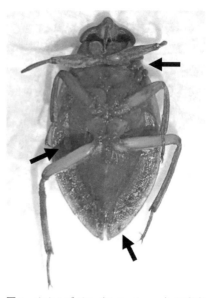

図 1 オオミズダニ（*Hydrachna* sp.）に寄生されたコオイムシの腹面。矢印はダニの幼虫もしくは第 1 蛹を示す（口絵 ⑤ e）

川・湖沼・海洋などの水中で生活するようになった。これらのダニ類は分類学的には様々な系統を含むが、生物群集の生態的な区分では全て底生生物という範疇に入る。水中で生活するダニ類の体制は、基本的には陸上に棲むダニ類と同じだが、陸生のダニ類が持つような気管系があっても機能していないか、気管系を完全に失っており、呼吸は体表の皮膚を通して環境水中の溶存酸素を体内に拡散によって取り入れる。外部形態の詳細は水域の生息環境や食性などによって異なるほか、分類群によって褐色、緑色、黄色、赤色など様々な体色を持つ。このような水生のダニ類は一般にミズダニと呼ばれ、ケダニ目 Trombidiformes のケダニ団 Parasitengonina に属す

② 水生半翅類に取り付くミズダニ

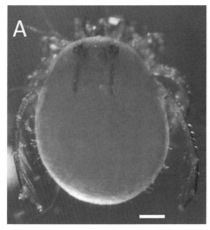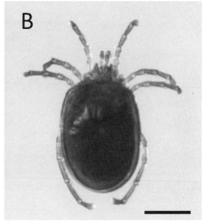

図2　A：池や沼の水草の間に生息するオオミズダニ（*Hydrachna* sp.）の若虫，B：河川の砂中に生息するケイリュウダニ（*Torrenticola* sp.）の成虫。スケールは100μm（口絵⑤f, g）

表1　ミズダニを構成する上位分類群

ミズダニ亜団 Hydrachnidiae
アカミズダニ上科 Hydryphantoidea
メガネダニ上科 Eylaoidea
ヒヤミズダニ上科 Hydrovolzioidea
オオミズダニ上科 Hydrachnoidea
アオイダニ上科 Lebertioidea
オヨギダニ上科 Hygrobatoidea
ヨロイミズダニ上科 Arrenuroidea
チカケダニ亜団 Stygothrombiae
チカケダニ上科 Stygothrombidioidea

るダニ類である（図2）。ミズダニは表1に示す2亜団8上科から構成される（Lindquist *et al.*, 2009）。

■生活史

　ミズダニは基本的には雌雄異体で，交尾をした後に雌が水中の水草の葉・

III. 他種との関係

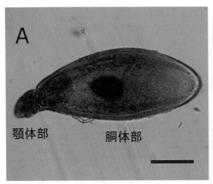
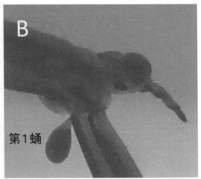

図3　A：コオイムシに寄生していたオオミズダニ（*Hydrachna* sp.）の幼虫．B：ミズカマキリの前肢の基部に寄生しているオオミズダニ（*Hydrachna* sp.）の第1蛹．スケールは100μm

茎や石面の窪みなどに卵を産む．一般的には，卵膜内で胚発生が進行し，卵膜内に幼虫の体が形成されて卵蛹となり，やがて卵蛹から幼虫（図3A）が出現する．その後，蛹と呼ばれる静止期を経ながら発生が段階的に進行し，一

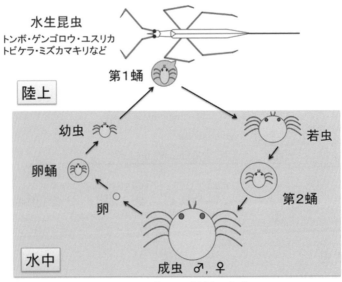

図4　ミズダニの生活史の概略

2 水生半翅類に取り付くミズダニ

般的には第1蛹(図3B)・若虫・第2蛹・成虫という発生過程を経る(図4)。生活史の中で若虫と成虫は水中で自由生活を行うが,ケダニ団の学名が示すように,多くのミズダニは幼虫の時期に他の動物に寄生することが知られている。このような一時的な寄生の進化について,ミズダニはその動物の卵をもともと食物として利用していたが,やがてその動物自体を宿主として利用するようになったと考えられている(Proctor & Pritchard, 1989)。また,幼虫は寄生の前適応として分散のために他の動物に便乗していたが,やがて二次的に寄生するようになったと思われる(Mitchell, 1967; Athias-Binche & Morand, 1993)。

■ 宿主への取り付きと離脱

まず始めに,水中にいるミズダニの幼虫は,離れた場所にいる宿主を探さなければならない。ミズダニは,離れた場所にいる水生昆虫が引き起こす僅かな水流の変化や,水生昆虫から分泌される化学物質などを手がかりに宿主を探索すると考えられている(Smith, 1988)。宿主に取り付くことに成功したミズダニの幼虫は,初めのうちは宿主からの栄養摂取はせず,宿主に便乗して水中を移動分散する。やがて,水生昆虫が成虫へ脱皮変態するときに成虫へ乗り移り,その後は宿主からの栄養摂取を伴う数日から数週間の寄生生活を行う。寄生期間中の幼虫は,オオミズダニ科 Hydrachnidae に見られるように,宿主である水生動物の体内に血リンパを摂取するための吸管を差しこむことにより,体を宿主の体表に固着して第1蛹になる場合と,アカミズダニ科 Hydryphantidae のように,宿主の体表上を動き回れる状態で寄生し,宿主から離れて水に戻ってから第1蛹になる場合とがある(今村, 1965a)。どちらの場合でも,ミズダニは最終的には宿主によって水域に運ばれ,蛹から脱出するか,もしくは動き回る幼虫がそのまま水中に戻り,若虫を経て成虫になる。ダニの幼虫が宿主から離脱して水中に戻る際には,トンボ目 Odonata のように成虫が陸上で生活する水生昆虫にダニが寄生する場合,宿主が水域に戻るタイミングを正確に知る必要がある。この離脱のタイミングを知る手がかりとしては,宿主は生殖・産卵の際に水域に戻るので,生殖時期が近づく時や,宿主の頭部が水面で壊れたときの宿主の血リンパの生理的変化を探知して宿主を離れるほか(Smith & Laughland, 1990),水域は相対湿

■ Ⅲ. 他種との関係

度が高いことから，湿度を手がかりに宿主を離れる可能性も示唆されている（Anderson & Anderson, 1995）。なお，雌が必ず産卵のために水域に戻るハエ目 Diptera のような水生昆虫に寄生する場合，ダニが確実に水域に戻るためには宿主の雄より雌に寄生する方が良い。そこで，クロツヤエリユスリカ *Cricotops rufiventris* に寄生するカイダニ *Unionicola ypsilophora* では，雄に寄生してしまったダニは，生殖時期になると雌に乗り移ることが報告されている（McLachlan, 1999）。

■ 寄生パターン

ミズダニの幼虫の寄生パターンは，ミズダニの生活史と宿主である水生昆虫の生態に基づいて以下のように類別される（Böttger, 1976; Gledhill, 1985）。

1. タイコウチ科 Nepidae のようにほとんど水から離れることがない水生昆虫の直接水に接するような体表面に寄生し，ダニの幼虫は水中の溶存酸素を摂取して寄生生活をおくる。オオミズダニ科に見られる。
2. アメンボ科 Gerridae のように水面で生活するか，もしくはミズムシ科 Corixidae のように，ほとんど水中で生活するが体の一部に空気を一時的に貯めることが出来るような部位をもつ水生昆虫に寄生し，ダニの幼虫は水中であっても直接水には触れない環境で呼吸をしながら寄生生活をおくる。メガネダニ科 Eylaidae やオオヌマダニ科 Limnocharidae に見られる。
3. トンボ目やユスリカ科 Chironomidae のように陸上で生活する水生昆虫に寄生し，水が無い環境で空気中の酸素を取り入れながら寄生生活をおくる。ヨロイミズダニ科 Arrenuridae など，ミズダニの多くの分類群に見られる。

ミズダニの幼虫の呼吸様式，宿主の探索ならびに宿主からの離脱様式を考慮して，上述の3つの寄生パターンの進化順序を推定すると，次のようになる。ミズダニの幼虫は，もともと水面や水際に近づく昆虫に寄生していたと思われ，幼虫が空気呼吸を行い，陸上の生活を維持している状態は祖先的と考えられる。やがて，幼虫は水面で生活する水生昆虫，もしくは水中で生活するが空気を得るために体の一部を頻繁に水から出す水生昆虫に寄生するよ

うになり，幼虫は宿主の体から空気の供給を得られる部位に寄生する。さらに進んだ段階では，幼虫は常時水中で生活する水生昆虫に寄生するようになり，幼虫は水中の溶存酸素を取り入れながら寄生期間を水中で過ごすようになる。水中生活に適応した寄生パターンが最も派生的と考えられる（Smith & Oliver, 1986; Zhavoronkova, 2006）。

宿主としての水生半翅類

　前述のミズダニの分類群の中で，水生半翅類に寄生することが知られているのは，アカミズダニ上科 Hydryphantoidea，メガネダニ上科 Eylaoidea，ヒヤミズダニ上科 Hydrovolzioidea，オオミズダニ上科 Hydrachnoidea である（Smith & Oliver, 1986）。日本国内に生息する水生半翅類については，表2に示す6種がミズダニの宿主として知られており，一般向けの図鑑（海野ほか，2007; 都築ほか, 2003; 森ほか, 2014）にも寄生の写真や簡単な紹介文などが掲載されている。これらの他にも，欧米ではタイコウチ科のヒメタイコウチ属 Nepa をはじめ，マツモムシ科 Notonectidae やミズムシ科の昆虫に対するミズダニの寄生がかなり報告されているほか（Smith & Oliver, 1976, 1986），イトアメンボ科 Hydrometridae やナベブタムシ科 Aphelocheiridae への寄生も記録されている（Böttger, 1972; Simth & Oliver, 1976, 1986）。ところが，国内ではタイコウチ Laccotrephes japonensis やマツモムシ Notonecta triguttata，コミズムシ Sigara substriata などが全国各地に広く生息しているにも関わらず，ミズダニの寄生はこれまで報告されたことがない。なお，国内における水生半翅類へのミズダニの寄生には地域的な差も見られる。例えば，オオミズダニ属 Hydrachna は全国的に分布し，関東ではコオイムシに寄生しているのを良く見かけるが，関西では見られない（Abé et al., 2015）。タガメ Kirkaldyia deyrolli でも同様な傾向があるようだが，同種の宿主へのオオミズダニ属の寄生に，なぜこのような地域的な差が生じるのか興味深い。

　国内における水生半翅類へのミズダニの寄生状況（表2）を見ると，ダニの属レベルにおける宿主との対応関係が認められ，水生半翅類にはオオヌマダニ属 Limnochares とオオミズダニ属が特異的に寄生する。このような対応関係は，欧米における一連の研究成果とも一致しており，さらに欧米ではメガネダニ属 Eylais も水生半翅類に寄生することが広く知られている。また，ダ

III. 他種との関係

表2 国内に生息する水生半翅類に寄生するミズダニ

水生半翅類	ミズダニ	引用文献
アメンボ科 **Gerridae**		
アメンボ 　*Aquarius paludum paludum*	オオヌマダニ *Limnochares* (*Cyclothrix*) *crinita*	今村（1952）
セアカアメンボ 　*Limnoporus rufoscutellatus*	オオヌマダニ	今村（1952）
シマアメンボ 　*Metrocoris histrio*	オオヌマダニ属の種 *Limnochares* sp.	森本（2012）
コオイムシ科 **Belostomatidae**		
コオイムシ 　*Appasus japonicus*	マルミズダニ *Hydrachna* (*Diplohydrachna*) 　*globosa globosa* イケオオミズダニ *Hydrachna* (*Diplohydrachna*) 　*uniscutata paludosa* オオミズダニ属の種 *Hydrachna* sp. (spp.)	今村（1965b）， Masuda（1934），Abé *et al.*（2015, 2017），永 澤ほか（2008），増田 （1942）
タガメ 　*Kirkaldyia deyrolli*	イケオオミズダニ	Masuda（1934）
タイコウチ科 **Nepidae**		
ミズカマキリ 　*Ranatra chinensis*	マルミズダニ イケオオミズダニ オオミズダニ属の種	今村（1965b）， Masuda（1934），安 倍・大庭（2016），Abé *et al.*（2015），増田 （1942），内田（1936）

ニの種レベルにおいても宿主に対する選好性があることが多く，オオミズダニ属の幾つかの種は，水生半翅類の特定の種に対して明らかな選好性をもつことが示されている（Martin, 1975; Reilly & McCarthy, 1991; Zawal *et al.*, 2013; Abé *et al.*, 2015; Mariño-Pérez *et al.*, 2015）。一方，カナダやポーランドではオオミズダニ属とメガネダニ属の複数の種において，利用する宿主の種が重複するという報告もあり（Smith, 1987; Cichocka, 1995），宿主に対する選好性の程度がダニの種によってかなり異なることも指摘されている（Biesiadka & Cichocka, 1994）。なお，ダニが生態的に類似した複数の宿主に寄生するのであれば，その場所における個体数が多い宿主の種のほうが寄生されやすいと思われるが，個体数が多い種が必ずしも寄生率が高いとは限らない（Cichocka, 1995）。

② 水生半翅類に取り付くミズダニ

■ 宿主の齢に対する選好性

　国内に生息するミズカマキリとコオイムシへのオオミズダニ類（*Hydrachna* spp.）の寄生について，宿主の齢に対するダニの幼虫の選好性を調べたことがある。その結果，ミズカマキリへの寄生では宿主の齢に対するダニの寄生率に差は見られなかったが，コオイムシへの寄生については，より多くのダニが成虫より若齢個体に寄生していた（Abé *et al*., 2015）。一方，フロリダに生息するイトアメンボ（*Hydrometra myrae*）へのアカミズダニ（*Hydryphantes tenuabilis*）の寄生を調べた結果には，寄生されている個体の出現率および寄生しているダニの数は宿主の齢とともに増加する傾向が示されている（Lanciani, 1971）。なお，アメリカ南部で，オオミズダニ（*H. magniscutata*）のミズカマキリ（*R. nigra*）への寄生を季節的に調べたところ，季節によってダニの寄生数に差はないが，寄生率は明らかに異なることが分かった（Ihle & McCreadie, 2003）。宿主の齢は季節とも関わることから，宿主の齢に対するミズダニの選好性も，時期によって変化する可能性がある。ミズダニが水生半翅類の若齢個体に寄生する場合には，若齢個体は成虫に比べてあまり移動しないことから，ダニにとっては広く分散するポテンシャルが低下することになる。しかしながら，若齢期は複数あることから，ミズダニが自分の生活史を宿主の生活史と正確に同調させる必要は無く，ダニにとっては，どの若齢個体でも宿主として利用できる利点がある。

■ 宿主の性に対する選好性

　国内に生息するミズカマキリとコオイムシへのオオミズダニ類（*Hydrachna* spp.）の寄生を調べたところ，ダニの寄生率に宿主の性による差は見られなかった（Abé *et al*., 2015, 2017）。トルコでも，オオミズダニ（*H. gallica*）のミズカマキリ（*R. linearis*）への寄生が調べられているが，ダニの寄生数に宿主の性による明らかな差は認められていない（Zawal *et al*., 2013）。また，オオミズダニ（*H. virella*）のマツモムシ（*Buenoa scimitra*）への寄生を実験的に調べた結果では，ダニの寄生数ならびに寄生部位についても宿主の性による差は見られていない（Lanciani, 1980）。水生半翅類の中で，ミズムシ科では雌の腹部が左右対称だが，雄では非対称になっている。このことがダニの寄生に影響す

るかどうかを調べると，メガネダニ類(*Eylais* spp.)のミズムシ類(*Sigara* spp.)への寄生では，ダニの寄生数に宿主の性に関する差は無く(Martin, 1975)，オオミズダニ(*H. conjecta*)の寄生では，雌雄の体表上でのダニの分布にも差が見られない(Davids, 1973)．このことから，ミズムシの腹部の左右対称性はオオミズダニの寄生には影響を与えないことがわかる．ミズダニの水生半翅類への寄生では，幼虫が初めに宿主に取り付く際に，まだ雌雄が明らかではない若齢個体に付き，そこから齢が進んでも同じ個体に寄生することが多いので，宿主が成虫になり性差が明確になった段階では，ダニの寄生に差が見られないのかもしれない．

■ 宿主の体サイズに対する選好性

宿主の体サイズへのミズダニの選好性については，体が大きい宿主への寄生率が高く，寄生するダニの数も多いことが期待されるが，国内でオオミズダニ(*Hydrachna* sp.)のミズカマキリへの寄生を調べたところ，宿主の体サイズによってダニの寄生率に差は無く，寄生ダニ数も宿主の体サイズに比例して増加する訳ではなかった(Abé *et al.*, 2015)．また，コオイムシへの寄生についても，体サイズと寄生ダニ数の間に明確な正の相関は見られなかった(Abé *et al.*, 2017)．ダニが宿主から摂取する栄養量を考えると，一般的には，ダニが大きい宿主へ寄生する方が，小さい宿主に寄生するより大きく成長できるので，宿主のサイズはダニの成長に関する重要な要素である．フロリダに生息するマツモムシ(*B. scimitra*)へのオオミズダニ(*H. virella*)の寄生を調べた結果では，宿主あたりのダニの寄生数が増えるほどダニの体サイズは減少し，寄生するダニの数と体サイズとの間には負の相関が見られた(Lanciani, 1984)．ミズダニが宿主から得ることができる栄養資源の量は一定だとすると，寄生するダニの体サイズと寄生数にはトレードオフの関係が成り立つことになる．ミズムシ類(*Sigara scotti, S. distincta, Cymatia bonsdorfi, Corixa panzeri*)に寄生するオオミズダニ類(*H. conjecta, H. cruenta*)とメガネダニ類(*E. discreta, E.infundibulifera*)の体サイズを調べた例では，大きいダニは大きい宿主に見られ，しかも1個体だけが寄生している場合が多い(Reilly & McCarthy, 1991)．宿主あたりの寄生数が増加するほどダニの成長率は低くなる．従って，小さい宿主に複数のダニの幼虫が寄生する場合には，栄養摂取

と成長空間の広さを巡って競争が起こる。ダニの寄生に関する制限要因の一つとして寄生空間の大きさがあり、宿主の体サイズが小さくなるほど、寄生空間をめぐる競争は激しくなる。なお、寄生空間の大きさに比例してダニは大きく成長できるが、空間の広さだけではなく、物理的な攪乱からの保護の程度によりダニの成長が影響をうける場合がある。たとえば、オオミズダニ属の幾つかの種は半翅類の体の外表面と翅の内側の空間のどちらにも寄生するが、物理的な影響を直接受ける体表面に寄生する個体より、翅の内側で保護された空間に寄生する個体のほうが大きく育つ。なお、競争を回避するために異なる資源を利用するような資源分割が生じることがある。ダニは種ごとにそれぞれ異なる特定の宿主の種に寄生することにより宿主資源の分割を行うと考えられるが、複数種のミズダニが1種の宿主に寄生する場合には、それぞれのダニは宿主の体の異なる部位に寄生することが知られており（Lanciani, 1970）、ダニの栄養摂取と成長空間の獲得を巡る競争に寄生部位が関与してくる。

宿主の部位に対する選好性

ダニの属レベルでは、寄生のパターンで述べたような生物学的な性質により、水中生活に適応しているオオミズダニ属は宿主の外表面に寄生するのに対し、水から酸素を直接得られないメガネダニ属では、宿主の腹部と翅の間などの空気の供給がある部位へ寄生する傾向がある。たとえば、メガネダニ（*E. infundibulifera*）とオオミズダニ（*H. skorikowi*）でミズムシ（*Trichocorixa verticalis*）への寄生部位を調べると、メガネダニは半翅鞘の下側に位置する腹部の背面に寄生していることが多く、オオミズダニは主に肢への寄生が見られる（Sánchez *et al.*, 2015）。同様に、ミズダニの種レベルで宿主の特定の部位に対する明らかな選好性が見られることが多い。国内で、オオミズダニ（*Hydrachna* sp.）のミズカマキリへの寄生を調べたところ、各部位の広さに関わらず胸部への選好性がみられ、コオイムシへの寄生では前翅への寄生が多かった（Abé *et al.*, 2015, 2017）。国外でも、オオミズダニ類（*H. virella, H. guanajuatensis*）のマツモムシ類（*B. scimitra, Buenoa* sp.）への寄生では、前胸背板もしくは腹部の背面への寄生率が高く（Lanciani, 1980、Mariño-Pérez *et al.*, 2015）、オオミズダニ（*H. conjecta*）のミズムシ類（*S. scotti, C. bonsdorfi*）への寄

生では，幼虫はすべて半翅鞘の腹面に寄生するという報告がある(Reilly & McCarthy, 1991)。一方，トルコに生息するミズカマキリ(*R. linearis*)へのオオミズダニ(*H. gallica*)の寄生を調べた結果では，寄生部位に対する明確な選好性は認められていない(Zawal *et al.*, 2013)。ミズダニの幼虫が取り付く部位は，ダニの宿主への侵入経路や宿主の行動に影響されるほか，宿主の部位による栄養摂取のしやすさの違いも関わっている(Harris & Harrison, 1974)。さらに，宿主の生態がダニの取り付き部位に影響を与える例もある．一般的に，水たまりなどの一時的にできる水域に生息するミズダニは，そこに棲む水生昆虫の翅には寄生しないことが知られる．それは，宿主が飛翔した時にダニが物理的ダメージを受けることを避ける以外に，ミズダニはその水域が消滅する前に，そこを去る必要があることから，翅への寄生による宿主の飛翔能力の低下をできるだけ避けるためである(Lanciani, 1970)。また，ダニの幼虫の体形が寄生部位に影響するという報告もある。カナダに生息するオオミズダニの複数の種でミズムシ類への寄生を調べたところ，顎体部が大きい大型種(*H.cruenta, H. barri*)の幼虫は宿主の肢と腹面に寄生し，顎体部が細長い小型種(*H. elongata, H. leptopalpa, H. severnensis*)の幼虫は翅の背面に寄生することが明らかになった(Smith, 1987)。このようなことから，ダニの寄生部位に関する選好性は，競争による資源分割以外に，宿主を最大限に利用するための行動と体形の特化により生じる可能性も示唆されている(Price, 1980)。

宿主への寄生の影響

ミズダニが寄生することによって，宿主は少なからず影響を受けることになる。オオミズダニ(*H. virella*)の幼虫をマツモムシ(*B. scimitra*)へ実験的に寄生させ，宿主への影響を調べると，宿主の体から血リンパを摂取していないダニは宿主に影響を与えないが，ダニが栄養摂取を始めることにより宿主の成長率を低下させる。その結果，宿主の幼虫期間が長くなり，宿主の成熟までの期間が延長されることにより，宿主個体群の増加率が減少する(Lanciani & May, 1982)。オランダに生息するミズムシ(*Cymatia coleoptrata*)へのオオミズダニ類(*H. conjecta, H. cruenta*)の寄生の影響を調べた結果では，ダニが宿主から栄養摂取を開始して成長を始めると宿主の卵は発達せず，最終的に雌は産卵しない(Davids & Schoots, 1975)。なお，オオミズダニ(*H. conjecta*)に

寄生されているミズムシ（*C. bonsdorfi*）の個体は寄生されていない個体より摂食活動が活発になる傾向があり，これは寄生されたダニに摂取される栄養を補填するためだと考えられている（Reilly & McCarthy, 1991）。

　一般的には，ダニが引き起こす悪影響とダニの寄生数は比例することが知られているが（Smith, 1988），宿主の死亡率とミズダニの寄生数とは直線的な関係にはならない（Lanciani & Boyett, 1980）。なお，ミズダニにひどく寄生された宿主は死亡してしまうので個体群から除かれるが，このことが，宿主の各齢期分布を変更し，宿主個体群の群集構造を変化させる可能性が指摘されている（Davids, 1973）。これらの他に，ミズダニの寄生により宿主の適応度が低下する例として，蓄積脂肪や飛翔能力の減少，左右非対称性の誘発などが知られている（Rolff, 2001）。

　ミズダニの水生半翅類への寄生については，これまで欧米を中心に多くの研究が行われてきたが，残念ながらそれぞれの課題に対する統一した結論はほとんど得られていない。これは宿主・寄生者間の相互作用が分類群や生物学・生態学的特性に加え，生息地の状況や気候条件などによっても変化することに起因する。また，ミズダニは幼虫だけが宿主に寄生することから，寄生している状態ではダニの種の同定が困難であるため，種レベルでの研究にはかなりの時間と労力を要する。近年は短期間で結論が出るような研究課題が好まれるが，ミズダニの宿主・寄生者間相互作用のような複雑な関係を少しずつでも明らかにしていくような研究が今後も続くことを願う。

〔引用文献〕

安倍　弘・大庭伸也 (2016) 日本の水生動物に寄生するミズダニ類（Acari: Hydrachnidiae and Stygothrombiae）. 日本ダニ学会誌, 25: 1–35.

Abé H, Ohtsuka Y, Ohba S (2015) Water mites (Acari: Hydrachnidiae) parasitic on aquatic hemipterans in Japan, with reference to host preferences and selection sites. *International Journal of Acarology*, 41: 494–506.

Abé H, Kojima Y, Imura M, Tanaka Y (2017) Parasitism of water mites (Acari: Hydrachnidiae) on *Appasus japonicus* in a paddy field in Sagamihara City, Kanagawa Prefecture, Japan. *Journal of the Acarological Society of Japan*, 26: 1–11.

Anderson T, Anderson N (1995) Detachment of water mite larvae (*Arrenurus* sp.) from the damselfly *Argia vivida* Hagen. *Bulletin of the North American Benthological Society*, 12: 163–164.

III. 他種との関係

Athias-Binche F, Morand S (1993) From phoresy to parasitism: the example of mites and nematodes. *Research and Reviews in Parasitology*, 53: 73–79.

Biesiadka E, Cichocka M (1994) Water mites (Hydracarina) - parasites of water bugs of the group Nepomorpha. *Polskie Pismo Entomologiczne*, 63: 357–368.

Böttger K (1972) Vergleichend biologisch-ökologische Studien zum Entwicklungszyklus der Süßwassermilben (Hydrachnellae, Acari) 1. Der Entwicklungszyklus von *Hydrachna globosa* und *Limnochares aquatica*. *Internationale Revue der gesamten Hydrobiologie und Hydrographie*, 57: 109–152.

Böttger K (1976) Types of parasitism by larvae of water mites (Acari: Hydrachnellae). *Freshwater Biology*, 6: 497–500.

Cichocka M (1995) Parasitism by Hydracarina upon aquatic Heteroptera from the group Nepomorpha in the lakes of Szczytno. *Acta Parasitologica*, 40: 94–99.

Davids C (1973) The water mite *Hydrachna conjecta* Koenike, 1895 (Acari, Hydrachnellae), bionomics and relation to species of Corixidae (Hemiptera). *Netherlands Journal of Zoology*, 23: 363–429.

Davids C, Schoots CJ (1975) The influence of the water mite species *Hydrachna conjecta* and *H. cruenta* (Acari, Hydrachnellae) on the egg production of the Corixidae *Sigara striata* and *Cymatia coleoptrata* (Hemiptera). *Verhandlungen des Internationalen Verein Limnologie*, 19: 3079–3082.

Gledhill T (1985) Water mites – predators and parasites. *Reprinted Freshwater Biological Association Annual Report*, 53: 45–59.

Harris DA, Harrison AD (1974) Life cycles and larval behavior of two species of *Hydrachna* (Acari, Hydrachnidae), parasitic upon Corixidae (Hemiptera - Heteroptera). *Canadian Journal of Zoology*, 52: 1155–1165.

Ihle DT, McCreadie JW (2003) Spatial distribution of the waterscorpion *Ranatra nigra* Herrich-Schaeffer (Hemiptera: Nepidae) in the mobile/tensaw delta and the temporal distribution of the associated water mite *Hydrachna magniscutata* Marshall (Acari: Hydrachnidae). *Annals of the Entomological Society of America*, 96: 532–538.

今村泰二 (1952) アメンボに寄生するミズダニの一種 *Limnochares aquatica* について．動物學雜誌, 61: 227–232.

今村泰二 (1965a) ミズダニ類．ダニ類(佐々学編): 216–251, 東京大学出版会, 東京．

今村泰二 (1965b) ミズダニ類．新日本動物大図鑑　中巻（内田亨編）: 391, 392, 401–411, 413. 北隆館．東京．

Lanciani CA (1970) Resource partitioning in species of the water mite genus *Eylais*. *Ecology*, 51: 338–342.

Lanciani CA (1971) Host-related size of parasitic water mites of the genus *Eylais*.

American Midland Naturalist, 85: 242–247.

Lanciani CA (1980) Parasitism of the backswimmer *Buenoa scimitra* (Hemiptera: Notonectidae) by the water mite *Hydrachna virella* (Acari: Hydrachnellae). *Freshwater Biology*, 10: 527–532.

Lanciani CA (1984) Crowding in the parasitic stage of the water mite *Hydrachna virella* (Acari: Hydrachnidae). *Journal of Parasitology*, 70: 270–272.

Lanciani CA, Boyett JM (1980) Demonstrating parasitic water mite-induced mortality in natural host populations. *Parasitology*, 81: 465–475.

Lanciani CA, May PG (1982) Parasite-mediated reductions in the growth of nymphal backswimmers. *Parasitology*, 85: 1–7.

Lindquist EE, Krantz GW, Walter DE (2009) Classification (Chapter eight). In: Krantz GW, Walter DE (eds) *A Manual of Acarology* (third edition): 97–103, Texas Tech University Press, Texas.

Mariño-Pérez R, Mayén-Estrada R, Rivas G (2015) Patterns in attachment sites of the parasite *Hydrachna guanajuatensis* Cook, 1980 (Acari: Hydrachnidiae) on aquatic heteropterans (Nepomorpha) from the Tecocomulco Lake, Mexico. *Aquatic Insects*, doi: 10.1080/01650424.2014.992441.

Martin NA (1975) Observations on the relationship between *Eylais* and *Hydrachna* (Acari: Hydracarina) and *Sigara* spp. (Insecta: Hemiptera: Corixidae). *New Zealand Journal of Zoology*, 2: 45–50.

Masuda Y (1934) Notes on the life-history of *Hydrachna* (*Schizohydrachna*) *nova* Marshall. *Journal of Science of the Hiroshima University, Series B, Division 1*, 3(4): 1–43.

増田良秋 (1942) 大阪附近に産するミヅダニの生活史に就いて（豫報）．廣島文理科大學博物學會誌，10: 35–36.

McLachlan A (1999) Parasites promote mating success: the case of a midge and a mite. *Animal Behaviour*, 57: 1199–1205.

Mitchell RD (1967) Host exploitation of two closely related water mites. *Evolution*, 21: 59–75.

森　文俊・渡部晃平・関山恵太・内山りゅう・石神安弘・老田宜史・中村眞一 (2014) 水生昆虫観察図鑑　その魅力と楽しみ方．ピーシーズ，神奈川．

森本静子 (2012) 水の中の宝石．共生のひろば，7: 85–87.

永澤拓也・安倍　弘・高橋純一 (2008) ミズダニ *Hydrachna* sp. のコオイムシへの取り付きについて．水辺の輪，26: 13–14.

Price PW (1980) Evolutionary biology of parasites. *Monographs in Population Biology*, 15: 1–237.

Proctor H, Pritchard G (1989) Neglected predators: water mites (Acari:

Parasitengona: Hydrachnellae) in freshwater communities. *Freshwater Science*, 8: 100–111.

Reilly P, McCarthy TK (1991) Watermite parasitism of Corixidae: infection parameters, larval mite growth, competitive interaction and host response. *Oikos*, 60: 137–148.

Rolff J (2001) Evolutionary ecology of water mite-insect interactions: a critical appraisal. *Archiv für Hydrobiologie*, 152: 353–368.

Sánchez MI, Coccia C, Valdecasas AG, Boyero L, Green AJ (2015) Parasitism by water mites in native and exotic Corixidae: Are mites limiting the invasion of the water boatman *Trichocorixa verticalis* (Fieber, 1851)? *Journal of Insect Conservation*, doi: 10.1007/s10841-015-9764-7.

Smith BP (1987) New species of *Hydrachna* (Acari: Hydrachnidia; Hydrachnidae) parasitic on water boatman (Insecta: Hemiptera; Corxidae). *Canadian Journal of Zoology*, 65: 2630–2639.

Smith BP (1988) Host-parasite interaction and impact of larval water mites on insects. *Annual Review of Entomology*, 33: 487–507.

Smith BP, Laughland LA (1990) Stimuli inducing detachment of larval *Arrenurus danbyensis* (Hydrachnidia: Arrenuridae) from adult *Coquillettidia perturbans* (Diptera: Culicidae). *Experimental & Applied Acarology*, 9: 51–62.

Smith IM, Oliver DR (1976) The parasitic associations of larval water mites with imaginal aquatic insects, especially Chironomidae. *Canadian Entomologist*, 108: 1427–1442.

Smith IM, Oliver DR (1986) Review of parasitic associations of larval water mites (Acari: Parasitengona: Hydrachnida) with insect hosts. *Canadian Entomologist*, 118: 407–472.

都築裕一・谷脇晃徳・猪田利夫 (2003) 水生昆虫完全飼育・繁殖マニュアル 普及版．データハウス，東京．

内田 享 (1936) 本邦産ミヅダニ概説．植物及動物，4(10): 7–18.

海野和男・筒井 学・高嶋清明 (2007) 虫の飼いかた・観察のしかた6，水辺の虫の飼いかた—ゲンゴロウ・タガメ・ヤゴほか—．偕成社，東京．

Zawal A, Çamur-Elipek B, Fent M, Kirgiz T, Dzierzgowska K (2013) First observations in Turkish Thrace on water mite larvae parasitism of *Ranatra linearis* by *Hydrachna gallica* (Acari: Hydrachnidia). *Acta Parasitologica*, 58: 57–63.

Zhavoronkova OD (2006) Ovipostition and development of larvae in the water mite *Hydrachna cruenta* (Acariformes, Hydrachnidae). *Entomological Review*, 86(Supplement 1): 107–117.

（安倍　弘）

3 ヒメタイコウチの偏在と局在：
その景観-群集生態学的アプローチ

■ 和歌山県と奈良県におけるヒメタイコウチの局在分布

　ヒメタイコウチ *Nepa hoffmanni*（口絵 ⑤ a，b）は，日本では 1933 年に兵庫県西宮市で採集されたのが最初の記録である。本種は 1913 年に中国山東省青島で初めて確認されたカメムシ目タイコウチ科の体長約 2cm の「泳げない・飛べない」水生昆虫であり，中国東北部と日本のほか，ロシアのウスリー地方と朝鮮半島に分布する（長谷川ほか，2005）。分布は局所的で，日本列島では東海地方で静岡県，愛知県，岐阜県，三重県の 4 県，近畿地方の兵庫県，奈良県，和歌山県の 3 県，そして四国では香川県の特定地域で確認されている（長谷川ほか，2005）（図 1）。

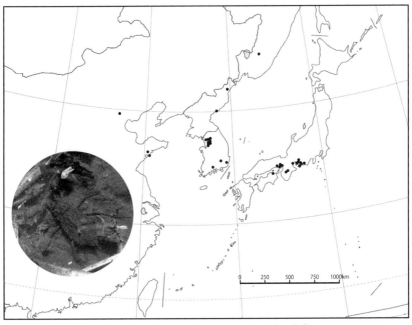

図1　東アジアにおけるヒメタイコウチの分布
長谷川ほか（2005）と桑名市教育委員会（2010）に基づき作図。

III. 他種との関係

　和歌山県や奈良県において現在知られている生息地は，丘陵地の湧水を伴う湿地や放棄水田などである。丘陵地は，山地と台地の中間的な地形で，地質学的には明確に定義されていないが，慣用的に台地や低地の周囲で山地の前縁に位置し，新第三紀時代や第四紀更新世の地層(洪積層またはそれより古い地層)からなる比高300m程度以下の土地をいう(今村, 2012)。

　こうした生息地は宅地開発や道路建設の対象となることが多く，生息場所は急激に減少しつつある。筆者らは和歌山県と奈良県で1999年頃に数地点でヒメタイコウチが発見されたことを受け，生息状況の把握に努めた。調査範囲は，湧水が出現しやすい地層である洪積層(菖蒲谷層および大阪層群)の周辺部を含む，紀の川を挟んだ南北方向3km-東西方向20〜25kmの2つのエリアとした。調査は，成虫が活発に活動する8月から10月中旬に，1カ所あたり2〜3人が20分間探査して存否を確認した。その結果，これ(2017年)までに開発等により消失した箇所を含めて，和歌山県で48カ所，奈良県で19カ所の生息地を発見した(図2)。本種は移動能力が乏しい水生昆虫であるため，能動的な移動範囲は限られる。自然受動的な移動方法としては，出水や氷解による上流から下流への拡散，そして古くは地殻変動(中央構造線の活動)による移動などを推察することができる。

　日本列島は7000万年前にはユーラシア大陸の一部であったが，2500万年前に大陸から分断しはじめ，1500万年前になると本州中部で折れ曲がった現在の列島に近い姿となった。その後1500万年前から500万年前にかけて大陸とは陸橋で繋がっていたが，12万年前には大陸からの分断が完了した。第四紀の氷河期を通じて大陸とは陸橋による接続と分離を繰り返してきており，最後の接続は，更新世後期のウルム氷期最盛期の約2万年前とされている。同時期には，サハリン方面と朝鮮半島方面とに陸橋が成立していたと考えられ，その後の間氷期(温暖期)により徐々に海水面が上昇し，現在に至っている。(井上, 2001)(表1)。ヒメタイコウチの生息がアジア大陸東部と日本で確認されていることから，もともと大陸に生息していたものが，プレート運動により日本列島が大陸から分断する間も本種を載せたまま移動し，その後の地殻変動や気候変動による海進などを経て，局在することになった可能性がある。

　近畿-東海地方では，第二瀬戸内期である300万年前から広範囲の淡水域が出現し，これらが東海湖・古琵琶湖・奈良湖・菖蒲谷湖の形成に寄与し

3 ヒメタイコウチの偏在と局在：その景観-群集生態学的アプローチ

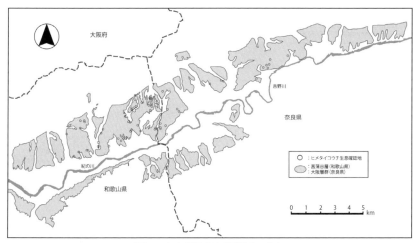

図2　生息確認地と洪積層の分布

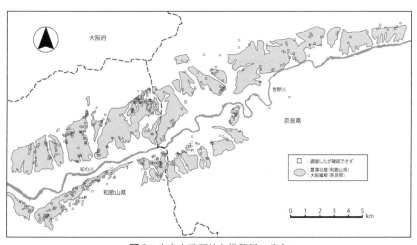

図3　生息未確認地と洪積層の分布

たとされている（吉田, 1992）。東海湖と古琵琶湖は現在の関ヶ原を通る河川で繋がっており（吉田, 1992），さらに河川は古琵琶湖から奈良湖，菖蒲谷湖，古紀ノ川を通じて太平洋へ注いでいたといわれる（石田ほか, 1969）。菖蒲谷層は，中央構造線の鉛直成分の断層活動によって北に和泉山脈が形成される

III. 他種との関係

表1 地質区分と大陸，瀬戸内の形成，湖の形成・消失および堆積物の一覧

地層区分	地質時代区分		絶対年代	大陸との関係	瀬戸内海の形成	湖の形成・消失	河成・湖成堆積物
沖積層	第四紀完新世		現在	大陸と分断[1]			
			1万年	2万年/最終氷期最盛期[1]	第二瀬戸内期[2]		
洪積層	第四紀更新世	後期	12万年				東海層群[3]・菖蒲谷層群・大阪層群・古琵琶湖層群の堆積終了[4]
		中期	78万年		100万年 海進による奈良湖の消失[2]	80万年 東海湖の消失[3]	
		カンブリアン	180万年			100万年 菖蒲谷湖・奈良湖の消失[2]	
		ジェラシアン	258万年	大陸と分断[1]	第二瀬戸内期[2]		
	新第三紀鮮新世	後期	360万年		300万年/広範な淡水域の形成	300万年 菖蒲谷湖・奈良湖の形成[2]	菖蒲谷層・大阪層群の堆積開始[4]
		前期	533万年		500万年		古琵琶湖層群の堆積開始[4] 東海層群の堆積開始[3]
	新第三紀中新世		2400万年	1500万年～500万年/大陸と陸橋で繋がる	第一瀬戸内期[2] 2200万年	700万年 東海湖の形成[3]	
	古第三紀		6500万年	2500万年/大陸から分断はじめる[1] 7000万年/大陸の一部分[1]			

表中の番号は文献番号に対応．1) 井上（2001），2) 吉田（1992），3) 牧野内（2001），4) 吉川（2009）

とともに，南に東西方向の凹地が発達したことで菖蒲谷湖が形成され，周辺からの土砂等が流入・堆積して生じたものである（寒川，1977；宮田ほか，1993）。大阪層群はこれとほぼ同時期に成立したと理解できる（表1）。

ヒメタイコウチの現在の生息場所と洪積層（古い土地基盤：菖蒲谷層と大阪層群）基盤地質との位置関係を把握した（図2，図3）。和歌山県および奈良県における生息確認地は洪積層境界とほぼ一致し（洪積層境界で75%，その内側で25%），その北側には出現しない。紀の川（奈良県では吉野川）の南岸にも確認されていない。洪積層境界は紀の川（吉野川）に沿って一定の幅で存在しているが，和歌山県側の南岸では洪積層の南北方向の幅は狭く，奈良県側の五條市以東では洪積層は終息する（図2，図3）。紀の川南岸は急峻で丘陵地状の地形はほとんどなく，湧水地から紀の川までの距離が短く生息に適した湿地も少ない。これらのことは，洪積層の北側に隣接する中央構造線の活動によってヒメタイコウチの生息環境の素地が形づくられ，今日の局在が決定されたことを示唆する。

■ 標高とため池の分布，ならびに土地利用からみた生息場所の分布

和歌山県と奈良県のヒメタイコウチの生息場所は紀の川-吉野川と東西に走る和泉山脈との間の山裾にあり，概して内陸側の奈良県の方が和歌山県よ

3 ヒメタイコウチの偏在と局在：その景観-群集生態学的アプローチ

り標高が高い位置となる。生息確認地の標高はおおむね110mから210mまでである(和歌山県：118mから206m，奈良県：121mから197m)。この80mから90mの標高差の範囲にヒメタイコウチは点在する。ヒメタイコウチの生息場所の必須条件の1つは湧水であるが，和歌山県と奈良県の生息湿地はため池堤体からの浸み出し水によって涵養されていることが特徴のように思われた。そこで，ため池と生息場所の分布を標高に着目して概査してみた。現地を踏査し，生息場所と全調査地の分布，ならびに生息湿地の面積を標高毎に整理した(図4)。

和歌山県では生息地が48カ所(面積29,829m²)，奈良県では19カ所(面積22,246m²)ある。このうち標高120mから170mの範囲に生息地が比較的多い(図4)。調査地数に占める生息地数の割合は130mから140mで63％，120mから130mで57％であり，標高120mから140mの間で特に高率で出現した。

生息地の中には，ため池下流の放棄水田が連続したところもあり，そこは結果として広い面積を有することになる。標高150mから160mでは2カ所(8,890m²と2,930m²)，120mから130mと160mから170mでは各1カ所(4,090m²

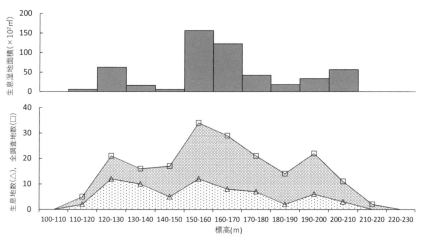

図4 標高別の生息地の数，ならびに生息湿地面積と調査対象地の数

調査範囲は，北西端：橋本市山田，南西端：橋本市野，北東端：奈良県大淀町福神，南東端：奈良県大淀町佐名伝（さなて）とした。全調査場所（ため池）の標高は，1/2,500地形図における水面で近似し，生息地の標高はその場所の標高とした。生息湿地面積は，生息地の土壌水分や植生から範囲を決定し，1/2,500地形図上でAutoCADLT®を使用して算出した。

III. 他種との関係

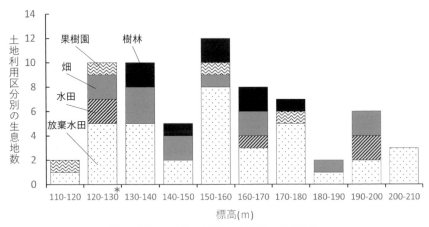

図5 異なる標高の土地利用区分別の生息地数
土地利用区分は調査時の利用形態とした。*生息環境育成施工を実施した場所を除く。

と7,800m²)がそれである。そして，200mから210mでは3カ所のいずれもが広い面積の放棄水田であった(2,500m²，1,650m²，1,520m²)。それらを除く標高の一般的な生息場所は，ため池堤体法尻の湿地面積が狭い場所や水路である。

高標高(谷部)のため池は谷池であり，堤体からの浸み出し水があることが多い。一方，低標高(平地部)には皿池が多く，水の浸み出しがない池が大部分である。これは低標高で生息場所が少ない理由の1つであろう。

このような分布は，ため池の出現や構造によって上流方向への分布拡大に制限がかかり，下流域に受動分散しつつ，洪水時の水平の移動によって生息場所を増やすことを示唆する。そして，耕作が放棄された水田が生息場所として近年になって増加したと思われる。

生息地を土地利用別に類別すると，どの標高でも生息地の大半を放棄水田が占めることがわかる(図5)。畑は生息地数全体の20％であり，樹林，果樹

表2 生息地の土地利用別の数と比率（％）

	水田	放棄水田	畑	果樹園	樹林
箇所数	5(8)	35(54)	13(20)	4(11)	8(12)

③ ヒメタイコウチの偏在と局在：その景観-群集生態学的アプローチ

園および水田がそれぞれ10％程度を占めた(表2)。当該地では水田として利用していた場所を埋め立てて，畑や果樹園へ転換した場所がある。ため池と水路などが残された場合，そこが生息場所となっている。

■ 生息地の群集遷移と地形

　水田が放棄され，草刈りが行われなくなると，植生遷移が進み次第に陸化する(姜ほか，2004)。環境修復のための施工をした2カ所を除く65カ所の生息地には，植生遷移が同様に進行せず，ある段階で遷移が停滞している所もある。潤沢な湿潤状態ではミゾソバ *Persicaria thunbergii*，セリ *Oenanthe javanica*，イボクサ *Murdannia keisak*，アゼスゲ *Carex thunbergii* などの湿性植物が繁茂・優占している。流水により涵養されていた水田が放棄されると，ガマ *Typha latifolia* やセイタカアワダチソウ *Solidago altissima*，さらにはススキ *Miscanthus sinensis* が侵入し，その割合が高くなる。

　実際には，丘陵地の谷奥部の生息地ではミゾソバなどが優占した湿地環境が多く，低地に近い生息地ではガマやセイタカアワダチソウが優占した湿地が多くみられた。これは，谷奥部では湿地やその周辺と天空が樹木に覆われていること，ガマ等が繁茂する湿地が近くになく，風の吹き下ろしによる種子の侵入が少ないことを示唆する。ガマやセイタカアワダチソウの種子は風によって分散する。低地部の湿地は樹林に囲まれることが少なく，開放的状態で陽あたりも良く，近隣にガマ等の繁茂する湿地があることによって，侵入と生育が容易と推察できる。

　ヒメタイコウチは放棄水田に高頻度で出現し，そうした湿地は面積が広いことから個体数も多い。水田の素掘り水路や水田から転換利用した果樹園の水路などでは，湿潤な面積が狭く，その個体数は少ない。それら生息地の植生について見ると，ミゾソバやセリ，アゼスゲなどの湿地性の低茎植物からガマなどの高茎植物，やや乾燥化が進行した湿地ではセイタカアワダチソウやススキなど多岐にわたる。土壌水分や日射が異なる湿地では，植物ばかりでなく動物にも異なる群集を見ることができる。5月から10月に旺盛に捕食活動するヒメタイコウチにとって捕食対象となる動物の構成や量は，その発生量を規定する重要な意味をもつと考えられる。ヒメタイコウチと共に発見されることが多い動物(群集)，地形，環境，植生を示した(表3)。

III. 他種との関係

表3 ヒメタイコウチの生息環境と動物群集の構成

動物（群集）	地形	環境	植生
ヒメフナムシ	丘陵地-低地	林床, 放棄水田	樹林, 落葉層
オニヤンマ	丘陵地	林, 細流	樹林
シマアメンボ・オニヤンマ	丘陵地	細流	後背樹林
ヤスマツアメンボ	丘陵地	水たまり	後背樹林
ミズムシ（Asellidae）	丘陵地-低地	放棄水田	ガマ・ミゾソバ
オオシオカラトンボ	丘陵地-低地	放棄水田	ミゾソバ・セリ
ケラ・ヤスデ類・ヒメフナムシ	丘陵地-低地	放棄水田	ミゾソバ・アゼスゲ
ダンゴムシ・ハネカクシ類	丘陵地-低地	放棄水田	アゼスゲ・ミゾソバ・セイタカアワダチソウ

　ヒメタイコウチは多種多様な生物を捕食対象とすることが知られている（伴ほか, 1988）。水生昆虫でありながらヒメフナムシの一種 *Ligidium* sp. やミズムシ科 Asellidae, ハネカクシ科 Staphylinidae といった水生・湿地性の動物以外に, 陸生のコシビロダンゴムシ科 Armadillidiidae やケラ *Gryllotalpa orientalis*, 植物から落下した甲虫類や蝶類の幼虫も捕食する。表3では上段から下段に向かい, 高標高から低標高へ, 天空閉塞的な樹林から天空開放的湿地へ, 流水から滞留水へ, 湿潤から乾燥への移行を模式した配置とした。この中で, ヒメタイコウチの個体数が多いのは, オオシオカラトンボ *Orthetrum triangulare melania*, ケラ・ヤスデ類 Diplopoda, ヒメフナムシが共存する場所である。これらはヒメタイコウチの捕食対象となるが, 植生や水深および湿潤状態によりその個体数と構成比が異なることが推察される。そこで, 奈良県の単一生息場所（240m^2）内で異なる水深と植生の方形区を設定し, 2007年の5月と9月にアリ科 Formicidae を除く陸上動物の構成を調査した（図6）。

　動物個体数が最も多かったのは水深1cm区のミゾソバ生育場所であり, 次いで湿潤土壌区のイ *Juncus effuses* var. *decipiens*・カサスゲ *Carex dispalata*, およびイ・ミゾソバの生育する場所であり, 乾燥土壌区ではミゾソバが繁茂していても動物個体数は少なかった。水深1cm区ではヒメフナムシが多く,

3 ヒメタイコウチの偏在と局在：その景観-群集生態学的アプローチ

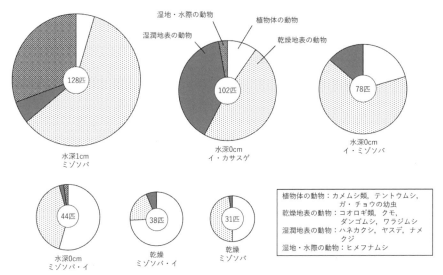

図6 奈良県の単一生息場所内の異なる植生タイプの方形区（1m²）の陸上動物群集の構成（個体数）
5月と9月の各1日採集の合計．採集は吸虫管（内径6mm）を使用し，2人×20分/m²で実施．

湿潤区ではごくわずかだった．

　水田は，耕作が放棄されると水供給の条件により乾燥土壌か湿潤土壌に類別される環境となる．乾燥土壌では，放棄後2～3年でヨモギ *Artemisia princeps* やヒメジョオン *Erigeron annuus* などの草本植物が繁茂し，それ以降はススキが優占する傾向がみられ，10～15年以上経過するとヤナギ *Salix* spp. やハンノキ *Alnus japonica* の優占度が高くなる．湿潤土壌では，放棄後2～3年でミゾソバ，セリ，イなどの湿地性植物の混在がみられ，次第にヨシ *Phragmites communis* が優占するようになる（岩田・成岡, 2002）．ただし，常に湧水の供給がある放棄水田ではミゾソバやセリが優占し，その後の遷移の進行が緩やかになることが多い．ミゾソバやセリは地表に匍匐茎（ランナー）を伸ばし，節から根を下ろして連絡体を作る．これらの根は細く，根群が浅く，根量が多いひげ根であり，これにより土壌構造の変化や崩壊がかなり制御されていると考えられ，安定した湿地を維持する一因になっている（岩田・成岡, 2002）．そして，豊富な湧水は表流水の流速の増大をもたらし，乾地型草本の定着を阻止する．

III. 他種との関係

　ヒメタイコウチの生息に適した環境は、水田耕作が継続して行われている場所よりも、放棄された水田跡でミゾソバやセリなどの低茎の湿地性植物が繁茂する場所にある。水田耕作地では、ヒメタイコウチが生息できるのは水深がある水田内ではなく、その周辺の水路である。したがって、狭い水路よりも放棄水田(湿地)の方が生息に適した条件を満たす面積としては広く、餌動物の供給源としても高い機能をもっていることから、ヒメタイコウチは放棄水田に高密度で生息することになる。

■ トンボ幼虫との体サイズ比の経時的推移

　ヒメタイコウチを探索していると、水中ではオニヤンマ *Anotogaster sieboldii* やオオシオカラトンボが近くに確認されることが多い。これら3種はいずれも水中の捕食者である。オニヤンマとオオシオカラトンボの幼虫は、それぞれ生息する環境が異なる。オニヤンマは周辺植生がまばらで、薄暗い湿地で、流速がある水域に多い(図7)。オオシオカラトンボはやや閉塞的な、植生被覆率の高い湿地で多く確認される(図8)。両種とも水深3cm程度までの浅い水域に偏在する傾向があり、ヒメタイコウチも同様である。

図7　オニヤンマが産卵する薄暗く湿性植物がまばらな流水のヒメタイコウチ生息地

図8　オオシオカラトンボが産卵するやや閉塞的な植生のヒメタイコウチ生息地

　オニヤンマの終齢幼虫の体長はヒメタイコウチ成虫の体長の2倍にもなり(40〜46mm)、オオシオカラトンボの終齢幼虫の体長は18〜23mmで(石田ほか、1988)、ヒメタイコウチ成虫と

3 ヒメタイコウチの偏在と局在：その景観-群集生態学的アプローチ

同程度となる。

　1998年から2002年に16カ所の生息場所を調査したところ，ヒメタイコウチは10カ所でオオシオカラトンボと，6カ所でオニヤンマと共存していた。しかし，オニヤンマと共存していた場所の1つでは，ヒメタイコウチが全く発見できなかった年が2カ年続き，個体群が消滅したと思われる場所もあった。そして，オニヤンマとの共存地におけるヒメタイコウチの年間発見個体数はいずれも6匹以下であった。一方，オオシオカラトンボと共存する生息地では毎年おおむね20匹以上が確認できた。

　オオシオカラトンボと同属で生活史が類似しているシオカラトンボ *Orthetrum albistylum speciosum* は，年2化の発生で，越冬するヤゴの齢期は様々であることが報告されている(野原・中村，2015)。オオシオカラトンボの終齢幼虫の体長は，シオカラトンボの終齢幼虫の体長(19〜25mm)と同程度で

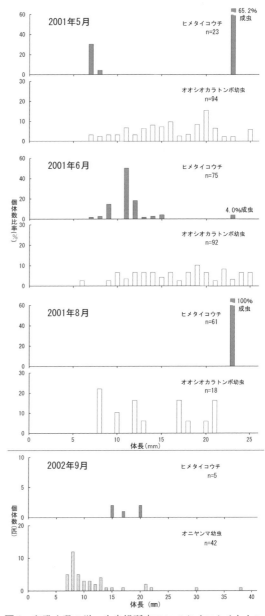

図9　和歌山県の単一生息場所内のヒメタイコウチとトンボ幼虫の季節別体長構成比

III. 他種との関係

ある。ヒメタイコウチは年1化であり，成虫段階のみで越冬する。越冬後の成虫は4月頃から活動を再開する。そして，5月上旬から1齢幼虫が出現し，8月中旬以降には再び成虫が大半を占める(伴ほか, 1988)。和歌山県のある1カ所の生息地では，5月には成虫が個体群の半数以上を占めたが，6月では体長11～12mmの幼虫が50.7%と最も多くなり，8月中にすべてが成虫になった(図9)。同所のオオシオカラトンボのヤゴは，5月，6月とも体長6～25mmであった。8月の個体数は少なかったが，体長8～21mmで広範なサイズのヤゴがいた。他方，オニヤンマはヤゴの期間が数年にわたることが知られている(矢島, 1996)。2002年9月の和歌山県のある1カ所の生息地での調査では，8～15mm程度の個体が比較的多かったが，ヒメタイコウチの成虫より大きい個体も10%(5匹)ほどあった(図9)。このことから，オニヤンマが生息する湿地では，体長10～40mmのヤゴが周年存在すると理解できる。シオカラトンボ型のヤゴとオニヤンマのヤゴ，ならびにこれらのヤゴと同所に見られるヒメタイコウチ個体群の成長経過のこのような傾向は，2000年から2002年の3カ年に複数の生息地で確認することができた。

■ トンボ幼虫との捕食-被捕食の関係

　ヒメタイコウチとこれら2種のヤゴとの捕食-被捕食の関係を明らかにするため，和歌山大学の学生(当時)だった人見敏行らが，2000年と2002年に和歌山県由来の3種の個体を飼育容器内に共存させてギルド内捕食[註1]を検証した。ヒメタイコウチは恒温条件下で産卵・孵化させた飼育系統と現地で採取した個体を用い，7日間絶食させて供試した。ヤゴは野外で採集した個体を使用した。ヒメタイコウチとヤゴを1匹ずつ埴壌土[註2]と水を入れた透明丸型カップ(内径12cm，高さ6cm：土壌・水深約2cm)に入れて，直射日光の当たらない風通しの良い屋外に静置し，最初の15分間とその後6～12時間毎に観察しながら数日間飼育した。実験は2カ年とも7月から8月にかけて実施した。

　実験の結果，ヤゴの体長を1とした場合，ヒメタイコウチの体長が0.75以上であるとヤゴは捕食され，0.50以下だとヤゴがヒメタイコウチを捕食する事例が多かった。ヒメタイコウチの体サイズ比が0.50～0.75では4日間以上共存し続けることが散見された(図10)が，その他のサイズ比では1週間

3 ヒメタイコウチの偏在と局在：その景観-群集生態学的アプローチ

以内にどちらかが捕食された。

ヒメタイコウチとヤゴ2種の捕食-被捕食の関係は，体サイズ比によって逆転するギルド内捕食の典型のようだ。ヒメタイコウチの越冬後，雌成虫は十分な捕食の後に産卵を開始する。産卵は5月上旬で，卵は同月に孵化する。すなわち，オオシオカラトンボのヤゴの生息する湿地では，4月から10月にかけてヤゴはヒメタイコウチの成虫に捕食されるが，5月と6月の間はヤゴがヒメタイコウチの幼虫を捕食することも少なくないと予想される。そして，同所的生息場所の大部分でオオシオカラトンボは，水中におけるヒメタイコウチの貴重な栄養源となっている可能性が高い。一方，体長25mm以上のオニヤンマのヤゴが周年生息する生息場所では，ヒメタイコウチの幼虫は常に高い捕食圧にさらされることになる。オニヤンマのヤゴの個体数や体サイズ構成比率は場所によって画一的ではなく，年次変動も大きい。ヒメタイコウチ若齢幼虫の死亡要因に占めるトンボ幼虫による捕食圧がどれ程なのか興味がもたれる。室内実験においては，ヒメタイコウチはシオカラトンボ

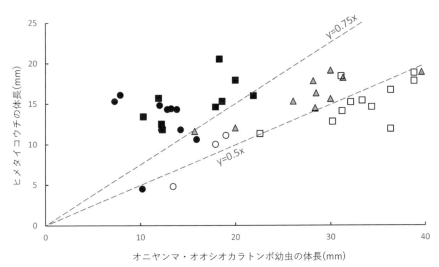

図10　ヒメタイコウチとトンボ幼虫の捕食-被捕食の関係

III. 他種との関係

やアカネ型 *Sympetrum* spp. のヤゴも捕食することを確認している(中尾, 未発表)。

　オオシオカラトンボの生息する放棄水田はイモリ *Cynops pyrrhogaster*, アカガエル属 *Rana* spp., ニホンアマガエル *Hyla japonica* やシュレーゲルアオガエル *Rhacophorus schlegelii* の生息場所でもあり, その捕食対象となる小動物が多量に発生していることを示唆している(私たちは爬虫類と両生類によるヒメタイコウチの捕食は発見しておらず, 捕食者としては鳥類のみを確認している)。ガマの侵入などで遮水層が破壊されると乾燥化が始まり, セイタカアワダチソウやアメリカセンダングサ *Bidens frondosa* がさらに乾燥化に拍車をかけるが, その過程でも湿性及び陸生の生息場所を持つ多種多様な節足動物類が多く発生する。これら豊富な小動物はヒメタイコウチの捕食対象であり, 植物による被覆は鳥類による捕食圧を軽減するだろう。

　一方, オニヤンマが産卵場所とする樹林地内の湧水の流れる谷筋では, 細流が砂礫の崩落や流下物の堆積で伏流状態となる場所がある。そこは次第に樹林・乾燥化していく。そのような場所にもかつては水田だった場所もある。こうした場所は草本植生の被圧が高くなることなく, 木本植物の成長によって「林床」となり, 時折現れるヒメフナムシやサワガニ *Geothelphusa dehaani* が湿地の名残を示すだけの場所となる。節足動物量が比較的少ないこのような場所では, オニヤンマやヒメタイコウチのような捕食性昆虫の幼虫期の共食いは高率となるように思われる。オニヤンマのヤゴと共存する状況では, 9月になってもヒメタイコウチの幼虫が見られることがある(図9)。これは捕食対象となる小動物の不足を示しているように思われる。

　ヒメタイコウチ若齢幼虫とトンボ幼虫の相互関係を長期にわたって追跡することは, 両者の個体群動態のみならず, 地形と植生遷移が両者の個体群存続に明瞭に影響することを明らかにするだろう。

■ 過去と未来を繋ぐ残された課題

　ヒメタイコウチは500万年以上前から日本に生息した可能性が高い。それは2000万年前の可能性もある。水田面積が拡大する前, ヒメタイコウチは耕作地より上流範囲の流水や未耕作地で細々と生息していた時期を経たと思われる。ヒメタイコウチはいつの頃からオニヤンマやオオシオカラトンボ,

3 ヒメタイコウチの偏在と局在：その景観-群集生態学的アプローチ

　その他のアカネ類のトンボやヒメフナムシとともに紀の川-吉野川の川筋に沿って棲むことになったのだろうか？
　最近の数千年，新田の開発やその用水確保のためのため池の整備によって，また水田の耕作放棄が進んだことによって，生息範囲は拡大したといえるかもしれない。他方，最近20年のため池の補強改修や壊廃，水田の乾燥地化，宅地，工業用地，道路建設による湿地の消失は著しい（中尾ほか，2011）。現在，分布の南限ともいえる和歌山県や奈良県でも1年1化の生活史であり，成虫態で2度の冬を越えて繁殖する性質を持ち続けている。ロシア東部や中国の個体群と日本の個体群との遺伝的類縁関係や分岐年代の推定が待たれる。また，胚および幼虫期の死亡率のどれ程が近交弱勢に起因するのだろうか。興味は尽きない。北半球の寒冷期を幾度も越えてきた飛べない水生昆虫ヒメタイコウチの未来はどこに向かっているのか，思索を続けたい。

〔註〕

（註1）ギルド内捕食：同一の栄養段階に属し，共通の資源（餌）を類似した方法で利用する生物群を「ギルド」と呼び，同一のギルド内の種間での捕食を「ギルド内捕食」という。

（註2）埴壌土（しょくじょうど）：土性区分のひとつで，粘土が37.5～50％混じった土壌。

〔引用文献〕

伴　幸成・柴田重昭・石川雅宏 (1988) 日本の昆虫⑭ヒメタイコウチ．文一総合出版，東京．

長谷川道明・佐藤正孝・浅香智也 (2005) ヒメタイコウチの分布，付関連文献目録．豊橋市自然史博物館研究報告, 15: 15–27.

今村遼平 (2012) 地形工学入門―地形の見方・考え方―．鹿島出版会，東京．

井上　基 (2001) モザイク状に分断された日本列島の地質構造（全国地質調査業協会連合会編）．日本の地形・地質―安全な国土のマネジメントのために―: 31–34，鹿島出版会，東京．

石田志朗・横山卓雄 (1969) 近畿・東海地方の鮮新・更新統火山灰層序，及び古地理・構造発達史を中心とした諸問題―近畿地方の新期新生代層の研究，その10―．第四紀研究, 8(2): 31–43.

石田昇三・石田勝義・小島圭三・杉村光俊 (1988) 日本産トンボ幼虫・成虫検索図説．東海大学出版会，神奈川．

Ⅲ. 他種との関係

岩田文明・成岡　市 (2002) 耕作放棄水田における土壌・土層構造の変化と植物遷移. 農業土木学会誌, 70(3): 207–210.

姜　賢敬・大黒俊哉・新國聖子・粟生田忠雄・有田博之 (2004) 中山間地における耕作放棄水田の植生遷移に影響を及ぼす要因に関する研究—岐阜県恵那市における事例—. 農村計画学会誌, 23(1): 63–70.

桑名市教育委員会 (2010) 桑名市指定天然記念物　ヒメタイコウチ保存管理計画. 桑名市教育委員会, 三重.

牧野内猛 (2001) 東海層群の層序と東海湖堆積盆地の時代的変遷. 豊中市自然史博物館研究報告, 11: 33–39.

宮田隆夫・牧本　博・寒川　旭・市川浩一郎 (1993) 和歌山及び尾崎地域の地質. 地域地質研究報告—5 万分の 1 地質図幅—, 地質調査所.

中尾史郎・松本　功・井上和彦 (2011) 奈良県と和歌山県における最近 10 年間のヒメタイコウチ *Nepa hoffmanni* Esaki の生息場所の減少要因. 京都府立大学学術報告　生命環境学, 63: 25–28.

野原宏之・中村圭司 (2015) 岡山市内の用水路で採集されたシオカラトンボ（*Orthetrum albistylum speciosum*）幼虫における体サイズの季節変化. *Naturalistae*, 19: 7–12.

寒川　旭 (1977) 紀ノ川中流域の地形発達と地殻運動. 地理学評論, 52(10): 578–595.

矢島　稔 (1996) 水生昆虫（リバーフロント整備センター編）. 川の生物図典: 242–243. 山海堂, 東京.

吉田史郎 (1992) 瀬戸内区の発達史—第一・第二瀬戸内海形成期を中心に—. 地質調査所月報, 43(1): 43–67.

吉川周作 (2009) 第四系（日本地質学会編）. 日本地方地質誌 5　近畿地方: 211–229, 251–258. 朝倉書店, 東京.

（松本　功・中尾史郎）

4 タガメの採餌戦略

■ 注目されるタガメの食性

　日本最大の水生昆虫であるタガメ *Kirkaldyia deyrolli*（カメムシ目：コオイムシ科）は，近年その個体数を激減させている。環境省編レッドデータブック（環境省自然環境局野生生物課希少種保全推進室，2015）では絶滅危惧Ⅱ類に指定されているほか，全47都道府県の地方版レッドデータブックに掲載されている。タガメはその和名（田亀）の通り，水田を主な繁殖地として生活する里山環境の代表的な昆虫であるが，長期残効農薬の多用や生息地の破壊，都市化などにより個体数が激減したと考えられている。タガメは高次捕食者ゆえに水田生態系の象徴的な存在として，生物指標としても重要な種である。近年は兵庫県姫路市のタガメビオトープ事業（市川，2004 ほか ; 本書Ⅵ-3）などに代表されるように，保全への気運が高まりつつあるが，本種を将来的に保全・保護するためには基礎資料の収集が重要である。

　本種のような捕食性昆虫にとって餌資源の保護は，本種個体群の維持に不可欠である。タガメの仲間は世界的に見ても体サイズが大きな水生昆虫で，海外では魚類や両生類などの脊椎動物を好んで食べることが知られている（Smith, 1997）。野外においては日本産のタガメも海外の近縁種と同様の餌を捕食しているが，最近ではクサガメ *Mauremys reevesii* の幼体（Ohba, 2011）やマムシ *Gloydius blomhoffii* を含むヘビ（森・大庭，2004; 大庭，2012）を捕食する個体も発見され，脊椎動物食という点では注目度が高い昆虫といえよう。しかし，爬虫類を捕食するのは稀である。

　2000年以降，野外における定量的なタガメの餌メニューが次々に明らかにされた（Hirai & Hidaka, 2002; Ohba & Nakasuji, 2006; Hirai, 2007）。それらの調査結果から，タガメ成虫はカエル類を，幼虫はオタマジャクシを主に捕食することがわかり，タガメの餌としてカエル類が重要だと結論付けられている。しかし，この結論には疑問が残る。定量的な報告ではないが，一昔前の水田ではドジョウを主に捕食していたという報告（市川，2007）があることと，ドジョウトリムシという地方名がつけられている地域があることから，タガ

Ⅲ. 他種との関係

メはカエル類ではなくドジョウを主食にしていることを連想させるからである。

　一般に捕食者の餌は，環境中に存在する餌の種類や捕食者自身の餌に対する選好性に大きく左右される。タガメが主にカエル類を捕食しているのは，水田に存在する餌動物の種類の違いを反映したものなのか，最も好ましい餌であったドジョウの減少に伴い，餌メニューをカエル類にシフトさせたのかは定かではない。もし，ドジョウがタガメにとって最も好ましい餌であるなら，現在の研究例（カエル類が主な餌メニュー）に基づいて保護施策を決定するのは危険である。本種は5月末から8月上旬にかけて繁殖を行うことが知られている。野外で食べている餌メニューの観察のみならず，飼育実験から本種の好む餌動物と繁殖との関係を調べた研究はこれまで皆無である。ここでは著者らがおこなってきたタガメ成虫の餌選好性や餌の違いが繁殖に及ぼす影響(Ohba et al., 2012; 大庭, 2013)，およびタガメ幼虫の餌についての一連の研究(Ohba et al., 2008a, 2008b; 大庭・立田, 2017)を紹介する。

■ タガメ成虫の餌は何？

(1) 成虫のエサ選好性

　タガメ成虫の餌選好性を調べるため，ドジョウとカエル（トノサマガエル幼体），そして比較的水田などで多く観察される水生昆虫としてヤゴ（シオカラトンボ）を選定し，それらが2頭ずつ存在する水槽を準備した。タガメ雌成虫を1頭導入し，24時間後にそれぞれの餌の被食数を確認・記録した。実験の結果，タガメ成虫はカエルやヤゴよりもドジョウを多く捕食した（図1）。

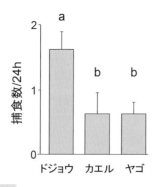

図1　タガメに捕食された餌動物の個体数（平均＋標準誤差）
異なるアルファベット間に統計学的な差があることを示す。カエルは体長3cm程度のトノサマガエルの幼体，ヤゴはシオカラトンボである。野外で繁殖期にタガメによく捕食されているアマガエルを用いるべきだが，吸盤により水槽の壁をよじ登るので，同程度のサイズのトノサマガエルの幼体を用いた（大庭, 2013を改変）。

4 タガメの採餌戦略

ドジョウを好むのはタガメが脊椎動物を好むからだと考えられるが，野外で主な餌動物として最も多く報告されているカエル類はヤゴと同程度の数しか捕食されていなかった。カエルは通常，水際の陸地で過ごすため，ドジョウに比べてタガメとの遭遇頻度が低いことが1つの理由として考えられる。ヤゴはドジョウと同じく水中で生活しているが，脊椎動物であるドジョ

図2　野外にてドジョウを捕食しているタガメ成虫（口絵⑥a）

ウの方が，ヤゴよりも好まれる傾向にあるのだろう。その結果として，タガメはヤゴよりもドジョウを多く捕食したと考えられる。先行研究（Hirai & Hidaka, 2002; Ohba & Nakasuji, 2006; Hirai, 2007）では定量的な野外観察から，タガメ成虫にカエル類が多く捕食されているのを目撃している。これは餌動物に対する採餌に必要な時間の違いが関係しているのかもしれない。つまりカエルを捕食した場合，タガメが捕獲してから餌を放すまでにおよそ5時間を要すが，ヤゴの場合，長くても3時間程度である（大庭，未発表）。野外においてはヤゴ類もカエルと同様に捕食されているが，処理時間が長い餌動物ほど観察者に発見される確率が高まるので，これまで行われてきた直接観察による調査方法では，ヤゴが捕食される頻度が過小評価されているのかもしれない。また，追加の野外調査を行ったところ，ドジョウがいなくなった水田では，タガメはカエル類と昆虫を食べるのに対し，ドジョウが残存する水田ではドジョウ，カエル，昆虫を食べることを確認している（図2）。

(2) 餌の種類による産卵への影響

　タガメ雌成虫の産卵行動に対する餌の効果を調べるため，ドジョウ，カエル（ニホンアマガエル），ヤゴ（トンボ科及びヤンマ科など複数種を含む）を与える3つの給餌区（以下「ドジョウ区」，「カエル区」，「ヤゴ区」とする）を設け，それぞれの餌生物を毎日十分量タガメに与えた。3つの給餌区そ

III. 他種との関係

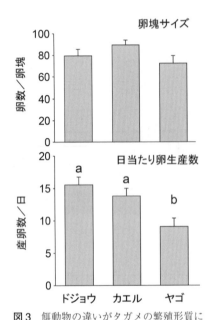

図3 餌動物の違いがタガメの繁殖形質に及ぼす影響（平均＋標準誤差）
卵塊サイズ（上）と日当たり卵生産数（＝卵塊サイズ／産卵までにかかった日数、下）。異なるアルファベット間に統計学的な差があることを示す。カエルはアマガエル、ヤゴは複数種の混合である（大庭、2013を改変）。

れぞれで、雌が産んだ1卵塊あたりの卵数を比較したところ、与えた餌生物による違いは検出されず、またいずれの給餌区においても平均70卵以上を産卵した（図3 上）。産卵間隔と産卵数のパラメータを用いて求めた日当たり卵生産数については、ヤゴ区ではドジョウ区やカエル区よりも少なかったが、ドジョウ区とカエル区で違いは無かった（図3 下）。次の産卵までに捕食した餌の数を給餌区の間で比較したところ、ドジョウ区とカエル区ではいずれも10個体以下で差は無かったが、ヤゴ区では20頭以上が消費された。ここからタガメの雌が次の卵塊を産下するまでに、ドジョウやカエルのおよそ3倍のヤゴ類を必要とすることが分かった。以上のことから、ヤゴ類よりもドジョウやカエルを捕食することで、タガメの産卵間隔が短くなることが示された。ドジョウやカエルといった脊椎動物を捕食することで、限られた繁殖期により多くの卵塊を産むことができるので、これらはタガメの生き残り戦略上有用な餌資源であるといえる。ただし、今回の室内条件では、直径10cmのフタ付きカップの中で餌動物の逃亡を防ぎつつタガメを飽食させており（つまり餌生物を探す必要がない）、野外環境では餌探索の問題が加わるため、タガメがドジョウやカエルを捕獲できる頻度は当然、今回の室内実験の結果よりも低くなるだろう。

(3) 餌動物のタンパク質量

餌の質の指標としてタンパク質に着目した。それは、タガメの仲間にとってタンパク質が重要な栄養素であることが示唆されているからである（Swart et al., 2006）。そこで、タガメの繁殖期(6月)に野外よりニホンアマガエル、ドジョウ、シオカラトンボのヤゴを採集し、それぞれの可食部の総タンパク質量と消化部位の乾重量を比較した。

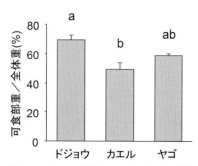

図4 タガメに摂食される部分の餌動物間の比較（平均＋標準誤差）
異なるアルファベット間に統計学的な差があることを示す。カエルはアマガエル、ヤゴはシオカラトンボである（大庭、2013を改変）。

タガメに捕食された後のドジョウおよびカエルを解剖すると骨と表皮、内臓のみが残存していた。一方、シオカラトンボのヤゴは表皮のみとなり、体内の内容物はほとんどなく、空洞になっていた。タガメが消化する1試料あたりのタンパク質量はドジョウとカエルで差はなく、ヤゴはドジョウとカエルに比べて少なかった。これらの結果は日当たり卵生産数の結果(図3下)と矛盾しない。

カエルとドジョウでは、消化されるタンパク質量に差はないことが分かったが、体重あたりの可食部重ではどうだろうか。消化部位の乾重量を調べてみると、ドジョウは体全体の平均69％が可食部であり、カエルは49％、ヤゴでは59％であった(図4)。体重あたりの可食部はカエルよりもドジョウが多かったことから、1回の捕獲によりタガメが得られるエネルギー量に着目すると、同程度の重さのカエルとドジョウでは、カエルよりもドジョウが餌として優れていることを示唆している。

(4) 成虫の食性のまとめ

ここまで述べた結果から、タガメ成虫の餌として重要なのは、ヤゴ類よりも多くのタンパク質に富むドジョウとカエル類の両方であると考えられるが、餌との遭遇頻度と全体重に対する可食部の割合という観点から見ると、ドジョウがタガメの餌としてより適していると言える。タガメにとって適した餌であるドジョウが、野外で個体数を減らしていることが、タガメの個体

III. 他種との関係

図5 大きな餌をしがみついて捕食するタガメ1齢幼虫

数を減らす一因になっているかもしれない。

■ タガメ幼虫の餌は何？

タガメの幼虫はその捕食行動がおもしろい。一般に捕食者は自身の大きさに応じて、捕らえる餌の大きさがおおよそ決まっており、捕食する餌と捕食者の体サイズは正に相関する(Cohen et al., 1993)。この一般則に従うなら、タガメ幼虫も成長するにつれ、次第に大きな餌を捕食するようになると考えられる。タガメを含むコオイムシ科は前脚(捕獲脚)に加え、中脚や後脚も使って獲物にしがみつき、自分よりも大きな餌や激しく暴れる餌を捕食する(図5)(Smith, 1997)。このような6本脚による捕食はタガメが属するコオイムシ科に固有の行動であり、同じような形態をしているタイコウチ Laccotrephes japonensis やミズカマキリ Ranatra chinensis が属するタイコウチ科では見られない。タイコウチ科は前脚のみを使って餌を捕食するため、捕獲可能な餌の大きさはコオイムシ科に比べると小さくなっているかもしれない。この餌サイズと餌の種類、タガメが好む餌のサイズと捕食行動、捕獲脚の形態変化について1つ1つ見ていこう。

(1) 餌サイズと餌の種類

タイコウチ上科3種(コオイムシ科のタガメおよびコオイムシ Appasus japonicus とタイコウチ Laccotrephes japonensis)の幼虫の餌メニューとそのサイズを調べるために、2005年6月から8月にかけて、某地域の水田にて、1～3日間隔で野外調査を行った。水田に隣接する水路内のタイコウチ上科の昆虫を20時から翌1時の時間帯に、2時間にわたり懐中電灯を用いて直接観察した。タイコウチ上科(捕食者)が前脚で餌動物を保持し、口吻を挿入しているのを発見した場合、その餌動物を1サンプルとして記録し、捕食者と

餌動物の全長，貝類の場合は殻長を体サイズの指標としてノギスを使って計測した。

調査の結果，タイコウチでは水生昆虫，水面に落ちた陸生節足動物，同種他個体（共食い）が，タガメでは若い幼虫ほどオタマジャクシが，コオイムシでは巻貝，水生昆虫，同種他個体（共食い）が主要な餌であった（図6）。タイコウチとコオイムシでは，異なる齢間で大きな餌メニューの変化は見られなかったが，タガメでは大きく変化していた。

次に，捕食者と被食者の大きさについて調べたところ，タイコウチとコオイムシでは体の大きな個体ほど大型の餌動物を捕食していたのに対し，タガ

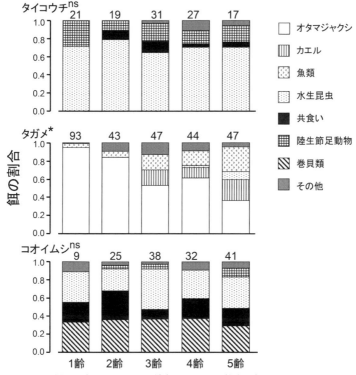

図6　水田における3種水生カメムシ幼虫の餌メニュー

種名の後ろの＊は齢期間での餌メニューが有意に変化していること，ns は変化がないことを示す。各バーの上の数字はサンプル数（大庭・立田，2017 を改変）。

III. 他種との関係

メでは幼虫と餌動物の大きさに関連性が認められなかった。齢期別にみるとタイコウチとコオイムシでは、コオイムシの1齢幼虫を除き、幼虫の体長が餌動物よりも相当に大きかった(図7)。一方でタガメの1〜3齢幼虫は、幼虫自身の体長を上回るほど大型の餌動物を捕食していた。4齢幼虫になると餌生物とタガメの大きさがほぼ同じになり、5齢幼虫では餌動物よりもタガメの体長が大きくなった(図7)。これらを要約すれば、タガメの若齢幼虫は自分自身よりもかなり大型な餌を捕獲するが、タイコウチとコオイムシは小型の餌を捕獲する傾向があった。

すべての脚を捕獲に使うコオイムシ科と比較して、タイコウチ科昆虫は前脚のみを使うため、小型の餌しかうまく扱えないのかもしれない。しかし同じコオイムシ科のコオイムシとタガメにも捕らえた餌の大きさに明瞭な違いが認められた。コオイムシでは1齢幼虫を除き、自分よりも小さな餌を捕食し、齢がすすむにつれ獲物も大型化したことから、先に述べた捕食者の一般

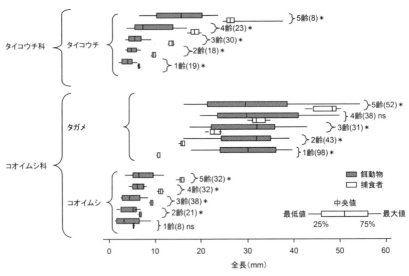

図7 野外における3種とその餌の体サイズの箱ひげ図
箱ひげ図は中央値と四部位線、レンジを示す。各齢の後ろの( )にはサンプル数、*は捕食者と餌のサイズに有意差があることを、ns は有意差がないことを示す（大庭・立田, 2017 を改変）。

則があてはまることがわかった。一方でタガメは，若齢幼虫のときから自分の3倍ほど大きいオタマジャクシを捕食していた（口絵⑥b）。驚くべきことにタガメの1〜5齢幼虫が捕食している餌の大きさにあまり違いがなかったことから，齢期とは関係無く，同じくらいのサイズの餌を食べている。つまり，若齢ほど大型の餌を積極的に捕食することがわかった。

(2) 成長に応じて変化する餌サイズの好み

野外調査の結果を受け，タガメ幼虫が成長するにつれ，捕食する餌の大きさがどう変わっていくのかを調べることにした。1個体のタガメ幼虫に対し，Sサイズ（タガメ幼虫と同程度〜1.5倍程度のサイズ），Lサイズ（2倍〜3倍程度のサイズ）の金魚を2頭ずつ与え，1時間当たりの捕獲数を調査した。タガメの摂食時間は数時間と長いため，捕獲したら直ちにその餌を取り除き，観察容器に戻して観察を継続した。

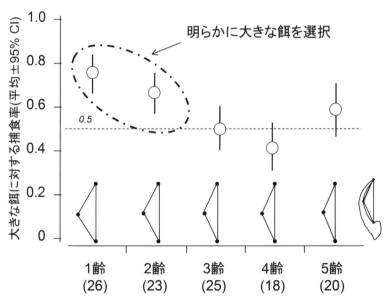

図8　各齢の大きな餌に対する捕食率の平均値と95％信頼区間（CI）
各齢の下の（　）はサンプル数。各齢のラベルの上に示した三角形は，長辺の長さを調整した前脚先端の爪の湾曲度を示す。1〜2齢幼虫は三角形の高さ（曲がり具合）が大きいことが分かる（大庭・立田, 2017を改変）。

III. 他種との関係

観察の結果，1齢および2齢幼虫はLサイズの餌を好んで捕獲することがわかった（図8）。一方，3齢幼虫以降はSサイズもLサイズも選り好みせずに捕食した。また，幼虫の前脚の先端の爪は若齢ほど内側に湾曲しており，獲物に爪を引っかけた際，相手が暴れても外れにくくなる利点があると考えられる。また爪が内側に湾曲している個体ほど大型の餌を選ぶ傾向があることが明らかとなった（Ohba & Tatsuta, 2016）。

（3）野外で頻繁に捕食しているサイズの餌に対する捕食行動の変化

野外で幼虫が捕食している餌の大きさは，齢期を問わずほぼ30mmであるため（図7），3cm程度の金魚とトノサマガエルの幼生（オタマジャクシ）をそれぞれ齢の異なるタガメに与え，その捕食行動を観察した。

その結果，1～2齢のタガメ幼虫は前脚（捕獲脚）以外の中脚と後脚で相手にしがみつき捕食する割合が高かったが，3齢幼虫以降はその割合が激減し，前脚だけを使って餌を捕獲した（図9）。興味深いことに大型の餌を好む1齢と2齢幼虫は，そのほとんどがすべての脚を使って対象にしがみつき捕食していた（図9）（Ohba & Tatsuta, 2016）。前脚だけを使うようになる3齢以降の幼虫の爪はあまり湾曲しなくなることから，若齢幼虫にとって湾曲した爪は，餌

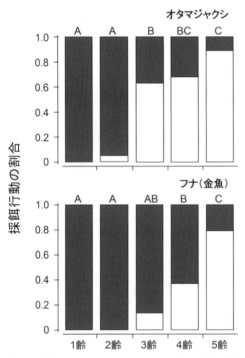

図9　全長約30mmの餌に対する各齢の捕食行動の割合
全てのバーのサンプル数は38。黒は6本脚による捕食，白は前脚のみによる捕食を示す。バーの上のアルファベットが異なる場合は，齢間で有意差あり（大庭・立田, 2017を改変）。

の捕獲と確実な成長を保証するための"隠された武器"なのかもしれない。

(4) 幼虫の食性のまとめ

捕食性の水生カメムシ類のタイコウチ科やコオイムシ科は，陸生のカメムシ類に比べて体サイズが大きい。その要因として，ほぼ同じニッチを共有するヤゴなどとの種間競争により，体サイズの大型化が促進されたためと推測されている(Smith, 1997)。カメムシ類の場合，幼虫期の脱皮回数を増やすのではなく，卵を大型化させることで体サイズの大型化に成功したと考えられている(Smith, 1997)。彼らは大型魚類が棲息する恒久的な水辺(池や湖など)よりも，田んぼのような，浅い水溜りで繁殖する種が多い。こうした一時的な水域だと恒久的な水域に比べ干上がる可能性が高く，他の場所に移動する手段となる翅を持たない幼虫にとって，出来るだけ幼虫期間を短縮して成虫となることが生き残りのために重要となる。

一時的にしか存続しない生息地で飛翔できない幼虫が早く大きな成虫になるためには，成長をより速められる高タンパクの餌を得るのが効果的である。3種のうち，体サイズが最も大きなタガメは脊椎動物を主に捕食し，ヤゴなどの水生昆虫を与えた時よりも，オタマジャクシを与えたほうが早く成長する(Ohba *et al*., 2008a; 大庭, 2009)。しかしながら，タガメと同じ場所に棲息する餌生物も成長が早く，時としてタガメは自分よりも大きな餌を狙わなくてはならない。実際，タガメの幼虫が孵化した時点で水田のオタマジャクシを調べてみると，タガメの1齢幼虫よりもずっと体の大きな個体が多かった(Ohba *et al*., 2008b)。このような環境下で，タガメは大きな餌を捕食可能にする行動的戦術を獲得した，と筆者らは考えている。

大きな餌を得るためには，小さい餌を専門に狙う仲間と同じ捕食行動をとっていては太刀打ちできないだろう。捕食性昆虫のクサカゲロウ類(Tauber *et al*., 1995)，ガムシ類(Inoda *et al*., 2003)，オサムシ類(Sota, 1985)では，手当たりしだいに餌を捕食するグループと，特定の餌に特化または強い好みを示す近縁なグループで，採餌に用いる器官である大アゴの形状に大きな違いが見られる。タガメ若齢幼虫が持つ内側に湾曲した爪も，自分より大きな餌を捕食するのに適した採餌器官である。一方コオイムシでは，成長しても爪の湾曲度にほとんど変化が見られず(Ohba *et al*., 2008b)，タイコウチの爪は

III. 他種との関係

1齢からほとんど湾曲していない。

タガメ自身が脱皮を重ね，ある程度の大きさに成長する頃には，タガメよりも大きな餌が生息環境中にいなくなる。つまり全力で餌を抱え込むような捕食行動をとらなくても，自分の体が大きくなっているため，前脚だけを使って獲物を捕食できるようになる。ここで気になるのは，3齢以降の幼虫が大きな餌を積極的に選ばなくなることだ。タガメ幼虫が限られた期間しか存続しない自然湿地や水田で成長を早く完了することが重要なら，なぜ3齢幼虫以降も引き続き大きな餌を積極的に捕食しないのだろうか。

その問いに答えるために，タガメ幼虫に対する捕食圧の変化にも着目し

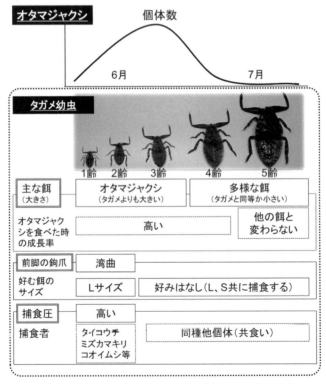

図10 タガメ幼虫とオタマジャクシの個体数変動の関係
タガメ若齢幼虫は湾曲爪で大きなオタマジャクシを捕食し，高い成長率を得る。そして，捕食圧の高い若齢期をより短縮していると考えられる（大庭・立田, 2017を改変）。

たい。野外の水田において，タガメの1，2齢幼虫は他の捕食性の水生昆虫（タイコウチやミズカマキリ，コオイムシ，アメンボなど）に頻繁に捕食されているが，3齢幼虫以上になると，水中の生態系では上位捕食者となり，鳥類や哺乳類による捕食圧を考慮しなければ，同種他個体（共食い）が生存に当たって唯一の脅威となる（Ohba, 2007）。すなわち，体が小さな若齢幼虫期は他種からの高い捕食圧に晒されるため，できるだけ短時間で安全な齢まで成長することが自身の生存率を高めることにつながるだろう。このようなタガメ幼虫にかかる捕食圧の変化も，餌の捕獲に利用される武器形質の特徴や採餌行動を決定づけてきたのかもしれない（図10）。

環境保全の重要性

ここで紹介した一連の研究成果から，ドジョウとカエルの両方がタガメの成長を支える重要な餌であることがわかってきた。ドジョウの稚魚はタガメ幼虫が老齢になる頃に増加するが，カエルの幼体であるオタマジャクシは，タガメ若齢幼虫が出現する時期に既に存在するからである（Ohba *et al.*, 2008a）。そのため，タガメ若齢幼虫に豊富なバイオマスを提供しているのは，ドジョウではなく，カエル類の方であろう。栄養効率の観点からは，タガメを保全していくためには，カエル類のみならずドジョウも生息できる水田を守っていく必要性が見えてくる。実際タガメがいなくなった地域の動物相を調べてみると，明らかにこれらの餌動物が少ないと感じる。また言うまでもなく，両生類やドジョウといった水生脊椎動物の保全には，これらの餌となるプランクトン類や小型水生昆虫が棲める環境整備が不可欠であることは言うまでもない。そのためにやるべき事は山積しているが，ここに紹介した知見が種の保全，ひいては生物多様性の保全に結びついていくことを願って止まない。

〔引用文献〕

Cohen J, Pimm S, Yodzis P, Saldana J (1993) Body sizes of animal predators and animal prey in food webs. *Journal of Animal Ecology*, 62: 67–78.

Hirai T (2007) Diet composition of the endangered giant water bug *Lethocerus deyrolli* (Hemiptera: Belostomatidae) in the rice fields of Japan: Which is the most important prey item among frogs, fish, and aquatic insects? *Entomological*

III. 他種との関係

Science, 10: 333–336.

Hirai T, Hidaka K (2002) Anuran-dependent predation by the giant water bug, *Lethocerus deyrollei* (Hemiptera: Belostomatidae), in rice fields of Japan. *Ecological Research*, 17: 655–661.

市川憲平 (2004) 放棄田ビオトープによる里の自然再生とタガメやその他の水生動物の定着ホシザキグリーン財団研究報告, 7: 137–150.

市川憲平 (2007) タガメの章. 今, 絶滅の恐れがある水辺の生き物たち (内山りゅう 編): 13–50, 山と渓谷社, 東京.

Inoda T, Hirata Y, Kamimura S (2003) Asymmetric mandibles of water-scavenger larvae improve feeding effectiveness on right-handed snails. *The American Naturalist*, 162: 811–814.

環境省自然環境局野生生物課希少種保全推進室 (2015) レッドデータブック2014. ―日本の絶滅のおそれのある野生生物― 5 昆虫類. ぎょうせい, 東京.

森 哲・大庭伸也 (2004) 野外におけるタガメによるヘビ類の摂食例. 爬虫両棲類学会報, 2004: 78–81.

Ohba S (2007) Notes on the predators and their effect on the survivorship of the endangered giant water bug, *Kirkaldyia* (= *Lethocerus*) *deyrolli* (Heteroptera, Belostomatidae), in Japanese rice fields. *Hydrobiologia*, 583: 377–381.

大庭伸也 (2009) タガメは田んぼで何を食べているか. 昆虫と自然, 44: 9–12.

Ohba S (2011) Field observation of predation on a turtle by a giant water bug. *Entomological Science*, 14: 364–365.

大庭伸也 (2012) 野外におけるタガメによるニホンマムシの捕食事例. 昆蟲ニューシリーズ, 15: 92–93.

大庭伸也 (2013) タガメはドジョウトリムシか？昆虫と自然, 48(4): 12–15.

Ohba S, Nakasuji F (2006) Dietary items of predacious aquatic bugs (Nepoidea: Heteroptera) in Japanese wetlands. *Limnology*, 7: 41–43.

Ohba S, Tatsuta H (2016) Young giant water bug nymphs prefer larger prey: changes in foraging behaviour with nymphal growth in *Kirkaldyia deyrolli*. *Biological Journal of the Linnean Society*, 117: 601–606.

大庭伸也・立田晴記 (2017) タガメの若齢幼虫は大きな餌を好む. 昆虫と自然, 52(4): 18–22.

Ohba S, Miyasaka H, Nakasuji F (2008a) The role of amphibian prey in the diet and growth of giant water bug nymphs in Japanese rice fields. *Population Ecology*, 50: 9–16.

Ohba S, Tatsuta H, Nakasuji F (2008b) Variation in the geometry of foreleg claws in sympatric giant water bug species: an adaptive trait for catching prey?

Entomologia Experimentalis et Applicata, 129: 223–227.

Ohba S, Izumi Y, Tsumuki H (2012) Effect of loach consumption on the reproduction of giant water bug *Kirkaldya deyrolli*: dietary selection, reproductive performance, and nutritional evaluation. *Journal of Insect Conservation*, 16: 829–838.

Smith RL (1997) Evolution of parental care in the giant water bugs (Heteroptera: Belostomatidae). In: Cho JC, Crespi BJ (eds) *The evolution of social behavior in insects and Arachnids*: 116–149. Cambridge University Press, Cambridge.

Sota T (1985) Activity patterns, diets and interspecific interactions of coexisting spring and autumn breeding carabids: *Carabus yaconinus and Leptocarabus kumagaii* (Coleoptera, Carabidae). *Ecological Entomology*, 10: 315–324.

Swart CC, Deaton LE, Felgenhauer BE (2006) The salivary gland and salivary enzymes of the giant waterbugs (Heteroptera; Belostomatidae). *Comparative Biochemistry and Physiology, Part A*, 145: 114–122.

Tauber C, Ruberson J, Tauber M (1995) Size and morphological differences among the larvae of two predacious species and their hybrids (Neuroptera: Chrysopidae). *Annals of the Entomological Society of America*, 88: 502–511.

〔大庭伸也・立田晴記〕

III. 他種との関係

5 タイコウチ上科の採餌生態：直接的・間接的に餌に及ぼす影響

　筆者は大学院入学以降，水生半翅類の食性や採餌生態を主に調べるテーマを軸にして，そこから派生する研究テーマに取り組んできた。肉食性が多い水生半翅類ではどの種がどの種を食べ，お互いにどのように影響しあうのかという視点でとらえれば，研究テーマとしても話が広がりやすいと考えたからだ。筆者が主な研究対象としたのはIII-4で紹介するタガメ Kirkaldyia deyrolli であるが，それと関連して調べた他種の採餌生態やそれに関する研究事例も紹介したい。水生半翅類で水中生活をし，他の餌をとらえて食べる種はタガメをはじめとして，前脚が鎌状の捕獲脚に変化している。彼らは前脚で獲物を捕らえた後に，口吻を刺して消化液を注入し，体の組織を溶かして餌の内容物を吸収する体外消化を行う。前脚が捕獲用に変化しているのは，コオイムシ科 Belostomatidae，タイコウチ科 Nepidae，コバンムシ科 Naucoridae であり，その容姿から如何にも捕食者であることがうかがえる。本章では，水生半翅類の中でも代表的な捕食者であるコオイムシ科とタイコウチ科が含まれるタイコウチ上科 Nepomorpha の採餌生態について紹介する。

■ タイコウチ上科の食性

　大型魚類の生息しない一時的水域では，タイコウチ上科は水生動物相の中の高次の捕食者である。特に，タガメを含むコオイムシ科やタイコウチ科のような比較的体サイズの大きなカメムシ類は，一時的水域の中で食物網の頂点に立つ (Runck & Blinn, 1990; Waters, 1977)。前述の2科を含むタイコウチ上科の昆虫は，昆虫類や枝角類，端脚類，両生類の幼生や小さな魚類，ときには爬虫類，水鳥を含むさまざまな動物を捕食する (Cullen, 1969; Tawfik, 1969; Menke, 1979; Hirai & Hidaka, 2002; Ouyang et al., 2017; Zaracho, 2012)。さらに，これらの分類群は，発展途上国において，マラリアや日本脳炎，デング熱症の要因となるカの幼虫（ボウフラ）や住血吸虫症を引き起こす寄生虫の宿主となる淡水性巻貝などの衛生害虫の有益な捕食者であると考えられている。それゆえに，タイコウチ上科の水生半翅類はボウフラや巻貝の天敵と

5 タイコウチ上科の採餌生態：直接的・間接的に餌に及ぼす影響

表 1 衛生害虫の天敵として期待されるタイコウチ上科昆虫に関する研究例

タイコウチ上科昆虫の学名	餌（衛生害虫）の学名	捕食の確認方法	文　献
Limnogeton fieberi	*Physa acuta* / *Vivipara unicolor* / *Lanistes carinatus*	室内実験	Tawfik *et al.*, 1978
Diplonychus indicus	*Culex fatigans* / *Aedes aegypti*	室内実験	Venkatesan & Sivaraman, 1984
Sphaerodema nepoides	*Culex pipiens*（アカイエカ）	室内実験	Victor & Weigwe, 1989
Belostoma flumineum	*Pseudosuccinea columella* / *Physa vernalis*	野外観察と室内実験	Kesler & Munns Jr, 1989
Abedus herberti	*Physa virgata*	室内実験	Velasco & Millan, 1998
Diplonychus indicus	*Culex quinquefasciatus*（ネッタイイエカ）	室内実験	Venkatesan & DSylva, 1990
Appasus (*Diplonychus*) *japonicus*	Culicidae / aquatic snails	野外観察	Okada & Nakasuji, 1993a
Belostoma anurum	*Biomphalaria glabrata*	室内実験	Pereira *et al.*, 1993
Sphaerodema annulatum /*S. rusticum*	*Lymnaea* (*Radix*) *luteola*	室内実験	Roy & Raut, 1994
Belostoma oxyurum	*Aedes aegypti*（ネッタイシマカ）	室内実験	Perez Goodwyn, 2001
Belostoma flumineum	*Physella gyrina* / *Helisoma* trivolvis	室内実験	Chase, 2003
Ranatra filiformis	*Culex fatigans*	室内実験	Amasath, 2003
Diplonychus (*Sphaerodema*) *annulatum*	*Culex quinquefasciatus*（ネッタイイエカ）	室内実験	Aditya *et al.*, 2004
Appasus grassei	Pulmonate snail	室内実験	Appleton *et al.*, 2004
Diplonychus (*Sphaerodema*) *annulatum* / *D.* (*S.*) *rusticum*	*Armigeres subalbatus*（オオクロヤブカ）	室内実験	Aditya *et al.*, 2005
コオイムシ科の一種	*Culex annulirostris*	室内実験	Shaalan *et al.*, 2007
Diplonychus rusticus	*Culex quinquefasciatus*（ネッタイイエカ）	室内実験	Saha et al., 2007a; Saha *et al.*, 2008; Saha *et al.*, 2010
Diplonychus annulatus	*Culex quinquefasciatus*（ネッタイイエカ）	室内実験	Saha et al., 2007b; Saha *et al.*, 2008; Saha *et al.*, 2010
Diplonychus indicus	*Aedes aegypti*（ネッタイシマカ）	野外操作実験	Sivagnaname, 2009
コオイムシ科の一種	*Anopheles gambiae* s.l.（ガンビエハマダラカ種群）	野外サンプルのPCRによる捕食の確認	Ohba *et al.*, 2010
Belostoma lutarium	*Physa gyrina*	野外操作実験	Wojdak & Trexler, 2010
コオイムシ科の一種	*Anopheles gambiae* s.s.（ガンビエハマダラカ）	野外操作実験と野外サンプルのPCRによる捕食の確認	Kweka *et al.*, 2011
Sphaerodema rusticum	*Culex quinquefasciatus*（ネッタイイエカ）	室内実験	Gurumoorthy *et al.*, 2013
Sphaerodema urinator	*Lymnaea natalensis*	室内実験	Younes *et al.*, 2016
Sphaerodema urinator	*Bulinus truncatus* / *Biomphalaria alexandrina*	室内実験	Younes *et al.*, 2017

III. 他種との関係

して期待され，多くの研究例がある（表1）。特にアフリカや南アジア（特にインド）の研究者が，コオイムシ科昆虫に衛生害虫の天敵としての役割を期待する眼差しは熱く，今も盛んに研究がなされている。

　国内のタイコウチ上科の餌メニューに関しては，野外での直接観察により明らかにしたものが主流である。Okada & Nakasuji(1993a)がコオイムシ *Appasus japonicus* とオオコオイムシ *A. major*，伴ほか(1988)がヒメタイコウチ *Nepa hoffmanni*，Ban(1981)がヒメミズカマキリ *Ranatra unicolor* の野外での捕食例を報告している。これらの知見に加えて，タガメやタイコウチ *Laccotrephes japonensis* も含めた餌メニューの違いを，Ohba & Nakasuji(2006)(註1)がタイコウチ上科のくくりで餌メニューの種間比較を行っている。

　ここで Ohba & Nakasuji(2006) の内容を紹介しよう。コオイムシ科のタガメおよびコオイムシ，タイコウチ科のタイコウチの餌メニューを調べるために，2004年および2005年の6月から8月にかけて水田脇の水路にて，1～3日間隔で野外調査を行った。この手の調査はどれだけ現場に通い，観察時間を確保するかでデータ量が決まるので，時間が許す限り野外に出かけた。20時から翌日1時の時間帯に懐中電灯を用いて，水路内のタイコウチ上科の昆虫を直接観察した。タイコウチ上科は主に夜行性で，日没後に水面近くで餌を待ち伏せている。そのため，昼間よりも夜間の方が観察し易い。タイコウチ上科（捕食者）が前脚で餌動物を保持し，口吻を挿入しているのを発見した場合（図1），それぞれの餌動物を餌メニューの1サンプルとして記録した。餌動物は大まかに両生類の成体（カエル），幼生（オタマジャクシ），魚類，水生昆虫（ボウフラを含む），巻貝，陸生節足動物，共食い，その他に分けた。上記の3種のタイコウチ上科の他に，既存の文献より国内に分布するオオコオイムシ(Okada & Nakasuji, 1993a)や，ヒメミズカマキリ(Ban, 1981)お

図1 アマガエルを捕食中のタガメ

[5] タイコウチ上科の採餌生態：直接的・間接的に餌に及ぼす影響

およびヒメタイコウチ（伴ほか，1988）の野外餌メニューのデータを用いた。

調査の結果，成虫および幼虫共に，同所的に棲む種（タガメ，コオイムシ，タイコウチ）間で餌メニューは異なった（図2）。成虫と幼虫の間の餌メニューは，タガメおよびタイコウチで異なったので，成長と共に餌の好みが変わることを示している（詳しくはⅢ-[4]の図6も参照）。タイコウチの幼虫は主に水生昆虫を食べていたが，成虫はオタマジャクシを食べ，それは全体の54.5％を占めた。タガメ幼虫の主要な餌はオタマジャクシで，成虫はカエルであった。それゆえ，タイコウチ成虫とタガメ幼虫は日本の水田（水田が出現するより以前は自然湿地）の中で同所的に棲み，互いに餌資源が同じなので，同じギルド[注2]に属しているといえる。また，タイコウチ成虫はタガメ

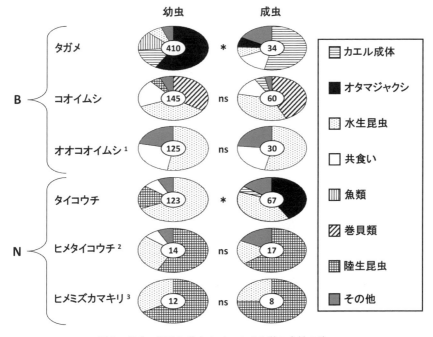

図2　日本の湿地に住むタイコウチ上科の食性の違い

それぞれの円グラフの中心の数字はサンプル数を示す。＊はそれぞれの種で幼虫と成虫の間で餌メニューが有意に異なることを示す（$P<0.001$, χ^2 の分割表検定）。Bはコオイムシ科，Nはタイコウチ科を示す。種名の後の1，2，3はそれぞれOkada & Nakasuji（1993a），伴ほか（1988），Ban（1981）よりデータを引用したことを示す。

III. 他種との関係

幼虫の天敵(Ohba, 2007; Ohba & Swart, 2009)であることも分かっている。これらの結果からタイコウチ成虫は，タガメ幼虫にとってオタマジャクシを巡る競争者であると考えられるので，次のようなデザインで野外操作実験を行った。オタマジャクシの密度を段階的に変え，そこにタガメ1齢幼虫とタイコウチ成虫を導入した。その後，タガメ幼虫の生存率を調査した。その結果，オタマジャクシは6月に高密度で出現するのだが(Ohba *et al.*, 2008)，このオタマジャクシが高密度の時期にタイコウチ成虫からのタガメ幼虫に対する捕食圧が弱まること(密度媒介間接効果があること)を明らかにした(Ohba & Nakasuji, 2007)(図3)。

タガメでは，幼虫の餌メニューの87.6％，成虫のそれの82.4％がオタマジャクシやカエル，魚類などの脊椎動物であった。コオイムシ科昆虫が体サイズを大型化した背景を考察したのは米国のRobert L. Smith博士である。Smith博士は，トンボ目幼虫のような他の捕食性水生昆虫との種間競争を経て，より大きな水生脊椎動物を捕食することを促すような環境の下で，タガメのような大きな体サイズと父親による卵の保護が進化したことを議論している(図4)(Smith, 1997)。体サイズの大型化にともなって卵が大きくなると，卵の体積当たりの表面積が相対的に小さくなる(例えば，卵の長さが2倍に

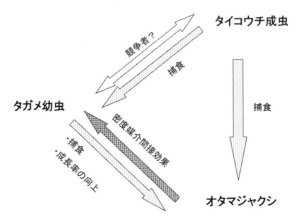

図3 タガメ幼虫，タイコウチ成虫，オタマジャクシの関係
オタマジャクシが多い時期になると，タイコウチ成虫にタガメ幼虫が捕食されにくくなる。

5 タイコウチ上科の採餌生態：直接的・間接的に餌に及ぼす影響

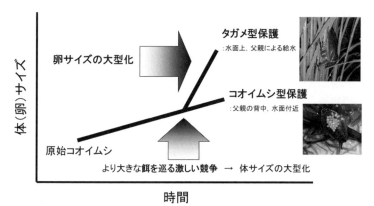

図4　コオイムシ科昆虫の進化史のシェマ
Smith（1997）より作図．

なると表面積は 2^2 で4倍，そして体積は 2^3 で8倍となる．つまり，表面積は体積の半分しか増加しない）ため，水中の溶存酸素だけでは足りなくなる．この問題を解決するため，水面上に産卵をしてオスが給水を行うタガメ型保護と，父親の背中に卵を産み付け，父親自身が酸素供給をするコオイムシ型保護が進化したと考えられている．本研究のタガメの脊椎動物食という事実は，Smith（1997）の予測とも一致する．また，脊椎動物を好むタガメ亜科では，脊椎動物を好まないコオイムシ亜科よりも，捕食時に口吻から分泌される唾液にタンパク質分解酵素を多く含むという報告（Swart *et al.*, 2006）も，Smithの仮説を後押しするものである．

　一方，成虫と幼虫の餌メニューは，コオイムシ，オオコオイムシ，ヒメタイコウチ，ヒメミズカマキリでは異ならなかった．コオイムシの主要な餌メニューは水生の巻貝および水生昆虫であり，衛生害虫の天敵として期待されるのは納得である．高木（2002）によると，ミズカマキリ，タイコウチの個体数は，平野部の水田よりも山間部の棚田の方が多かったこと，後者の地域の方が前者の地域よりもボウフラの個体数が少ないことに触れている．タイコウチ上科を含むこれらの捕食性水生半翅類は，日本の水田のボウフラの個体数抑制に貢献しているのかもしれない．

III. 他種との関係

■ タガメの栄養段階

　食物連鎖やそれが複雑になった食物網を表す方法としては，捕食関係にある生物を線で結ぶという古典的な方法もあるが，最近では，窒素・炭素安定同位体比分析[註3]が用いられている(松崎，2010)。しかし，この手法では生物の体の組織を分析する必要があり，ときには対象生物を殺傷することにもなり，タガメのような絶滅危惧種には不向きである。そこで，個体の生存や行動には影響が小さいと考えられる成虫の中脚の先にある跗節[註4]のみを分析することで，体全体の同位体比を推定する方法を開発した(Ohba et al., 2013)。この方法を使って，野外のタガメ成虫と餌生物の関係を調査してみると，タガメはヤゴやコオイムシ，トノサマガエル *Pelophylax nigromaculatus* 幼体よりも $\delta^{15}N$ の値が高く，やはりタガメは水田生態系の上位に位置する高次の消費者であることが分かった(図5)。別の水田地帯で予備調査を行った際のデータを図6に示すが，ドジョウ *Misgurnus anguillicaudatus* やフナ類 *Carassius* spp. がいる水田でもタガメはその上にプロットされるし，クサガメ *Mauremys reevesii* やマムシ *Gloydius blomhoffii* などとも同位置に来る程の高次消費者である(図6)。この図6のデータだけではにわかに信じがたいが，実際にタガメがヘビ類(マムシ，ヤマカガシ *Rhabdophis tigrinus*, ヒバカリ *Amphiesma vibakari*)(森・大庭，2004; 大庭，2012)やクサガメ(Ohba, 2011)

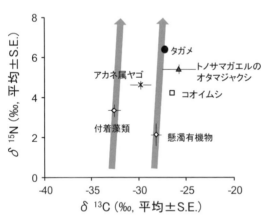

図5 水田におけるタガメと主な餌生物についてのC-Nマップ
　この図の上に位置するほど食物連鎖の段階が高いことを，下に位置するほど低いことを示す。図中に描かれた矢印は，各一次生産者を基点とした仮想的な食物連鎖を示し，栄養段階が一つ上がるごとに，$\Delta^{15}N$ で2.6‰，$\Delta^{13}C$ で0.1‰上昇すると仮定している。Ohba et al. (2013) より改変。

5 タイコウチ上科の採餌生態：直接的・間接的に餌に及ぼす影響

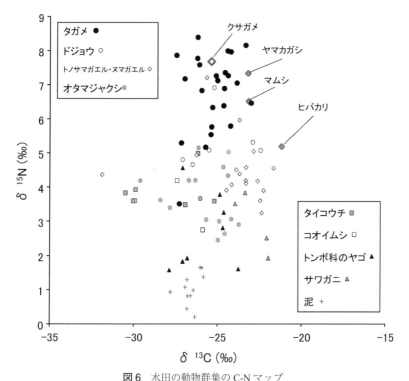

図6　水田の動物群集のC-Nマップ
タガメは爬虫類（クサガメ，ヤマカガシ，マムシ，ヒバカリ）と遜色のない位置にプロットが集まる。

を捕食する例が報告されている。まさに『田んぼの王者・タガメ』なのである。

蚊の天敵

　アフリカ東部のケニアでは，マラリア媒介蚊のガンビエハマダラカ種群 *Anopheles gambiae*（以下，ハマダラカ）に悩まされている。この地に二度訪れる機会を頂いた筆者は，蚊の幼虫（ボウフラ）の天敵といわれる水生半翅類が実際にボウフラを捕食しているのかを調べることにした。カメムシ目は口器が針のようになっており，上で説明したような餌を実際に捕えているところを見つける直接観察が確実であるが，小さい餌ではハンドリングタイム（摂食にかかる時間）が短いため上手く把握することができない。そこで，PCR

■ Ⅲ. 他種との関係

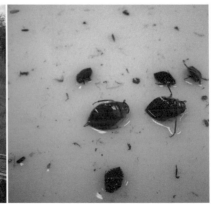

図7　ケニアの湿地（左）と得られたコオイムシ科昆虫とその幼虫（右）
左の写真の左側の大きな水域はビクトリア湖である。

（ポリメラーゼ連鎖反応）によって捕食の有無を調べることにした（Ohba et al., 2010）。PCRでは，目的のDNAを持っているかを知ることができるため，野外から採ってきた水生半翅類の消化管からハマダラカのDNAが検出されるかを調べるのである。まずは，自然湿地などからタモ網で水生半翅類を採集し，すぐに無水エタノールに固定した（図7）。その後，研究室で消化管のDNAを調べた。

　調査の結果，タイコウチ科は虫そのものが見つからなかったが，採集できたコオイムシ科では調べた25個体のうちの24％からハマダラカのDNAが検出された。つまり，実際に彼らは野外でハマダラカの天敵となっていることを示したのである。ちなみに，コオイムシ科に加えてミズムシ科，マツモムシ科，マルミズムシ科，ミズカメムシ科も含めた水生半翅類では188個体中62.8％から，ハマダラカ捕食の証拠を得ることができた。

■ 非致死効果と生物群集に及ぼす影響

　生物界において，すべての生物はその生活史の中で必ず他種と何らかの関係をもって生活している。そのような例として最も代表的なものが，捕食者と被食者の関係である。被食者は，ただ単に捕食者に食べられるのではなく，捕食者に食べられない形質を身につけていることが知られている。捕食者か

5 タイコウチ上科の採餌生態：直接的・間接的に餌に及ぼす影響

らの捕食を逃れるために被食者が獲得した捕食回避行動は，被食者の生存率の向上に貢献する形質を獲得したものである。コオイムシ科昆虫は餌動物を直接，捕食することに加えて，非致死効果を及ぼすことが知られている。非致死効果とは，餌の命を奪うこと以外の捕食者からの影響のことで，餌の行動や形態の変化などが良く知られている。例えば行動変化としては，ヒキガエルの一種・*Bufo woodhousii* が，コオイムシの一種・*Belostoma lutarium* から出される分泌物や排泄物などの化学的なシグナル（"匂い"ととらえて良いだろう）に晒されると，背景が黒いところから白いところへ移動するようになる。通常，体色が黒いオタマジャクシは背景が黒いところにいる方が，鳥類などの天敵に見つかりやすく生存率が上がるはずであるが，このコオイムシの一種も黒い背景を好むため，オタマジャクシのいる場所と重なってしまう。そこで，オタマジャクシは捕食される危険を察知すると，住み場所を変えるのである（Swart & Taylor, 2004）。また，水生半翅類のくくりで同様の例を上げると，マツモムシ類による蚊の産卵回避が有名である。マツモムシの一種・*Notonecta maculata* からの化学的シグナル（匂い）により，カの一種・*Culiseta longiareolata* のメス成虫はその水に産卵することを避け，予め自分の子ども（ボウフラ）が捕食されないようにする（Blaustein *et al.*, 2004）。また，アカイエカ *Culex pipiens* のボウフラもマツモムシの一種・*Notonecta undulata* の存在によって行動を抑制し，マツモムシに見つからないようにするが，野外でマツモムシの一種とボウフラが共存していないネッタイシマカ *Aedes aegypti* ではそのような反応はない（Sih, 1986）。ネッタイシマカは天敵が少ない水域に繁殖するため，マツモムシの一種の存在を感知できないのかもしれない。形態変化としては，別のコオイムシの一種・*B. flumineum* が，その餌である巻貝 *Helisoma trivolvis* へ与える影響が報告されている（Hoverman *et al.*, 2005）。このコオイムシがいると，驚くべきことに巻貝は殻の形を変えることができる。具体的には，巻貝の開口部の殻を少しずつ伸ばし，コオイムシに捕えられた際にその口吻が，貝の体に届きにくくするのである。こうすることで，実際にコオイムシに捕食されにくくなるという（Hoverman & Relyea, 2009; Hoverman & Relyea, 2007）。

　コオイムシ科昆虫による捕食と水域内の環境変化は相互に影響している。環境中の植物の密度の増加と共にコオイムシの一種・*Belostoma flumineum* と

III. 他種との関係

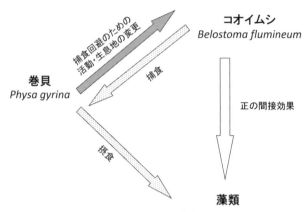

図8 コオイムシ，巻貝，藻類の三者関係

アメリカタガメ *Lethocerus americanus* が捕食するオタマジャクシの数が減っていく（Babbitt & Jordan, 1996; Babbitt & Tanner, 1997; Tarr & Babbitt, 2002）。隠れ家となる水草が多くなると捕食者が餌を見つけにくいことに加えて，捕まえにくくなるのであろう。

その一方で，コオイムシの一種・*B. flumineum* による巻貝への非致死効果は水域内の藻類の増加を促すことが知られている。巻貝は藻類を餌とするが，コオイムシの存在で危険を察知すると動くのを止め，摂食活動を低下させたり，生息地を変えたりするので，藻類に影響が及ぶ。コオイムシの存在が巻貝の活動性を変化させることで，結果的に藻類の増加を促すのである。このようにコオイムシ科が藻類に及ぼす正の間接効果も報告されている（Wojdak & Luttbeg, 2005）（図8）。

ここで紹介したタイコウチ上科やマツモムシが餌動物の非致死効果に及ぼす影響については国外で行われたものばかりである。当然ながら，国内に分布する水生半翅類でも同様の相互作用があると思われるため，今後，調査していくと面白いことが分かるかもしれない。

採餌生態の研究のススメ

動物の一種である昆虫は，何を食べて生活するかが生存のカギとなる。そのため，個々の種の採餌生態を探ることで生態や生活史の解明につながる

5 タイコウチ上科の採餌生態:直接的・間接的に餌に及ぼす影響

上,保全に必要な情報も得ることができる。水生半翅類の採餌生態に関する研究は,対象種が数多く生息する調査地と,調査する時間さえあれば誰にでも実施可能なテーマであると思う。直接観察による食性の記述や記録を足掛かりにしてさまざまな調査や実験を行うことで,対象種と他種との種間関係や進化史を考察できるであろう。上でも引用した岡田浩明さんの一連のコオイムシ類の研究では,コオイムシとオオコオイムシの野外での生活史と餌メニューの違いを丹念に調べ上げ,この2種が野外でどのように種間競争をしつつ,すみ分けをしているかを考察されている(Okada *et al*., 1992; Okada & Nakasuji, 1993a, 1993b)。今,野外で起こっている現象を知りつつ,様々な側面からアプローチするスタイルに憧れ,私も大学院時代に採餌生態に関する研究に取り組んだ。当時に比べて分子生物学や同位体比分析などの生態学分野の分析技術も進歩しているが,採餌生態を調べるために足しげく現場に通うことで気づく副産物も,研究に思わぬ進展をもたらすだろう。私の場合は,Ⅲ-4で紹介するタガメの採餌行動がそうである。もし,タガメの消化管から食べた餌を特定するだけではこのような広がりはなかったと感じる。大学院博士時代にお世話になった中筋房夫先生(岡山大学名誉教授)から頂いたお言葉を紹介し,この章を締めくくりたい。『野外にたくさん出る人ほど,面白いことを見つけてくる』。まさに,私にとっての金言である。

〔註〕
(註1) この論文は,筆者が取り組んだ博士論文の序論のような内容で,日本陸水学会の英文誌上で出版されたのだが,筆者がこれまでに書いてきた論文の中で最も引用されている。これは,データが取り難い野外データが重宝されていることを意味しているのかもしれない。
(註2) 同じような資源を同じような方法により利用する生物群のこと。分類学的な類縁関係に依らず,生態的な類似性から種をまとめる概念。
(註3) ある生態系の中の食物網を描くには,各種生物や堆積物などのδ^{15}Nとδ^{13}Cの測定を行い,C-Nマップ(横軸に炭素同位体比,縦軸に窒素同位体比をとった散布図)を描くことで可視化できる。窒素については栄養段階が高い動物のδ^{15}Nは高くなるため,対象生物がどの栄養段階に属するかを表す指標として利用できる。一方,炭素については栄養段階が上がってもほとんど変化しないため,その動物が利用する餌や食物網の基盤となる炭素源を推定できる。

(註4）飼育実験中に死んでしまった個体や，人工照明下で拾得した車にひかれた死体を分析することで，中脚附節から体全体の同位体比を求める回帰式を作った。現在は幼虫の脱皮殻から体の同位体比を求める回帰式も開発している。

〔引用文献〕

Aditya G, Bhattacharyya S, Kundu N, Saha GK, Raut SK (2004) Predatory efficiency of the water bug *Sphaerodema annulatum* on mosquito larvae (*Culex quinquefasciatus*) and its effect on the adult emergence. *Bioresource Technology*, 95: 169–172.

Aditya G, Bhattacharyya S, Kundu N, Saha GK (2005) Frequency-dependent prey-selection of predacious water bugs on *Armigeres subalbatus* immatures. *Journal of Vector Borne Diseases*, 42: 9–14.

Amasath A (2003) Studies on predatory effciency of the water stick insect, *Ranatra filiformis* on mosquito larva, *Culex fatigans. Journal of Experimental Zoology*, 6: 93–98.

Appleton CC, Hofkin BV, Baijnath A (2004) Macro-invertebrate predators of freshwater pulmonate snails in Africa, with particular reference to *Appasus grassei* (Heteroptera) and *Procambarus clarkii* (Decapoda). *African Journal of Aquatic Science*, 29: 185–193.

Babbitt K, Jordan F (1996) Predation on *Bufo terrestris* tadpoles: effects of cover and predator identity. *Copeia*, 1996: 485–488.

Babbitt K, Tanner G (1997) Effects of cover and predator identity on predation of *Hyla squirella* tadpoles. *Journal of Herpetology*, 31: 128–130.

Ban Y (1981) Some observation on the life cycle of the water scorpion, *Ranatra unicolor* Scott (Hemiptera: Nepidae) in Yamanoshita Bay, Lake Biwa. *Verhandlungen - Internationale Vereinigung für Theoretische und Angewandte Limnologie*, 21: 1621–1625.

伴　幸成・柴田重昭・石川雅宏 (1988) ヒメタイコウチ. 文一総合出版, 東京.

Blaustein L, Kiflawi M, Eitam A, Mangel M, Cohen JE (2004) Oviposition habitat selection in response to risk of predation in temporary pools: mode of detection and consistency across experimental venue. *Oecologia*, 138: 300–305.

Chase JM (2003) Experimental evidence for alternative stable equilibria in a benthic pond food web. *Ecology Letters*, 6: 733–741.

Cullen M (1969) The biology of giant water bugs (Hemiptera: Belostomatidae) in Trinidad. *Proceedings of the Royal Entomological Society of London (A)*, 44: 123–136.

Gurumoorthy K, Govindarajan M, Amsath M (2013) Predatory behaviour and efficiency of the water bug *Sphaerodema rusticum* on mosquito larvae *Culex quinquefasciatus*. *International Journal of Pure and Applied Zoology*, 1: 24–29.

Hirai T, Hidaka K (2002) Anuran-dependent predation by the giant water bug, *Lethocerus deyrollei* (Hemiptera: Belostomatidae), in rice fields of Japan. *Ecological Research*, 17: 655–661.

Hoverman JT, Relyea RA (2007) How flexible is phenotypic plasticity? Developmental windows for trait induction and reversal. *Ecology*, 88: 693–705.

Hoverman JT, Relyea RA (2009) Survival trade-offs associated with inducible defences in snails: the roles of multiple predators and developmental plasticity. *Functional Ecology*, 23: 1179–1188.

Hoverman JT, Auld JR, Relyea RA (2005) Putting prey back together again: integrating predator-induced behavior, morphology, and life history *Oecologia*, 144: 481–491.

Kesler D, Munns Jr W (1989) Predation by *Belostoma flumineum* (Hemiptera): an important cause of mortality in freshwater snails. *Journal of the North American Benthological Society*, 8: 342–350.

Kweka EJ, Zhou G, Gilbreath TM, Afrane Y, Nyindo M, Githeko AK, Yan G (2011) Predation efficiency of *Anopheles gambiae* larvae by aquatic predators in western Kenya highlands. *Parasites & Vectors*, 4: 128.

松崎慎一郎 (2010) 食物網構造・栄養段階の評価法. 保全生態学の技法　調査・研究・実践マニュアル（鷲谷いづみ，宮下直，西廣淳，角谷拓 編）: 203–216. 東京大学出版会，東京.

Menke AS (1979) Family Belostomatidae. *The semiaquatic and aquatic Hemiptera of California* (*Heteroptera: Hemiptera*)（Menke A.S. 編）: 76–86. Bulletin of the California Insect Survey.

森　哲・大庭伸也 (2004) 野外におけるタガメによるヘビ類の摂食例. 爬虫両棲類学会報，2004: 78–81.

Ohba S (2007) Notes on predators and their effect on the survivorship of the endangered giant water bug, *Kirkaldyia* (= *Lethocerus*) *deyrolli* (Heteroptera, Belostomatidae), in Japanese rice fields. *Hydrobiologia*, 583: 377–381.

Ohba S (2011) Field observation of predation on a turtle by a giant water bug. *Entomological Science*, 14: 364–365.

大庭伸也 (2012) 野外におけるタガメによるニホンマムシの捕食事例. 昆蟲ニューシリーズ，15: 92–93.

Ohba S, Nakasuji F (2006) Dietary items of predacious aquatic bugs (Nepoidea: Heteroptera) in Japanese wetlands. *Limnology*, 7: 41–43.

Ohba S, Nakasuji F (2007) Density-mediated indirect effects of a common prey tadpole on interaction between two predatory bugs: *Kirkaldyia deyrolli* and

III. 他種との関係

Laccotrephes japonensis. *Population Ecology*, 49: 331–336.

Ohba S, Swart CC (2009) Intraguild predation of water scorpion *Laccotrephes japonensis* (Nepidae: Heteroptera). *Ecological Research*, 24: 1207–1211.

Ohba S, Miyasaka H, Nakasuji F (2008) The role of amphibian prey in the diet and growth of giant water bug nymphs in Japanese rice fields. *Population Ecology*, 50: 9–16.

Ohba S, Kawada H, Dida G, Juma D, Sonye G, Minakawa N, Takagi M (2010) Predators of *Anopheles gambiae* sensu lato (Diptera: Culicidae) larvae in wetlands, western Kenya: confirmation by polymerase chain reaction method. *Journal of Medical Entomology*, 47: 783–787.

Ohba S, Takahashi J, Okuda N (2013) A non-lethal sampling method for estimating the trophic position of an endangered giant water bug using stable isotope analysis. *Insect Conservation and Diversity*, 6: 155–161.

Okada H, Nakasuji F (1993a) Comparative studies on the seasonal occurrence, nymphal development and food menu in two giant water bugs, *Diplonychus japonicus* Vuillefroy and *Diplonychus major* Esaki (Hemiptera: Belostomatidae). *Researches on Population Ecology*, 35: 15–22.

Okada H, Nakasuji F (1993b) Patterns of local distribution and coexistence of two giant water bugs, *Diplonychus japonicus* and *D. major* (Hemiptera: Belostomatidae) in Okayama western Japan. *Japanese Journal of Entomology*, 61: 79–84.

Okada H, Fujisaki K, Nakasuji F (1992) Effects of interspecific competition on development and reproduction in two giant water bugs, *Diplonychus japonicus* Vuillefroy and *Diplonychus major* Esaki (Hemiptera: Belostomatidae). *Researches on Population Ecology*, 34: 349–358.

Ouyang X, Gao J, Chen B, Wang Z, Ji H, Plath M (2017) Characterizing a novel predator-prey relationship between native *Diplonychus esakii* (Heteroptera: Belostomatidae) and invasive *Gambusia affinis* (Teleostei: Poeciliidae) in central China. *International Aquatic Research*, 9: 141–151.

Pereira MH, Silva RE, Azevedo AM, Melo AL, Pereira LH (1993) Predation of *Biomphalaria glabrata* during the development of *Belostoma anurum* (Hemiptera, Belostomatidae). *Revista do Instituto de Medicina Tropical de Sao Paulo*, 35: 405–409.

Perez Goodwyn PJ (2001) Size selective predation by *Belostoma oxyurum* (Heteroptera: Belostomatidae) on *Aedes aegypti* (Diptera: Culicidae) larvae. *Revista de la Sociedad Entomológica Argentina*, 60: 139–146.

Roy JK, Raut SK (1994) Factors influencing predation of the waterbugs *Sphaerodema annulatum* (Fab.) and *S. rusticum* (Fab.) on the disease transmitting snail *Lymnaea* (*Radix*) *luteola* (Lamarck). *Memorias do Instituto Oswaldo Cruz Rio de Janeiro*, 89: 11–20.

Runck C, Blinn W (1990) Population dynamics and secondary production by *Ranatra montezuma* (Heteroptera: Nepidae). *Journal of the North American Benthological Society*, 9: 262–270.

Saha N, Aditya G, Bal A, Saha GK (2007a) Comparative study of functional response of common hemipteran bugs of east calcutta wetlands, India. *International Review of Hydrobiology*, 92: 242–257.

Saha N, Aditya G, Bal A, Saha GK (2007b) A comparative study of predation of three aquatic heteropteran bugs on *Culex quinquefasciatus* larvae. *Limnology*, 8: 73–80.

Saha N, Aditya G, Bal A, Saha GK (2008) Influence of light and habitat on predation of *Culex quinquefasciatus* (Diptera: Culicidae) larvae by the waterbugs (Hemiptera: Heteroptera). *Insect Science*, 15: 461–469.

Saha N, Aditya G, Saha GK, Hampton SE (2010) Opportunistic foraging by heteropteran mosquito predators. *Aquatic Ecology*, 44: 167–176.

Shaalan EAS, Canyon DV, Muller R, Younes MWF, Abdel-Wahab H, Mansour AH (2007) A mosquito predator survey in Townsville, Australia, and an assessment of *Diplonychus* sp. and *Anisops* sp. predatorial capacity against *Culex annulirostris* mosquito immatures. *Journal of Vector Ecology*, 32: 16–21.

Sih A (1986) Antipredator responses and the perception of danger by mosquito larvae. *Ecology*, 67: 434–441.

Sivagnaname N (2009) A novel method of controlling a dengue mosquito vector, *Aedes aegypti* (Diptera: Culicidae) using an aquatic mosquito predator, *Diplonychus indicus* (Hemiptera: Belostomatidae) in tyres. *Dengue Bulletin*, 33: 148–160.

Smith RL (1997) Evolution of parental care in the giant water bugs (Heteroptera: Belostomatidae). In: Cho JC, Crespi BJ (eds) *The evolution of social behavior in insects and Arachnids*: 116–149. Cambridge University Press, Cambridge.

Swart CC, Taylor RC (2004) Behavioral interactions between the giant water bug (*Belostoma lutarium*) and tadpoles of *Bufo woodhousii*. *Southeastern Naturalist*, 3: 13–24.

Swart CC, Deaton LE, Felgenhauer BE (2006) The salivary gland and salivary enzymes of the giant waterbugs (Heteroptera; Belostomatidae). *Comparative Biochemistry and Physiology Part A Molecular & Integrative Physiology*, 145: 114–122.

高木正洋 (2002) 人は世につれ，蚊は人につれ．蚊の不思議　多様性生物学（宮城一郎 編）: 173–194．東海大学出版会，東京．

III. 他種との関係

Tarr T, Babbitt K (2002) Effects of habitat complexity and predator identity on predation of Rana clamitans larvae. *Amphibia-Reptilia*, 23: 13–20.

Tawfik MFS (1969) The life-history of the giant water-bug, *Lethocerus niloticus* Stael. *Bulletin de la Societe Entomologique d'Egypte* 53: 299–310.

Tawfik MFS, El-Sherif SI, Lutfallah AF (1978) On the life-history of the giant water-bug *Limnogeton fieberi* Mayr (Hemiptera: Belostomatidae), predatory on some harmful snails. *Zeitschrift für Angewandte Entomologie*, 86: 138–145.

Velasco J, Millan A (1998) Feeding habits of two large insects from a desert stream: *Abedus herberti* (Hemiptera: Belostomatidae) and *Thermonectus marmoratus* (Coleoptera: Dytiscidae). *Aquatic Insects*, 20: 85–96.

Venkatesan P, DSylva T (1990) Influence of prey size on choice by the water bug, *Diplonycus indicus* Venk. & Rao (Hemiptera: Belostomatidae). *Journal of Entomological Research* (*New Delhi*), 14: 130–138.

Venkatesan P, Sivaraman S (1984) Changes in the functional response of instars of *Diplonychus indicus* Venk. & Rao (Hemiptera: Belostomatidae) in its predation of two species of mosquito larvae of varied size. *Entomon*, 9: 191–196.

Victor R, Weigwe C (1989) Hoarding a predatory behavior of *Sphaerodema nepoides* Fabricius Heteroptera Belostomatidae. *Archiv für Hydrobiologie*, 116: 107–112.

Waters TF (1977) Secondary production in inland waters 1. *Advances in Ecological Research*, 10: 91–164.

Wojdak JM, Luttbeg B (2005) Relative strengths of trait-mediated and density-mediated indirect effects of a predator vary with resource levels in a freshwater food chain. *Oikos*, 111: 592–598.

Wojdak JM, Trexler DC (2010) The influence of temporally variable predation risk on indirect interactions in an aquatic food chain. *Ecological Research*, 25: 327–335.

Younes A, El-Sherief H, Gawish F, Mahmoud M (2016) *Sphaerodema urinator* Duforas (Hemiptera : Belostomatidae) as a predator of *Fasciola intermediate* host, *Lymamnaea natalensis* Krauss. *Egyptian Journal of Pest Control*, 26: 191–196.

Younes A, El-Sherief H, Gawish F, Mahmoud M (2017) Biological control of snail hosts transmitting schistosomiasis by the water bug, *Sphaerodema urinator*. *Parasitology Research*, 116: 1257–1264.

Zaracho VH (2012) Predation on *Elachistocleis bicolor* (Anura: Microhylidae) by *Lethocerus annulipes* (Heteroptera: Belostomatidae). *Herpetology Notes*, 5: 227–228.

(大庭伸也)

Ⅳ．系統地理学的研究

IV. 系統地理学的研究

1 コオイムシ類の分子系統解析から紐解く日本産水生半翅類相の形成プロセス

日本の地史と生物多様性

　本章では，筆者らが展開してきた東アジア産コオイムシ類の系統分類と分子系統地理に関する研究成果について概説するが，はじめに，東アジア産コオイムシ類の進化史とも深く関連する日本の形成史について簡単に触れておく。日本は約2300万年前まではユーラシア大陸の東縁に位置する大陸の一部であった。その後，2100万年前から1100万年前頃までに，東北日本は反時計回り，南西日本は時計回りに大陸からそれぞれ離裂して現在の日本の原型が形成されたことが，地質学的研究から明らかとなっている（図1）(Otofuji *et al.*, 1985）。このような日本の形成プロセスは「観音開き型離裂説（"Double-door" opening model）」と呼ばれている。また，日本の山岳域は500万年前以降に各地で隆起が始まり，特に200万年前以降には急激な造山運動

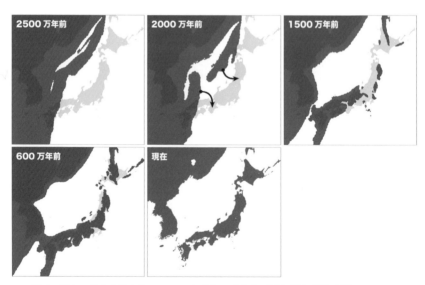

図1　現在，最も支持されている日本列島の形成史（観音開き型離裂説）。Otofuji *et al.*（1985），村沢・幕田（2017）を改変

1 コオイムシ類の分子系統解析から紐解く日本産水生半翅類相の形成プロセス

が生じたことに由来している(鎮西・町田, 2001)。このような造山運動は大陸プレートと海洋プレートが衝突して生じる地殻変動に起因している。特に日本列島は,二つの大陸プレートと二つの海洋プレートが衝突する世界的にも極めて稀な場所に位置しており(図2),これが日本アルプスなどに代表される急峻な山岳地帯の形成につながっている。このような山岳地帯は,低地に生息する生物にとっての地理的障壁となり得るもので,集団間の遺伝的分化や種分化の要因の一つであると言える。さらにもう一つ,陸生生物にとって移動分散の障壁となる地形の代表的なものが海峡である。ウミアメンボ類などのごく一部の分類群を除く大部分が海水域に適応できていない昆虫類にとって,海峡は重要な地理的障壁である。その中でも日本の生物相形成過程を議論する際に重要となる海峡の一つが対馬海峡である。生物地理学の研究において大陸—日本(特に九州・四国・本州)間の集団の分断化を議論する際には極めて重要な要素となる対馬海峡であるが,近年の地質学的研究からは対馬海峡の形成は155万年前とされている(Osozawa et al., 2012)。これ

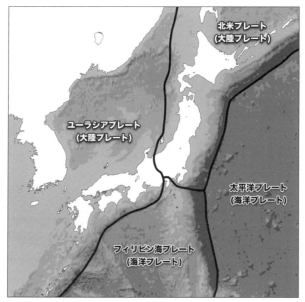

図2　日本列島周辺で衝突する二つの大陸プレートと二つの海洋プレート

IV. 系統地理学的研究

まで述べてきたような地質学的イベントに加え，①日本は南北に長い弧状列島であり，亜寒帯から亜熱帯までの気候帯を縦断していること，②約260万年前以降から繰り返されている氷期―間氷期サイクルに伴う海水面の低下と陸橋形成による大陸との間での生物の分散，③アジアンモンスーン気候が生み出した多湿で豊かな水環境や出水に起因する生態系の撹乱などは日本の生物相を豊かにしている要因であると考えられる（東城・伊藤, 2015; Tojo *et al.*, 2017）。このように，日本は多様な自然環境を有し，さらに島嶼環境において独自の進化を遂げた生物種群も数多く生息することから，「生物多様性の世界的ホットスポット」と呼ばれている（Gerardo & Brown, 1995; Tojo *et al.*, 2017）。したがって，日本に生息する生物は本邦特有の地史や環境と密接に関連した興味深い進化の歴史を有している可能性が高い。特に日本は島嶼でありながら極めて湿潤で豊かな水環境を有していることから，日本産水生半翅類は日本列島の複雑な地史と環境に関連した特徴的な進化史を辿ってきたことが予想される。このような背景から，筆者らは大陸と日本に生息する東アジア産コオイムシ類の進化史の解明を目指し，系統分類学的研究および分子系統地理学的研究を進めている。

■ 日本産コオイムシ類における種識別

現在，筆者らが研究対象としているコオイムシ類は日本列島を含む東アジア広域に分布するコオイムシ属の2種，コオイムシ *Appasus japonicus* とオオコオイムシ *Appasus major* である（図3）。これらの2種は，ともに環境省版レッドリストやいくつかの都道府県版レッドリストにおいて絶滅危惧種として登録されている希少種である。このように保全生物学的にも重要な分類群であ

図3 コオイムシ（左）とオオコオイムシ（右）（同一スケール）

① コオイムシ類の分子系統解析から紐解く日本産水生半翅類相の形成プロセス

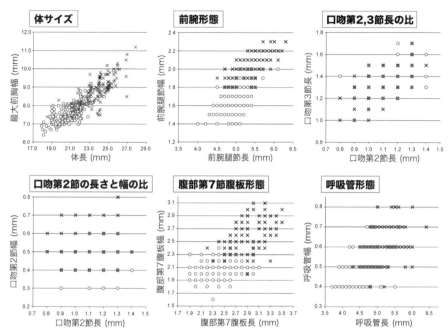

図4 コオイムシおよびオオコオイムシの種識別において有用視されてきた形態形質の比較検討結果。○：コオイムシ，×：オオコオイムシ。Suzuki *et al.*（2013）を改変

るにもかかわらず，両種は形態・生態的ニッチが酷似した近縁種同士であることから，種識別がとても困難であることが知られている。また，両種は分布域が広く重複し，同所的にも生息することが知られ（堀，2001），種間交雑の可能性も示唆されてきた（星川，2001）。そこで筆者らは，東アジア産コオイムシ類の進化史を追究するにあたり，まずは北海道・本州・四国および九州の日本列島広域と，アジア大陸（韓国・中国およびロシア）においてコオイムシとオオコオイムシを採集し，従来，両種の識別において有用視されてきた形態形質の再検討を行うとともに，遺伝子解析を行い，種の独立性を検討した（Suzuki *et al.*, 2013）。まずは生息域の広域から採集したコオイムシとオオコオイムシの標本を用いて，両種識別において有効とされてきた分類形質［体サイズ（体長と前胸幅の関係），前腕腿節形態（前腕腿節長と前腕腿節幅の関係），口吻形態（口吻第2節長と口吻第3節長の関係，および口吻第2節長と口吻第2節幅の関係），腹部第7節腹板形態（腹部第7節腹板長と腹部第7

221

IV. 系統地理学的研究

節腹板幅の関係），呼吸管形態（呼吸管長と呼吸管幅の関係）］の計測データを基に，形態形質に関する比較検討を実施した。その結果，いずれの形態形質においても，種間におけるオーバーラップが認められた（図4）（Suzuki *et al.*, 2013）。すなわち，単独の形態形質を用いた種識別は，誤同定のリスクが高いと言える結果が得られたのである。さらに，計測した全ての形態形質データを元に主成分分析を実施することで両種を識別することができないか試してみた。その結果，ある程度の識別が可能ではあるものの，両種間に若干のオーバーラップがみられるなど，主成分分析を実施してもやはり精確に両種を区別することはできないという結果が得られた（図5）（Suzuki *et al.*, 2013）。これはコオイムシとオオコオイムシの外部形態による種識別が困難であることを科学的に示した結果であると言える。

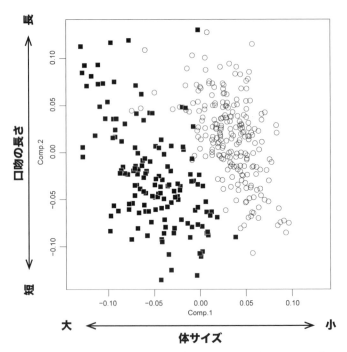

図5 コオイムシおよびオオコオイムシの種識別において，有用視されてきた12の形態形質を基にした主成分分析結果。第一主成分は体サイズ，第二主成分が口吻の長さを示す。〇：コオイムシ，■：オオコオイムシ。Suzuki *et al.* (2013) を改変

1 コオイムシ類の分子系統解析から紐解く日本産水生半翅類相の形成プロセス

　次に筆者らは，日本産コオイムシとオオコオイムシの種間において唯一，齟齬のない安定形質とされ，両種の種識別における最有力形質として利用されているオス交尾器側葉片形態の比較を実施した。オス交尾器側葉片については，日本列島産コオイムシは「鈎型」，オオコオイムシは「波型」であることが報告されている（苅部・高桑, 1994）。筆者らが日本広域から採集した両種のサンプルのオス交尾器側葉片についても，やはりコオイムシは「鈎型」，オオコオイムシは「波型」であり，両種の識別に有用であるという結果が得られた（図6）（Suzuki *et al.*, 2013）。続いて，朝鮮半島から採集したコオイムシとオオコオイムシのサンプルについてもオス交尾器側葉片の観察を実施した。その結果，朝鮮半島産コオイムシ類のオス交尾器側葉片は，両種どちらも「波型」であり，種間の差異は認められなかった（図6）（Suzuki *et al.*, 2013）。つまり，日本産コオイムシ類では両種の種識別において有用とされてきたオス交尾器側葉片の形態形質が，朝鮮半島集団には適用できないこととなる（Suzuki *et al.*, 2013）。さらには，コオイムシでは，日本と朝鮮半島の集団間でオス交尾器側葉片の形態が異なるという興味深い結果が得られたことになる。また，「波型」は種間でも共有される形質であるのに対し，「鈎型」は日本列島のコオイムシのみに見られる形質であることから，「波型」が祖先形質であり，「鈎型」が派生形質であることが予想される（図6）。これを踏まえて筆者らは，コオイムシの日本集団ではオス交尾器側葉片形態において「生殖的形質置換（reproductive character displacement）」が生じて「鈎型」

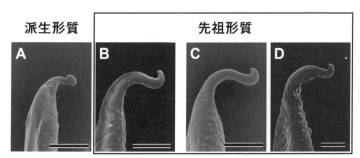

図6　日本産コオイムシ（A），日本産オオコオイムシ（B），韓国産コオイムシ（C），韓国産オオコオイムシ（D）におけるオス交尾器側葉片のSEM画像。スケール：100μm。Suzuki *et al.* (2013) を改変

IV. 系統地理学的研究

が進化した可能性が高いと考えている（Suzuki *et al.*, 2013）。

話が少しずれたが，これまでの結果からコオイムシとオオコオイムシは形態形質のみでの種識別が極めて困難であるということが明らかになった。そこで次に，筆者らは分子系統解析を実施した。その結果，核遺伝子の Histone H3 領域，ミトコンドリア遺伝子の COI，および 16S rRNA 領域のいずれにおいても，両種は遺伝的に大きく分化していることが明らかとなった（図7）。また，これらの種間での交雑が生じている場合，両親から一つずつゲノムセットを受け継ぐ核遺伝子と母系遺伝するミトコンドリア遺伝子との間では，所属するクレードの不一致が認められるはずである。しかしながら，北海道(妹背牛，幕別)，福島県(福島，浪江，西郷)および千葉県(大多喜)といった6つの混生地において採集されたコオイムシとオオコオイムシ

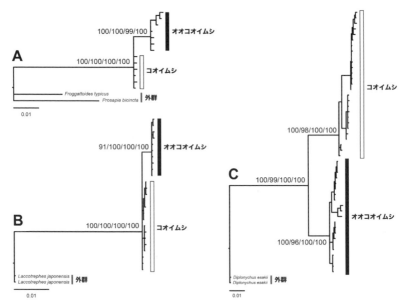

図7 核遺伝子 Histone H3 領域の 328 塩基（A）およびミトコンドリア遺伝子 16S rRNA 領域の 435 塩基（B），COI 領域の 658 塩基（C）を基に Bayes 解析によって得られた分岐図。各ノードにおける数値は Bayes の事後確率，ML, MP, NJ 解析におけるブートストラップ確率を示す。Suzuki *et al.* (2013) を改変

1 コオイムシ類の分子系統解析から紐解く日本産水生半翅類相の形成プロセス

についても，ミトコンドリア遺伝子および核遺伝子による解析結果の不一致は認められなかった。これまで，コオイムシとオオコオイムシの混生地においては，種間交雑が生じている可能性も示唆されてきたが(星川，2001)，筆者らの研究結果からは，両種が遺伝的には明確に分化・独立した種であることが強く示唆され，自然界における種間交雑の可能性はない(あったとしても極めて例外的である)ものと考えられる。このことから，両種の種識別には，遺伝子解析結果に基づいて種を識別する「DNA バーコーディング法」が有効であると考えられる(Suzuki et al., 2013)。

分子系統解析から見える進化史

　これまでに紹介した研究から，東アジア産コオイムシ属2種の種識別にはDNA バーコーディング法が有効であることが明らかとなった。さらに，東アジア産コオイムシ属2種の間には種間交雑の可能性もなく，明確な遺伝的分化が認められた。この結果を踏まえて筆者らは，生息域の広域から採集したコオイムシ・オオコオイムシ2種のサンプルを用いて分子系統地理学的研究を進めることとした。分子系統地理学とは，生物の DNA 配列情報を比較することによって，その生物が辿ってきた歴史(個体群の分布拡大や分断，絶滅や交雑など)を解き明かす学問である(小泉・池田，2013)。DNA は生物の形態などを特徴づけるための設計図であるとともに，DNA にはその生物が辿ってきた過去の歴史が刻まれている。つまり，遺伝子解析をすることによって，その生物の進化史を探究することができるのである。冒頭にも述べたように，日本は島嶼国でありながら豊かな水環境を有しており，日本産水生半翅類はその地史や環境に関連した進化史をもつものと考えられる。そこで筆者らは，昆虫類の分子系統地理学的研究でよく対象とされているミトコンドリア遺伝子 COI および 16S rRNA 領域の合計 1,093 塩基対の DNA を解析することで，コオイムシ・オオコオイムシの種間，さらには種内における地域個体群間の系統関係を推定してみた。

　まず，コオイムシ種内の解析結果について紹介する。ミトコンドリア遺伝子2領域の分子系統解析の結果，コオイムシは遺伝的に大きく分化した3つの系統から構成されることが明らかとなった(図8A)(Suzuki et al., 2014)。以後，それぞれの系統をクレード1，クレード2，クレード3と呼ぶこととする。

IV. 系統地理学的研究

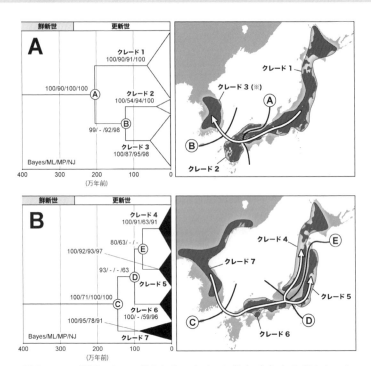

図8 Bayes解析によって得られたコオイムシ種内（A）およびオオコオイムシ種内（B）の分岐図と各クレードを構成した地域個体群区分。各ノードにおける数値はBayesの事後確率，ML, MP, NJ解析におけるブートストラップ確率を示す。Suzuki et al. (2014) を改変。※中国産コオイムシについてはペットショップで購入したため詳細な産地は不明

 各クレードについて詳しくみていくと，クレード1は北海道と本州広域（鳥取・島根県を除く）および四国の地域個体群から構成された（図8A）。クレード2は九州と山陰地方（鳥取・島根・山口県）および広島県三原市の地域個体群から構成された。山口県内と広島県三原市では，クレード1とクレード2を構成する個体が混生していた（図8A）。クレード3は韓国および中国産の個体群から構成され（図8A），クレード2とクレード3は単系統群を構成した。すなわち，現時点での解析結果からは，大陸の地域個体群に対して日本産コオイムシが側系統群として評価されたことになる（図8A）。このことから，コオイムシは日本列島から大陸へと分散した可能性が示唆される。一般的に，日本の生物の多くは大陸から渡来したイメージが強いが，コオイムシにおいては日本から大陸への逆分散が示唆されたのである（Suzuki et al., 2014）。

1 コオイムシ類の分子系統解析から紐解く日本産水生半翅類相の形成プロセス

　さらに，昆虫類で一般的に用いられているミトコンドリア遺伝子の変異率(Papadopoulou *et al*., 2010)を適用してコオイムシ種内の各クレード間の分岐年代推定を実施してみた。系統樹作成に使用しているDNAの塩基配列は基本的に時間経過に比例して変化していくことを仮定しているので，DNAの変異率(時間あたりの変化率)が推定されると共通祖先が遺伝的に分化した年代を計算することができる(蘇・大澤, 2013)。この点が，「DNAには生物が辿ってきた歴史が刻まれている」とされる理由の一つである。コオイムシにおいてミトコンドリア遺伝子の部分配列を用いた分岐年代推定を実施した結果，クレード1(日本広域)とクレード2＋3(九州・山陰地方および広島県三原市＋大陸)の分岐(図8Aのノード A)は後期鮮新世から初期更新世(272〜147万年前)と評価された。また，クレード2(九州・山陰地方および広島県三原市)とクレード3(大陸)の分岐(図8AのノードB)は中期更新世(168〜80万年前)と評価された。各分岐の年代と地史との関連性をみていくと，クレード2とクレード3の分布境界には対馬海峡が存在することから，これらのクレード間における分岐(図8AのノードB)が対馬海峡の成立によるものであることは，ほぼ間違いないと考えられる。本章の冒頭にも触れたが，純地質学的研究から対馬海峡の成立年代は更新世中期(155万年前)であるとされている(Osozawa *et al*., 2012)。この結果は，筆者らの分子系統地理学的研究から推定された分岐年代推定の結果とも合致する。次に，クレード1とクレード2＋3間の分岐(図8AのノードA)であるが，クレード1とクレード2の地理的境界は，中国山地・冠山山地がある位置と一致する(図8A)。これらの山地は，いずれも第四紀(258万年前)以降に，特に激しく隆起したとされており(岡田, 2004)，図8AのノードAにおける分岐年代推定の結果(272〜147万年前)とほぼ合致した。コオイムシの分子系統解析結果から検出された中国山地・冠山山地を境界とする遺伝分化は，淡水魚類のシロヒレタビラ *Acheilognathus tabira* や両生類のトノサマガエル *Pelophylax nigromaculatus* などの昆虫以外の水生の動物種群においても報告されている(Nishioka *et al*., 1992; Arai *et al*., 2007)。

　次に，オオコオイムシ種内の解析結果について紹介する。オオコオイムシは，北海道と東日本の日本海側の地域個体群から構成されるクレード4，北海道を除く東日本の太平洋側の地域個体群から構成されるクレード5，西日

IV. 系統地理学的研究

本の個体群から構成されるクレード6，および韓国・中国・ロシアの個体群から構成されるクレード7の4系統から構成されることが明らかとなった（図8B; Suzuki *et al*., 2014）。コオイムシのように日本の個体群が大陸の個体群に対して側系統となるようなことはなく，日本と大陸の個体群がそれぞれに単系統群を構成した。また，日本列島内においては，西日本個体群がより祖先的であることが示唆される結果となった。これらの結果から，オオコオイムシは大陸から日本列島へと分散したことが示唆された（Suzuki *et al*., 2014）。

オオコオイムシにおいても分岐年代推定を実施した結果，日本と大陸の個体群間での分岐年代は，コオイムシよりもやや古い198～102万年前と推定された（図8BのノードC）。直接的な証拠はないものの，複数の水生昆虫研究者による野外観察からは，コオイムシの方がオオコオイムシよりも飛翔能力が高そうであると示唆されている（大庭，私信；北野，私信；谷澤，私信）。これまでに得られている筆者らの分子系統解析結果においても，オオコオイムシの方がより古い時期に日本—大陸間での遺伝的分化が生じたと推定されたことから，より飛翔能力の低いオオコオイムシで先に分断が生じたと考えられ，同じ地史を経験してきたものの，両種間での飛翔能力の差異が遺伝的構造にも反映されていることを示唆する結果と言える。

次に，クレード4＋5とクレード6の分岐（図8BのノードD）について考えてみるが，これらのクレードを構成する個体群間の地理的境界は，中部山岳域が広がる地域と合致している（図8B）。中部山岳の隆起年代は前期更新世—中期更新世（200～70万年前）とされており（町田，2006），分岐年代推定で得られた図8BのノードDにおける分岐年代（140～68万年前）とほぼ合致する。中部山岳域は日本国内最大の山塊であり，昆虫類ではゲンジボタル *Luciola cruciata* において，中部山岳域を境界として遺伝的構造が東西に分かれることが明らかになっているほか（Suzuki *et al*., 2002），魚類ではギギ属 *Pseudobagrus* の分布境界が中部山岳域にあり（Watanabe & Nishida, 2003），哺乳類においてもモグラ類でアズマモグラ *Mogera imaizumi* とコウベモグラ *Mogera wogura* のおおよその分布境界が中部山岳域にある（Tsuchiya *et al*., 2000）。このように，他の動物種群においてもそうであるように，オオコオイムシにおいても中部山岳域が大きな生物地理学的障壁となっていると考えられる。

1 コオイムシ類の分子系統解析から紐解く日本産水生半翅類相の形成プロセス

　クレード 4 と 5 を構成する個体群間の地理的境界(図 8B のノード E)は，奥羽山脈が広がる地域と合致していた。奥羽山脈は 300 万年前以降に隆起が本格化し，第四紀火山群を数多く有するとされている(太田ほか，2010)。これらの火山群は 100 万年前以降に活動が活発化しており(Umeda *et al.*, 1999)，これらの火山活動による山岳隆起や噴火による生息適地の縮小などによって東日本個体群が東西に分断されたと考えられる。

　最後にコオイムシとオオコオイムシ種間の系統関係について紹介する。ミトコンドリア遺伝子の解析を実施したところ，コオイムシとオオコオイムシの分岐はとても深く，かなり古い時代に種分化したことが明らかとなった(図 9)。分岐年代推定を実施したところ，両種が遺伝的に分化したのは中新世の中期から後期と評価された(図 9)。この年代は日本列島が大陸の縁から切り離され，日本列島の原型が形成されてきた年代に相当する(図 1)。また，コオイムシとオオコオイムシそれぞれの種内の系統関係から，コオイムシは日本から大陸へ，オオコオイムシは大陸から日本へ移動分散した可能性が示唆された。これらの知見から，筆者らはコオイムシ属の祖先種が日本の形成初期段階に大陸から離裂する陸塊と共に大陸から分離してきた個体群と，大陸に残された個体群とに分断化され，異所的に種分化したのだろうと考えて

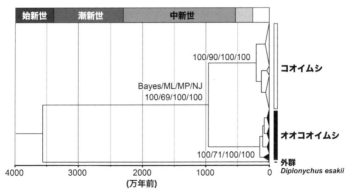

図 9　ミトコンドリア遺伝子 COI，16S rRNA 領域の計 1,093 塩基を基に Bayes 解析によって得られた分岐図。各ノードにおける数値は Bayes の事後確率，ML，MP，NJ 解析におけるブートストラップ確率を示す。Suzuki *et al.*(2014)を改変

いる。したがって陸塊と共に渡来した個体群がコオイムシ，大陸に残された個体群がオオコオイムシの祖先種にあたる。その後，対馬海峡が形成されるまでの間に，両種は陸橋を介して日本—大陸間を移動分散したと考えられる。

日本列島の水生半翅類相形成プロセス

これまでに紹介してきた筆者らの研究から，コオイムシとオオコオイムシは同属の姉妹種でありながらその進化史が大きく異なることが明らかとなった。特にコオイムシについては，日本から大陸への逆分散が生じたことを示す結果が得られている。このような島嶼から大陸への逆分散は「Back dispersal」とも呼ばれるが，日本産の生物種において「Back dispersal」現象を明確に示した研究事例は極めて少ない (Tojo et al., 2017)。その一方で，ミズカマキリ，ヒメミズカマキリ，タイコウチなどの水生半翅類においては，コオイムシで示されたような日本から大陸への逆分散が検出されている (東城・伊藤, 2015)。これには日本列島形成初期の環境が深く関連しているものと考えられる。日本がまだ大陸の一部だった頃，やがて日本列島となる地域は大陸沿岸部の平地であり，湿原が広がっていたとされる。さらに，日本列島の原型が大陸から離裂し，島嶼化してからもしばらくは，現在の日本列島のような急峻な山岳は形成されず，広大な湿原環境が維持されていたと考えられている (村沢・幕田, 2017)。このような湿原環境に適応したコオイムシは，系統分化しながら大陸へと逆分散していっただろう。また同じように，ミズカマキリ，ヒメミズカマキリ，タイコウチの一部系統もこのような大陸から離裂した陸塊と共に渡来したのかもしれない。何れにしても，島嶼化当初の日本は湿原環境が広がった水生半翅類の宝庫だったことが予想される。その結果，日本で独自の進化を遂げた系統が大陸へ逆分散するパターンや，オオコオイムシのように大陸から日本列島へ分散するパターンが複雑に入り混じって現在の日本列島の水生半翅類相が形成されたものと考えられる。また，筆者らの研究から日本列島産コオイムシは生殖的形質置換が生じていることが明らかとなっている。生殖的形質置換は，同所的に分布している近縁種との交配隔離機構を確立させる現象である。その一方で，生殖的形質置換が生じた個体群は元の形態を維持している同種の別個体群との間にも交配隔離機構が成立してしまうことが，オーストラリアに生息するアマガエルの仲

1 コオイムシ類の分子系統解析から紐解く日本産水生半翅類相の形成プロセス

間 *Litoria genimaculata* で報告されている(Hoskin *et al.*, 2005)。コオイムシにおいても似たような現象が生じている可能性が高く，日本における進化・多様化は現在進行形で進んでいるものと言える。

〔引用文献〕

Arai R, Fujikawa H, Nagata Y (2007) Four new subspecies of *Acheilognathus* bitterlings (Cyprinidae: Acheilognathinae) from Japan. *Bulletin of the National Museum of Nature and Science, Series A (Zoology), Supplement*, 1: 1–28.

鎮西清高・町田　洋 (2001) 日本の地形発達史．日本の地形 1 総説(米倉伸之・貝塚爽平・野上道夫・鎮西清高編)：297–322, 東京大学出版会, 東京．

Gerardo C, Brown JH (1995) Global patterns of mammalian diversity, endemism, and endangerment. *Conservation Biology*, 9: 559–568.

堀　繁久 (2001) 北海道におけるコオイムシ属 2 種の形態と分布．北海道開拓記念館研究紀要, 29: 59–66．

星川和夫 (2001) 昆虫と気象．ホシザキグリーン財団研究報告, 5: 222．

Hoskin CJ, Higgie M, Mcdonald KR, Moritz C (2005) Reinforcement drives rapid allopatric speciation. *Nature*, 437: 10–13.

苅部治紀・高桑正敏 (1994) 神奈川県を主としたコオイムシ属 2 種について．神奈川県自然誌資料, 15: 11–14．

小泉逸郎・池田　啓 (2013) 系統地理の歴史と展望．系統地理学 DNA で解き明かす生きものの自然史（種生物学会編）：7–21, 文一総合出版, 東京．

町田　洋 (2006) 後期鮮新世以降の山地と盆地の発達．日本の地形 5 中部(町田　洋・松田時彦・海津正倫・小泉武栄共編)：326–329, 東京大学出版, 東京．

村沢　譲・幕田けいた (2017) NHK スペシャル 列島誕生 ジオ・ジャパン 激動の日本列島誕生の物語．宝島社, 東京．

Nishioka M, Sumida M, Ohtani H (1992) Differentiation of 70 populations in the *Rana nigromaculata* group by the method of electrophoretic analyses. *Scientific Report of the Laboratory for Amphibian Biology*, 11: 1–70.

岡田篤正 (2004) 中国山地とその周辺．日本の地形 5 中部（太田陽子・成瀬敏郎・田中眞吾・岡田篤正共編)：117–147, 東京大学出版, 東京．

Osozawa S, Shinjo R, Armid A, Watanabe Y, Horiguchi T, Wakabayashi J (2012) Palaeogeographic reconstruction of the 1.55 Ma synchronous isolation of the Ryukyu Islands, Japan, and Taiwan and inflow of the Kuroshio warm current. *International Geology Review*, 54: 1369–1388.

太田陽子・小池一之・鎮西清高・野上道男・町田　洋・松田時彦 (2010) 鮮新世以降の地殻変動による隆起域と沈降域の出現．日本列島の地形学：

IV. 系統地理学的研究

47–70，東京大学出版会，東京．

Otofuji Y, Matsuda T, Nohda S (1985) Opening mode of the Japan Sea inferred from paleomagnetism of the Japan arc. *Nature*, 317: 603–604.

Papadopoulou A, Anastasiou I, Vogler AP (2010) Revisiting the insect mitochondrial molecular clock: the mid-Aegean trench calibration. *Molecular Biology and Evolution*, 27: 1659–72.

蘇　智慧・大澤省三 (2013) 分子系統樹のつくり方と読み方．系統地理学 DNA で解き明かす生きものの自然史 (種生物学会編): 7–21, 文一総合出版, 東京．

Suzuki H, Sato Y, Ohba N (2002) Gene diversity and geographic differentiation in mitochondrial DNA of the Genji firefly, *Luciola cruciata* (Coleoptera: Lampyridae). *Molecular Phylogenetics and Evolution*, 22: 193–205.

Suzuki T, Tanizawa T, Sekiné K, Kunimi J, Tojo K (2013) Morphological and genetic relationship of two closely-related giant water bugs: *Appasus japonicus* Vuillefroy and *Appasus major* Esaki (Heteroptera: Belostomatidae). *Biological Journal of the Linnean Society*, 110: 615–643.

Suzuki T, Kitano T, Tojo K (2014) Contrasting genetic structure of closely related giant water bugs: Phylogeography of *Appasus japonicus* and *Appasus major* (Insecta: Heteroptera, Belostomatidae). *Molecular Phylogenetics and Evolution*, 72: 7–16.

東城幸治・伊藤建夫 (2015) 日本列島の地史と昆虫相の成立―地理形成に由来する進化の世界．遺伝子から解き明かす昆虫の不思議な世界 (大場裕一・大澤省三・昆虫 DNA 研究会編): 105–150, 悠書館, 東京．

Tojo K, Sekiné K, Takenaka M, Isaka Y, Komaki S, Suzuki T, Schoville S (2017) Species diversity of insects in Japan: Their origins and diversification processes. *Entomological Science*, 20: 357–381.

Tsuchiya K, Suzuki H, Shinohara A, Harada M, Wakana S, Sakaizumi M, Han SH, Lin LK, Kryukov AP (2000) Molecular phylogeny of East Asian moles inferred from the sequence variation of the mitochondrial cytochrome b gene. *Genes & Genetic Systems*, 75: 17–24.

Umeda K, Hayashi S, Ban M, Sasaki M, Ohba T, Akaishi K (1999) Sequence of the volcanism and tectonics during the last 2.0 million years along the volcanic front in Tohoku district, NE Japan. *Bulletin of the Volcanological Society of Japan*, 44: 233–249.

Watanabe K, Nishida M (2003) Genetic population structure of Japanese bagrid catfishes. *Ichthyological Research*, 50: 140–148.

（鈴木智也・東城幸治）

V．水生半翅類の調査法

V. 水生半翅類の調査法

1 水生半翅類調査への環境 DNA の適用

■ これまでの生物分布調査

　水生半翅類を含め，生息する生物の種類や，様々な種から成り立つ生物群集の状況を知るためには，まずはそこにどんな生物種が生息しているか？　どれくらい生息しているか？　という基本的な情報が必要となる。これらの情報は，生物多様性や希少種の保全，外来種の駆除などを検討するための重要な情報になる。しかし，これらのデータを取ることは，実際に生物の捕獲や目視を行う必要があるため，大変な労力を伴うことが多く，大規模な生息調査を展開することは難しい。

　近年，環境中（水や土壌など）に存在する大型生物（魚類など）に由来するDNA，「環境DNA」が分析機器で計測できるほど存在することが発見された（図1）。これまでのところ，環境DNAはその生物の排泄物や，皮膚片，粘液などから水や土壌などの環境中に放出されると考えられている。この環境DNAを分析することにより，生物の生息状況を知ることができるという画期的な手法が提案されつつある（Takahara *et al*., 2012, 2013; 高原ほか, 2016; Katano *et al*., 2017; Doi *et al*., 2017a, b; 山中ほか, 2016）。この手法は「環境DNA手法」と呼ばれている。実際に採取した水や土壌のサンプルにその生物自体が存在していなくとも，その生物由来のDNAが含まれていれば，

図1　環境 DNA の概念図

そのDNAを分析することで生物の生息状況が分かることが明らかになってきた。そこでこの手法を水生半翅類の分布調査に応用すべく研究が進んでいる。

環境DNA手法とは

　環境DNA手法は2008年に発表された論文（Ficetola *et al.*, 2008）に始まり、ここ5～7年という短期間で急速に発展してきている。その対象生物も、魚類、爬虫類、哺乳類、鳥類、昆虫、貝類、水草など多くの生物群となっており、環境DNAによってその生息状況、特に在不在について分析できることが明らかとなってきた（Thomsen *et al.*, 2012; Fukumoto *et al.*, 2015; Fujiwara *et al.*, 2016; Ikeda *et al.*, 2016; Ushio *et al.*, 2017, 2018）。これまでの研究は、ある生物種特異的なPCRプライマーを用いて、その生物由来のDNAの有無を明らかにすることで、その生物の在不在、つまり分布状況を明らかにしてきた（Takahara *et al.*, 2013; Yamanaka & Minamoto 2016; Doi *et al.*, 2017b）。例えば、ある生息場所から採取したサンプル（例えば、湖沼の水）から対象とする生物の環境DNAが検出できれば、その生物が生息していたとする。実際に、目視、採捕調査などの様々な従来の分布調査と比較しても、環境DNA手法はそれらと同等か、むしろ上回る検出力を示すことがわかってきた（Takahara *et al.*, 2012; Ikeda *et al.*, 2016; Katano *et al.*, 2017）。

環境DNA手法の概要

　水域生態系での環境DNA分析においては、水試料から環境DNAを取り出してそれを解析する必要がある。よって、環境DNA手法には主に以下の4つのステップがある。(1)採水、(2)濾過、(3)DNA抽出、(4)測定である。環境DNAは非常に希薄なものを扱う上に、水中、空気中などにもDNAは存在するため、これらの調査や実験の際に最も気をつけることは、場所やサンプル間におけるDNAの混入（コンタミネーション）である。

(1) 採水

　ポリビンやバケツなどを使って、100～1,000ミリリットル量を採水することが多い。これら採水用具については、場所やサンプル間のDNAの混入

V. 水生半翅類の調査法

図2　湖岸での採水風景

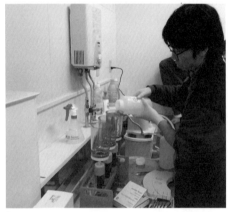

図3　ガラスフィルターによるサンプル水濾過風景

図4　濾過後のガラスフィルター

を避けるため，採水ごとにブリーチ（次亜塩素酸0.6%）で洗浄する必要がある．主には表層水が取り扱われることが多いが，水生半翅類の検出に適した水層というものは明らかになっていない．

採水時には場所ごとに異なる使い捨てゴム手袋をするなどして行い場所やサンプル間のDNAの混入に注意する（図2）．さらに，泥などが含まれないように採水する．これは濾過の過程で泥などによってフィルターが詰まることで濾過量が減少することを防ぐためである．

(2) 濾過

濾過については，様々な手法が提案されているが，主には，ガラスフィルター（GEヘルスケア，GF/Fグレード，メッシュサイズ：0.7マイクロメートル）で濾過することが多い．濾過自体は，真空ポンプやアスピレーターにマニフォルドと濾過ファネルを接続したものなど，一般的な濾過機器を用いることができる（図3, 4）．ただし採水と同じく，サンプ

[1] 水生半翅類調査への環境 DNA の適用

ル間の DNA の混入を避けるため，濾過ごとに濾過ファネルをブリーチ（次亜塩素酸 0.6% 水）で洗浄する必要がある。

さらに最近では，ステリベクスとよばれるカードリッジ型のフィルターを用いた濾過も提案されており（Miya *et al.*, 2016），現場でシリンジなどを用いて濾過が可能である。詳細は論文などを参考にされたい。

(3) DNA 抽出

ガラスフィルターやステリベクスからの DNA 抽出については，フィルターやステリベクスから DNA を抽出したのち，市販のキット（キアゲンの DNeasy Blood and Tissue kit）を使って精製することが多い（Miya *et al.*, 2016; Uchii *et al.*, 2016）。手法の詳細については，論文やキットのマニュアルなどを参考にされたい。特に野外のサンプルは分析に必要な PCR[註1]を阻害する物質が多く含まれており，キットによる精製は不可欠である。

(4) DNA の測定

抽出・精製された DNA サンプルの測定については，リアルタイム PCR（ポリメラーゼ連鎖反応；図5）を使って行われることが多い。リアルタイム PCR とは，サンプルの DNA を PCR[註1]によって増幅する過程を蛍光色素がついたプローブを用いて検出するものである[註2]。リアルタイム PCR により，ある特定の種を検出するには，他種の DNA を同時に PCR 増幅しない，種特異的なプライマープローブセットが必要である（事例は，後述参照）。このようなリアルタイム PCR によって DNA が検出できたものは，そこにその種の環境 DNA が存在したと判断する。リアルタイム PCR では，1つの PCR 反応あたり数コピーあれば分析可能であり，非常に感度が高い。

なお，これらの方法は概要であり，ブランクを取る

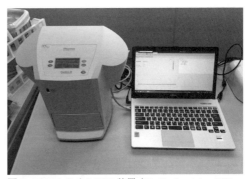

図5 リアルタイム PCR 装置（PikoReal real-time PCR system, ThermoFisher Scientific）

237

V. 水生半翅類の調査法

ことや実験室の設定など様々注意する点がある。これらについては別の解説（高原ほか, 2016）などを参照されたい。

水生半翅類への応用：ヒメタイコウチを例に

ヒメタイコウチ *Nepa hoffmanni* は，その生息地は急激に減少や劣化しており，兵庫県や東海地方で絶滅危惧種に指定されている。また，三重県桑名市では天然記念物に指定されている。その体長は 23 mm ほどで（図6），主に小規模な湿地に生息している（図7）。よって，採捕調査は困難であり，生息確認には多大な時間やコストがかかるのが課題である。一方で，湿地などの水環境中には，水生生物のフンや表皮などに由来する DNA 断片（環境 DNA）が存在している。そこで，Doi et al.（2017b）では，ヒメタイコウチに特異的な DNA 断片を増幅・定量できるリアルタイム PCR 法を利用した野外調査を行い，ヒメタイコウチの生息地を調査した。

Doi et al.（2017b）では，兵庫県と愛知県のヒメタイコウチを調査した。2014 年と 2016 年に，14 カ所の湿地（例：図7）及び細流で水をそれぞれ 1 リットル採水し，水中に含まれるヒメタイコウチの DNA の有無をリアルタイム PCR 法で解析した。同時に，1 名

図6 ヒメタイコウチ *Nepa hoffmanni*

図7 ヒメタイコウチの生息場所

　　　　　　　　　　　　　　　　　　　　　　　1　水生半翅類調査への環境DNAの適用

による20分間の捕獲調査でもヒメタイコウチの生息個体数を調べた。
　リアルタイム分析において，ヒメタイコウチ由来のDNAを特異的検出する PCR プライマー（フォワード，リバース(註1)）とプローブ(註2)を設計した（図8）。近縁の水生半翅類（タガメ *Kirkaldyia deyrolli*，コオイムシ *Appasus japonicus* ほか）の配列とは部分的に異なっており，これらの近縁種のDNAを PCR 増幅しないことがわかる。
　その結果，ヒメタイコウチが捕獲された5カ所すべてで，1リットルの水からヒメタイコウチに特異的な DNA が検出され，環境 DNA から生息が確認できた（表1）。また捕獲調査で見つからなかった4カ所において環境DNAで生息が確認できた（表1）。捕獲調査であれば調査に大きな労力を要するが，採水は1名，数分で終了するため，従来よりも短時間で調査できたことになる。
　リアルタイム PCR 法などで定量されるサンプル中の環境 DNA の検出率

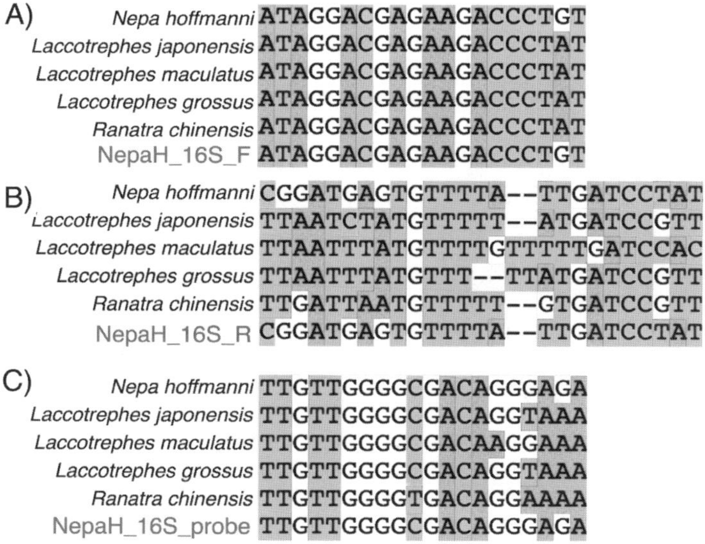

A)
```
Nepa hoffmanni         ATAGGACGAGAAGACCCTGT
Laccotrephes japonensis ATAGGACGAGAAGACCCTAT
Laccotrephes maculatus  ATAGGACGAGAAGACCCTAT
Laccotrephes grossus    ATAGGACGAGAAGACCCTAT
Ranatra chinensis       ATAGGACGAGAAGACCCTAT
NepaH_16S_F            ATAGGACGAGAAGACCCTGT
```

B)
```
Nepa hoffmanni         CGGATGAGTGTTTTA--TTGATCCTAT
Laccotrephes japonensis TTAATCTATGTTTTT--ATGATCCGTT
Laccotrephes maculatus  TTAATTTATGTTTTGTTTTTGATCCAC
Laccotrephes grossus    TTAATTTATGTTT--TTATGATCCGTT
Ranatra chinensis       TTGATTAATGTTTTT--GTGATCCGTT
NepaH_16S_R            CGGATGAGTGTTTTA--TTGATCCTAT
```

C)
```
Nepa hoffmanni         TTGTTGGGGCGACAGGGAGA
Laccotrephes japonensis TTGTTGGGGCGACAGGTAAA
Laccotrephes maculatus  TTGTTGGGGCGACAAGGAAA
Laccotrephes grossus    TTGTTGGGGCGACAGGTAAA
Ranatra chinensis       TTGTTGGGTGACAGGAAAA
NepaH_16S_probe        TTGTTGGGGCGACAGGGAGA
```

図8　ヒメタイコウチ *Nepa hoffmanni* に特異的なプライマープローブと水生半翅類の配列（Doi *et al.*, 2017b より）
A）フォワードプライマー（NepaH_16S_F），B）リバースプライマー（NepaH_16S_R），C）プローブ（NepaH_16S_probe）

239

V. 水生半翅類の調査法

表1 ヒメタイコウチ環境DNA検出率と捕獲数,生息環境 (Doi et al., 2017b)

採集地点	地域	標高(m)	採捕された個体数	eDNA検出率	備考
1	兵庫県	190	0	1/8	調査以前に生息が記録されている
2	兵庫県	187	0	1/8	この池の上池に生息が記録されている
3	兵庫県	188	0	0/8	
4	兵庫県	80	0	0/8	
5	兵庫県	79	0	1/8	
6	兵庫県	100	1	4/8	
7	兵庫県	100	0	3/8	
8	兵庫県	95	1	1/8	
9	兵庫県	63	3	5/8	
10	愛知県豊田市	228	8	8/8	
11	愛知県豊田市	245	0	0/8	水深が1cm以下
12	愛知県豊田市	240	1	0/8	水深が1cm以下
13	愛知県豊田市	120	8	1/8	
14	愛知県豊田市	114	0	1/8	

(PCRの繰り返し中幾つで検出されるか)や,DNA量(例えば,水の中の環境DNA量)は,そこに生息しているその生物種の個体数なり生物量を反映していると考えられる。実際に,水槽や人工池実験などにおいては,魚類で生物量や個体数と環境DNA検出率や量に正の関係があり,環境DNA量から生物量や個体数を推定できることが示唆されている(Takahara et al., 2012; Doi et al., 2015; Doi et al., 2017a)。

そこで,ヒメタイコウチについても環境DNAの検出率と捕獲された個体数を比較したところ,概ね正の関係が見られたが(図9),地点13などでは捕獲数に比べて環境DNAの検出率が低かった。この点についてはさらに検証が必要である。

水生半翅類への環境DNA調査の展開

本章ではヒメタイコウチについて紹介したが,現在のところ,これが世界

[1] 水生半翅類調査への環境 DNA の適用

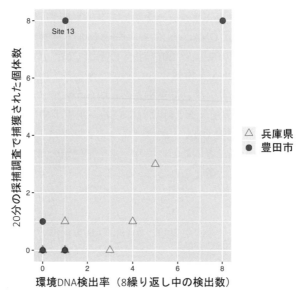

図9 ヒメタイコウチ環境 DNA 検出率と個体数の関係
(Doi *et al.*, 2017b より)

的に見ても唯一の水生半翅類への環境 DNA 調査の適用例である（Doi *et al.*, 2017b）。よって，水生半翅類では検証例が1種しかなく，今後の応用のために検証が必要であろう。すでにタガメについては，種特異的なリアルタイム PCR による環境 DNA 調査の適用が進んでいる（島根大学・高原ほか，未発表）。ヒメタイコウチという水生半翅類の中でも比較的小型な種についても環境 DNA 調査が可能であることから，今後このように，さらに様々な種への適用が進むことが期待できる。

　自然界では，微生物や紫外線による DNA の分解や生物移動など環境 DNA 量を決める様々な要因が存在し，それら環境 DNA 量を決定する要因を探る基礎的な研究が必要である（Barnes & Turner, 2016）。このように環境 DNA の動態にはまだ謎の部分が多く，今後多くの研究を積み上げていくことで，さらに実用可能な技術として確立されていくものと考えられる。

　さらに，近年では，昆虫や魚類などのある生物種群の環境 DNA を同時に

V. 水生半翅類の調査法

増幅するユニバーサルプライマーを用いて，それを超並列DNAシークエンサー（いわゆる次世代DNAシークエンサー）による分析する手法が開発されている(Miya *et al.*, 2015; 土居, 2017)。この手法では，水などのサンプルからそのプライマーでDNAを増幅することができる多くの生物種を一度に解析することが可能であり，生物群集を丸ごと明らかにできる。この手法は環境DNAメタバーコーディングと呼ばれている。水生半翅類にはまだ応用されていないが，この環境DNAメタバーコーディングによって，1度の調査で大量のデータを取得できることになり，水生半翅類の調査を大きく変革する革新的な技術になると考えられる。

謝辞

パシフィックコンサルタンツ(株)からは写真を提供いただいた。また島根大学高原輝彦氏には本章原稿についてご意見をいただいた。ここに感謝申し上げる。

〔註〕

(註1) PCR：DNAの複製連鎖反応。複製したいDNAの特定領域を挟むような2種の人工DNA（フォワードプライマー，リバースプライマー）とDNAを合成する酵素であるDNAポリメラーゼにより，DNAの連鎖的な合成反応を起こす。サーマルサイクラーによりこの反応を起こし，DNAを数十万倍程度まで増幅させることができる。

(註2) リアルタイムPCR：PCRの増幅を蛍光色素により捉えて，DNAを検出・定量する方法。TaqMan法が一般的であり，2つのPCRプライマーに加えて，蛍光色素が付加された人工DNA（プローブ）を入れてPCRして，増幅する際に放出される蛍光の強度を測定する。リアルタイムにDNA増幅を捉えていくことからリアルタイムPCRと呼ばれる。

〔引用文献〕

Barnes MA, Turner CR (2016) The ecology of environmental DNA and implications for conservation genetics. *Conservation Genetics*, 17: 1–17.

土居秀幸 (2017) 環境DNAメタバーコーディング解析による生物群集解析. 環境技術，46(12), 642–647.

Doi H, Uchii K, Takahara T, Matsuhashi S, Yamanaka H, Minamoto T (2015) Use of droplet digital PCR for estimation of fish abundance and biomass in environmental

DNA surveys. *PLOS ONE*, 10: e0122763.

Doi H, Inui R, Akamatsu Y, Kanno K, Yamanaka H, Takahara T, Minamoto T (2017a) Environmental DNA analysis for estimating the abundance and biomass of stream fish. *Freshwater Biology*, 62: 30–39.

Doi H, Katano I, Sakata Y, Souma R, Kosuge T, Nagano M, Yano K, Tojo K (2017b) Detection of an endangered aquatic heteropteran using environmental DNA in a wetland ecosystem. *Royal Society Open Science*, 4: 170568.

Ficetola GF, Miaud C, Pompanon F, Taberlet P (2008) Species detection using environmental DNA from water samples. *Biology Letters*, 4: 423–425.

Fujiwara A, Matsuhashi S, Doi H, Yamamoto S, Minamoto T (2016) Use of environmental DNA to survey the distribution of an invasive submerged plant in ponds. *Freshwater Science*, 35 (2), 748–754.

Fukumoto S, Ushimaru A, Minamoto T (2015) A basin-scale application of environmental DNA assessment for rare endemic species and closely related exotic species in rivers: A case study of giant salamanders in Japan. *Journal of Applied Ecology*, 52: 358–365.

Ikeda K, Doi H, Tanaka K, Kawai T, Negishi JN (2016) Using environmental DNA to detect an endangered crayfish *Cambaroides japonicus* in streams. *Conservation Genetics Resources*, 8(3), 231–234.

Katano I, Harada K, Doi H, Souma R, Minamoto T (2017) Environmental DNA method for estimating salamander distribution in headwater streams, and a comparison of water sampling methods. *PLOS ONE*, 12(5), e0176541.

Miya M, Sato Y, Fukunaga T, Sado T, Poulsen JY, Sato K, Minamoto T, Yamamoto S, Yamanaka H, Araki H, Kondoh M, Iwasaki W (2015) MiFish, a set of universal PCR primers for metabarcoding environmental DNA from fishes: Detection of >230 subtropical marine species. *Royal Society Open Science*, 2: 150088.

Miya M, Minamoto T, Yamanaka H, Oka S, Sato K, Yamamoto S, Sado T, Doi H (2016) Use of a filter cartridge for filtration of water samples and extraction of environmental DNA. *Journal of Visualized Experiments*, 117, e54741.

Takahara T, Minamoto T, Yamanaka H, Doi H, Kawabata Z (2012) Estimation of fish biomass using environmental DNA. *PLOS ONE*, 7: e35868.

Takahara T, Minamoto T, Doi H. (2013) Using environmental DNA to estimate the distribution of an invasive fish species in ponds. *PLOS ONE*, 8: e56584.

高原輝彦・山中裕樹・源　利文・土居秀幸・内井喜美子 (2016) 環境 DNA 分析の手法開発の現状〜淡水域の研究事例を中心にして〜．日本生態学会誌，66: 583–599.

Thomsen P, Kielgast JOS, Iversen LL, Wiuf C, Rasmussen M, Gilbert MTP,

V. 水生半翅類の調査法

Orlando L, Willerslev E (2012) Monitoring endangered freshwater biodiversity using environmental DNA. *Molecular Ecology*, 21: 2565–2573.

Uchii K, Doi H, Minamoto T (2016) A novel environmental DNA approach to quantify the cryptic invasion of non-native genotypes. *Molecular Ecology Resources*, 16: 415–422.

Ushio M, Fukuda H, Inoue T, Makoto K, Kishida O, Sato K, Murata K, Nikaido M, Sado T, Sato Y, Takeshita M, Iwasaki W, Yamanaka H, Kondoh M, Miya M (2017) Environmental DNA enables detection of terrestrial mammals from forest pond water. *Molecular Ecology Resources*, 17: e63–e75.

Ushio M, Murata K, Sado T, Nishiumi I, Takeshita M, Iwasaki W, Miya M (2018) Demonstration of the potential of environmental DNA as a tool for the detection of avian species. *Scientific Reports*, in press.

Yamanaka H, Minamoto T (2016) The use of environmental DNA of fishes as an efficient method of determining habitat connectivity. *Ecological Indicators*, 62: 147–153.

山中裕樹・源　利文・高原輝彦・内井喜美子・土居秀幸 (2016) 環境DNA分析の野外調査への展開．日本生態学会誌，66: 601–611.

（土居秀幸・片野　泉・東城幸治）

V. 水生半翅類の調査法

2 小型水生半翅類の生息環境と調査方法

■ 水生半翅類調査の現状

　水生半翅類を含めた水生昆虫の生息環境は水域に限られる。水域の現状について概観すると，ため池の土手は管理の効率化のためにコンクリート護岸やゴムシートで覆われ，従来のエコトーンが消失しているケースが多く見られる。また，人手不足や利用する必要がなくなる等の理由により管理放棄され，漏水あるいは遷移の進行によりため池という環境そのものが消失していることも多い。河川では，治水や安全面への配慮からコンクリートの護岸化や河床の改変工事がなされ，さらに生活排水が流入することで水質が悪化している場所も多いだろう。水田では農薬の施用や乾田化，管理放棄後の遷移の進行による陸地化も大きな問題となっている。近年はソーラーパネルの設置による環境そのものの消失という新たな脅威も見られる。水域という環境は人間の生活と密接に関わっていることから，環境の改変が急速に進行しつつある環境と言える。

　また，生息環境の悪化に加えて，アメリカザリガニ *Procambarus clarkii*，ホテイアオイ *Eichhornia crassipes* などの外来種の侵入や分布拡大も大きな問題となっており，植生の消失や日光の遮断，直接的な捕食などの悪影響を誘発する事例が明らかになっていることから，これらも大きな脅威である。

　こうした理由により，タガメ *Kirkaldyia deyrolli* やコオイムシ *Appasus japonicus* などの多くの水生半翅類が環境省版レッドデータブックに選定されている（環境省自然環境局野生生物課希少種保全推進室, 2015）。生息状況の調査時には，タガメやコオイムシのように目につきやすい大型水生半翅類（以下大型種と記す）の方が発見されや

図1　ミズカメムシ科ムモンミズカメムシ（口絵③c）

V. 水生半翅類の調査法

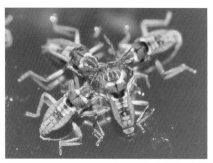

図2 カタビロアメンボ科ケシカタビロアメンボ（口絵③b）

すく，小型水生半翅類（以下小型種と記す）に比べると比較的現状が明らかになりつつある。一方で，ミズカメムシ科 Mesoveliidae（図1）やカタビロアメンボ科 Veliidae（図2）などの小型種は愛好家が少なく，微小で同定が難しいことや現地での種名確認が困難であることなどから調査が進みにくい。このような理由からか，地域別にまとめられた報告を拝見すると小型種の情報は少ない傾向がみられる（富山県昆虫研究会, 1979; 石川県, 1998; 渡部ほか, 2014 など）。

水生半翅類をとりまく生息環境が悪化の一途を辿っている中で，小型種の情報が不足しているという現状を鑑みると，正確な分布や生息状況を把握するための調査が望まれる。本稿では，小型種を調査する際の留意点について解説したい。

■ 小型水生半翅類の調査方法

(1) 調査道具

小型種は体サイズがわずか数 mm と非常に小さいため，通常使用するたも網では網目から昆虫がすり抜けてしまう。捕獲に使うたも網には網目が細かいものを使う必要があるだろう。筆者は熱帯魚用のプランクトンネットや網目が 0.5 mm 程度の網を使用している（図3）。

捕獲した小型種の中には動きが素早い種がいる。カタビロアメンボ科やミズカメムシ科の種はかなりの速度で網を登るため，回収する際に手でつまむと誤ってつぶしてしまうことも多い。

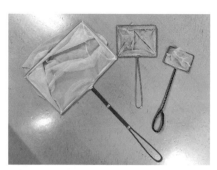

図3 小型種の採集道具（網目の小さな網）

したがって，採集時には吸虫管が必須である。しかし，水に濡れたも網上の昆虫を一般的な吸虫管で吸い続けていると，ガラス管の中に水が溜まってしまい，ガラス面に昆虫が貼りついて回収が困難になることも多い。頻繁にこのようなことが起こると採集効率が落ちてしまうので，筆者はシリコンチューブを利用した

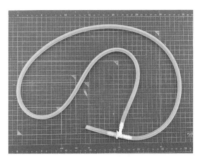

図4　自作の吸虫管

自作の吸虫管を使っている（図4）。この吸虫管で吸った昆虫は途中に挟んであるネットに引っかかり，吸い口に指で蓋をすることで昆虫を閉じ込めることができる。そのまま吸い口をサンプル管へ持っていき，息を吹きかけることによって採集した昆虫をサンプル管へ移動させるため，水滴が付いてしまっても容易にサンプル管へ移すことができる（図5）。また，こまめにサン

図5　自作吸虫管の使い方。a：移動の際には首に巻く，b：虫を吸う，c：指でフタをして一時的にキープする，d：サンプル容器に入れる

■ V. 水生半翅類の調査法

プル管に入れる必要があるので，移動時にサンプルを消失するという問題も生じづらく，重宝している。

　今回対象としている小型種は，微小であることに加えて体も軟らかいため，大きな甲虫類と一緒のサンプル管に入れると持ち帰るまでに潰れてしまったり，甲虫の大顎で咀嚼されることで破損してしまったりする。採集した虫を出し入れする間にいつの間にか紛失してしまうこともあるだろう。このため，半翅類だけを入れるサンプル管を別に用意したり，70〜80％程度のエタノールにすぐに入れるのが良い。

　たも網で捕獲した小型種は小さいので，捕獲した個体を確認する際には，顔をできるだけ近づける必要がある。長靴では辛い体勢を余儀なくされることが多く，疲れてくると集中力が消耗してしまう。このため，胴長やウェットスーツなどを着用した上で地面に膝をついた状態で確認するのが望ましく，集中力が長続きする分，取りこぼしも少なくなる。白色のトレイに水を貯め，その中に掬った植物などをまとめて入れた後，動き出した個体を確認するのも効率的である。

　また，カスリケシカタビロアメンボ *Microvelia kyushuensis* やトゲミズギワカメムシ *Saldoida armata* などのように，密生した植物の隙間や石の影になるようなうす暗い場所に生息する種もいる。このような場所で採集する際にはヘッドライトが活躍するため，採集道具の中に常備しておくと心強いだろう。

(2) 調査時期

　小型種の同定は基本的に成虫で行う。このため，幼虫しか出現していない時期に調査を行うのは効率的ではない。小型種の生態的知見は非常に乏しく，調査に適切な時期を議論することは難しいが，ここでは現時点で報告されている一部の種について紹介する。

　河川に生息するコチビミズムシ亜属 subgenus *Micronecta* のうち，コチビミズムシ *Micronecta guttata* は4月上旬頃，ヘラコチビミズムシ *Micronecta kiritshenkoi*（図6）は5月下旬頃に成虫が出現することが石川県手取川水系での調査により報告されている（渡部，2017）。さらにヘラコチビミズムシは，千葉県における12月から2月の調査では幼虫しか確認されず，幼虫で越冬

する可能性が示唆されている(大木, 1995)。千葉県では4月下旬頃から9月下旬にかけて成虫が確認されていることから(大木, 1995), 成虫を狙った調査を行うのであれば, 地域にもよるが5月から9月くらいが適期であると考えられる。なお, 林・宮本(2005)および大木(1995)の情報を参考にすると, 両種は年2化する可能性があるので留意する必要がある。

図6 ヘラコチビミズムシ(口絵④f)

カタビロアメンボ科の種は冬季には陸上で越冬する種が多いので, 晩秋から早春にかけての調査は効率が悪い。これらの種は越冬後の春季以降に採集するのが良いだろう。また, ミズカメムシ科の種は筆者の経験上春に成虫が少ないことが多いので, 初夏以降の調査が効率的だと考えている。

コミズムシ属 Sigara の種のうち, 水田で繁殖するエサキコミズムシ Sigara septemlineata とコミズムシ Sigara substriata については7~8月の直播水田で多くの成虫が出現することが石川県の調査において報告されている (Watanabe et al., 2013)。また, 中西(2013)は滋賀県の水田におけるコミズムシ属の季節消長を示しているので, 調査をされる際には参考にされたい。

生息環境を狙った採集

(1) 水際(陸地)

水際の陸地には, ケシミズカメムシ科 Hebridae, カタビロアメンボ科, ミズギワカメムシ科 Saldidae, メミズムシ科 Ochteridae, イトアメンボ科 Hydrometridae などが生息する。ケシミズカメムシ科(図7)は, 水際の陸地を歩いていることが多い。動きはそれほど

図7 ケシミズカメムシ科ケシミズカメムシ (口絵③d)

V. 水生半翅類の調査法

速くないため,目視で見つけて吸虫管で吸うのも良いが,水際の土や植物を手で押し付けて水たまりを作り,その上に浮いた個体を網で掬うと効率的に採集することができる。

　カタビロアメンボ科は大半の種が水面で生活しているが,エサキナガレカタビロアメンボ *Pseudovelia esakii* のように陸地で見られる種も存在する。このような種を採集する際には,生息環境である水際の陸地表面や木,石の下などを目視で探し,発見した際には吸虫管で採集する。エサキナガレカタビロアメンボは,2005年時点では青森県,秋田県でのみ記録されていたが,近年福島県からも生息が確認されており(塘, 2017),いないという先入観を持たずに調査する必要があるだろう。愛知県,三重県,石川県からは国内未記録種あるいは未記載種の可能性がある種も見つかっている(矢崎・石田, 2008; 渡部, 2016)。

図8　メミズムシ(口絵③a)

　メミズムシ科,ミズギワカメムシ科は水際の陸地表面に多く見られる。メミズムシ *Ochterus marginatus marginatus* (図8)は植物の下や隙間に潜んでおり,幼虫は背に泥や砂を背負いつつカモフラージュしている。ミズギワカメムシ科は種によって生息環境が異なる。タニガワミズギワカメムシ *Macrosaldula miyamotoi* (図9)やオモゴミズギワカメムシ *Macrosaldula shikokuana* は河川上流から中流域の飛び石や岸壁の水面上で見られる。記録はそれほど多くはないが,生息有無に留意しつつ調査をすると普通に見られる種である。非常に俊敏なため,吸虫管で素早く吸うか,水に濡らした編み目の細かいネットで上から

図9　飛び石上のタニガワミズギワカメムシ
　　(口絵③e)

素早く押さえつけるように確保した上で、吸虫管またはピンセットでサンプル管へ移す。モンシロミズギワカメムシ *Chartoscirta elegantula longicornis*（図10）は背丈の低い植生の湿地にいることが多い。地面に顔を近づけて植物をかきわけながら目視確認するのも良いが、動きが緩慢であるため、水際の泥を踏んで水たまりをつくり、浮いた個体を捕獲するのが効率的である（図11）。トゲミズギワカメムシは、水際から少し陸側へ離れた場所で見られる。木や石の下、植物の隙間にいるので、膝をついて丁寧に探す必要がある。動きが敏速であることに加えて個体密度も低く、生息地においても採集難易度は高い。

水際の地面や垂直面、植物上では、イトアメンボ科が見られる（図12）。土手などに掴まって休んでいることが多いので目視で念入りに探すか、植物を手で沈めて浮いた個体を捕獲する。

(2) 水際（水面）

水面に生息する水生半翅類の代表的な種はアメンボ科 Gerridae であるが、他にもカタビロアメンボ科、ミズカメムシ科、イトアメンボ科などが見られる。

図10 モンシロミズギワカメムシ

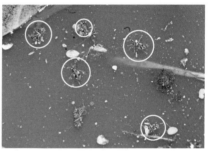

図11 モンシロミズギワカメムシの効率的な採集方法。水際の泥を踏んでできた水たまりと浮いた本種

図12 ため池の壁で静止するオキナワイトアメンボ

V. 水生半翅類の調査法

図 13 ホルバートケシカタビロアメンボの生息環境

カタビロアメンボ科のうち，チャイロケシカタビロアメンボ *Microvelia japonica* は林内にできた水たまりや河川の淀み，林道にできた染み出し水などの小水域に生息する。日中は細かな隙間に隠れていることが多く，陸地側に水をかけることで水面におびき出して採集する。夜間には多くの個体が活動しているので発見しやすい。ホルバートケシカタビロアメンボ *Microvelia horvathi* は明るくて不安定な環境(図13)を好む。河川敷に一時的にできた水たまりや水田などで多く見られる。カスリケシカタビロアメンボはヨシなどの抽水植物やイネ科植物が生い茂った閉鎖的な環境で見られる。水際のわずかな隙間でも見られることが多く，狙って調査をしなければ見過ごすこともあるかもしれない。ナガレカタビロアメンボ *Pseudovelia tibialis tibialis* は河川や水路などの流水域，流れ込みのあるため池などで見られる。陸上部の植物などにつかまり休んでいることが多いが，水をかけることで水面に出てくる。オヨギカタビロアメンボ *Xiphovelia japonica* は水の流入があるため池や河川で見られる。非常に動きが素早いほか，生息地でも見られるエリアは限られている。

ミズカメムシ科(ウミミズカメムシ *Speovelia maritima* を除く)は浮葉植物の上や抽水植物の隙間などの水面上で見られる。マダラミズカメムシ *Mesovelia japonica* は樹木や背丈の高い植物に囲まれた薄暗い水域，ムモンミズカメムシ *Mesovelia miyamotoi* は明るい浮葉植物の多い池，ヘリグロミズカメムシ *Mesovelia thermalis* は抽水植物の周囲などで見られる。

イトアメンボ科は基本的に水際の陸地または植物などの上にいることが多いが，水面の上でもしばしば見られる。ヒメイトアメンボ *Hydrometra procera* は水田や明るいため池，オキナワイトアメンボ *Hydrometra okinawana* は薄暗い水域や湿地，イトアメンボ *Hydrometra albolineata* は水田やため池で見られるが，極めて稀な種である。

(3) 水中

　水中に生育する植物の隙間にはマルミズムシ科 Pleidae が生息している。マルミズムシ Paraplea japonica は普通にたも網で掬っても採集可能であるが，微小種であるヒメマルミズムシ Paraplea indistinguenda は網に入っていても気づかれないこともあるだろう。浅瀬に多く，生息地であれば個体数は多い種であるので，水際の植物を足で踏んでかく乱し，水面をしばらく眺めていると呼吸のために浮かんでくる様子が確認できる。また，白いトレイに水を貯め，その中に網で掬った植物ごと入れると素早く泳ぎ出すので，本科を狙った調査の際には是非試してほしい。

　水底にはチビミズムシ属 Micronecta やコミズムシ属などのミズムシ科 Corixidae の種が見られる。貧栄養なため池や湿地では，チビミズムシ Micronecta sedula やアサヒナコミズムシ Sigara maikoensis，それ以外のため池や水田などでは，ハイイロチビミズムシ Micronecta sahlbergii，エサキコミズムシ，ハラグロコミズムシ Sigara nigroventralis，コミズムシなどが見られる。いずれの種も混生することが多いので，現地で検討がつかない場合には多めに採集するのが良い。流入口のある湿地や放棄水田ではヒメコミズムシ Sigara matsumurai が生息することがある。コミズムシ属の中でもとりわけ体サイズが小さいので現地でも容易に同定できるだろう。河川中流域の淀みの浅瀬など(図14)にはコチビミズムシ亜属が生息し，本州ではヘラコチビミズムシやコチビミズムシの発見が期待できる。これらは極めて微小であるが，生息地においては多産することが多いので，膝を付いた状態で浅瀬の水底をかき回し，動き回る個体の有無を確認する。その際には，かく乱直後の底に白色で網目の細かいネットを素早く敷くことで目視確認がしやすくなり，生息有無を判断しやすくなる。河口に近い淀みではクロチビミズムシ Micronecta orientalis や

図14 ヘラコチビミズムシの生息環境

V. 水生半翅類の調査法

ハイイロチビミズムシなども採集されるので，水際の浅瀬だけではなく，水深が膝丈くらいあるエリアの水底にも網を入れることを忘れてはならない。

(4) 灯火採集

　水生半翅類の多くは走光性を持つため，灯火採集は非常に有効な手段である。条件が良い場合には，生息種を一通り採集できる可能性もあるが，一方で生息地が特定できないというデメリットもある。しかし，調査地近辺に生息することがわかるだけでも大きな手がかりとなり，灯火採集により生息の有無を確認した上で，前項のように対象種の生息環境を狙った調査を行うことで，発見確立が向上するだろう。

　灯火の手法はカーテン式，ボックス式などのほか，水中ライトトラップも有効である。本稿では詳しく解説しないが，必要に応じて活用すると良いだろう。

■ 小型水生半翅類の同定

　狙わなければ採集する機会の少ない小型種であるが，せっかく採集をしても同定できなければ楽しくない。小型種は誤同定による報告が散見されるので（野崎・野崎，2011a; 渡部ほか，2014など），同定される際には留意する必要がある。誤同定が多い分類群として，カタビロアメンボ科，イトアメンボ科，ミズカメムシ科，ミズムシ科などが挙げられる。一度実物を見れば同定はそれほど難しくないのだが，カラー写真が掲載された図鑑が少ないことが要因の一つだと考えらえる。

　同定の際には以下の文献が参考になる。三田村ほか（2017）は小型種を広く扱っており，成虫と幼虫の生体写真が豊富で非常に有用である。絵合わせだけでも同定ができることが多く，比較標本をお持ちでない方には必須の図鑑であろう。類似種との形態的な識別点については宮本（1985），林（2003），林・宮本（2005）を一読されたい。比較すべき形質がわかりにくい場合には，渡部ほか（2014）の絵解き検索や矢崎・石田（2008），野崎・野崎（2011a, b）の細部の写真が参考になる。

［引用文献］

林　正美 (2003) カメムシ類（半翅目）Hemiptera. 琉球列島の陸水生物（西田　睦・鹿谷法一・諸喜田茂充編）: 351–365, 東海大学出版会, 神奈川.

林　正美・宮本正一 (2005) 半翅目 Hemiptera. 日本産水生昆虫科・属・種への検索（川合禎次・谷田一三編）: 291–378, 東海大学出版会, 神奈川.

石川県 (1998) 石川県の昆虫. 537pp. 石川県環境安全部自然保護課, 金沢.

環境省自然環境局野生生物課希少種保全推進室 (2015) レッドデータブック2014—日本の絶滅のおそれのある野生生物—5 昆虫類. ぎょうせい, 東京.

三田村敏正・平澤　桂・吉井重幸 (2017) 水生昆虫2　タガメ・ミズムシ・アメンボハンドブック. 文一総合出版, 東京.

宮本正一 (1985) 半翅目 Hemiptera. 日本産水生昆虫検索図説（川合禎次編）: 149–161, 東海大学出版会, 神奈川.

中西康介 (2013) 田んぼに生息するコミズムシ類の生態. 昆虫と自然, 48(4): 8–11.

野崎達也・野崎陽子 (2011a) 庄原市立比和自然科学博物館所蔵の半翅目標本の再検討（1）. 比和科学博物館研究報告, (52): 13–21.

野崎達也・野崎陽子 (2011b) 広島県の水生半翅類. 比婆科学, (238): 1–14.

大木克行 (1995) 日本からの *Micronecta kiritshenkoi* ヘラコチビミズムシ（新称）の記録およびその生息環境, *Rostria*, (44): 29–33.

富山県昆虫研究会 (1979) 富山県の昆虫. 543pp. 富山県, 富山.

塘　忠顕 (2017) 猪苗代湖の底生動物相（予報）. 福島大学地域創造, 28(2): 57–71.

渡部晃平 (2016) 石川県のカタビロアメンボ科. ホシザキグリーン財団研究報告, (19): 113–127.

渡部晃平 (2017) 石川県におけるコチビミズムシ亜属の生息状況. *Rostria*, (61): 24–28.

Watanabe K, Koji S, Hidaka K, Nakamura K (2013) Abundance, diversity, and seasonal population dynamics of aquatic Coleoptera and Hemiptera in rice fields: Effects of direct seeding management. *Environmental Entomology*, 42: 841–850.

渡部晃平・武智礼央・矢野真志 (2014) 愛媛県のカメムシ2・水生半翅類. 面河山岳博物館研究報告, (6): 1–22.

矢崎充彦・石田和男 (2008) 東海地方の水生半翅類. 佳香蝶, (60): 165–200.

（渡部晃平）

VI. 絶滅要因と保全事例

VI. 絶滅要因と保全事例

> **1** タガメが減少した要因 —なぜ全国的に激減したのか？—

■ 減少したタガメ

　絶滅危惧種の中には，個体数の多少を判断できないほど調査が不足している種が少なくない．小型種やマイナー種，採集例の少ない種などがそうである．その一方で，タガメ *Kirkaldyia deyrolli* やゲンゴロウ *Cybister chinensis* といった大型かつ一般にも認知されるほど有名な昆虫はそうではない．大半の人が識別でき，昔の人々は口を揃えて「昔はたくさん見た」と言う．つまり，減少していることが明確な種である．これらの種がなぜ激減したのかについて，開発や農薬，外灯の普及などが理由として記述されている文献を目にする機会は多いが（たとえば環境省自然環境局野生生物課希少種保全推進室，2015），そういった減少要因がどのように影響を与え，どのように減っていったのかという実例を知る機会は少なく，減少または絶滅へと向かう過程を知ることは容易ではないだろう．

　本稿では，タガメがある地域で絶滅してしまうまでの事例を紹介し，タガメの繁殖適地について考察するとともに，これまでに得られた生態の知見をまとめ，減少要因について改めて議論したい．

■ 愛媛県におけるタガメの再発見と地域絶滅の事例

　1996年8月18日，筆者の一人・渡部の10歳の誕生日に従兄弟と一緒に行った愛媛県のため池で偶然タガメを採集した．1頭の5齢幼虫であった．自宅へ持ち帰り，大切に成虫まで育てた．この成虫の性別が気になり，当時の愛媛県立博物館へ持ち込んだところ，雌であることがわかった．タガメを見た学芸員の方が大騒ぎしていたので理由を尋ねてみると，当時愛媛県にはタガメの確実な生息地は皆無，さらにこれまで記録がなかった地域での記録であったため，このタガメの記録は大発見だということを教えていただいた．この時に撮影されたタガメの写真は博物館が発行していた冊子の表紙を飾った．その後，タガメ発見のニュースが地元紙の愛媛新聞に掲載されたのをは

1 タガメが減少した要因 —なぜ全国的に激減したのか？—

じめとして，同好会誌に詳細な採集地が掲載され，県内各所においてこの新産地で採集されたタガメの生体展示が行われた(1998年：愛媛大学農学部　昆虫展，1999年：松野町おさかな館　水生昆虫展，愛媛県総合科学博物館　昆虫ワンダーランド)。採集地の情報は瞬く間に広がり，採集者が頻繁に訪れるようになった。最初にタガメを発見した

図1　1998年に愛媛県で採集したタガメ。当時は小学6年生でもこれだけたくさんのタガメを簡単に採ることができるくらいの個体数が生息していた

1996年から1999年までは毎年現地を訪れ，多数の個体が生息していることや繁殖していることを確認した(図1)。一方で，採集者と遭遇する機会も増え，複雑な心境であった。一部の採集者にお話を伺うと，タガメを採集しに何度も通っている方，同地のタガメを採集して隣町の池へ放虫をした方など，生息地に少なからず影響を与えたであろう回答に胸が痛んだ。また，インターネット掲示板などでは，「四国なら愛媛県の南予地域に行けばタガメ沢山います。」などといった書き込みが見られ，インターネットにより容易に情報が流通してしまうことも採集者が増えた要因だと考えられる。

　月日は流れ，大学生になった2005年，ふとタガメの生息地が気になり訪れてみると，見た目はほとんど変わっていないにも関わらずタガメが激減していた。繁殖を確認していたため池では1頭も確認できず，さらに最も多くの個体が採集されていた明渠(水路)(図2)でも同様であった。かろうじて1筆の水田から5齢幼虫10頭を確認することができ，まだ残存していることがわかった。

図2　タガメが最も多く見られた素掘りの明渠（1999年8月11日撮影）

VI. 絶滅要因と保全事例

図3 愛媛県におけるタガメ生息地の変遷。a：1998年4月20日撮影，b：2010年8月10日撮影，c：2012年7月21日撮影，d：2013年8月14日撮影（口絵⑧a）

近くに家を借り，生息地周辺にある約150カ所の水辺を調査したほか，農家の方々に聞き込みを行い，タガメを目撃した際には携帯へ連絡してもらえるように依頼した。しかし努力もむなしく，幼虫を確認した谷の対岸の谷津田から1頭の成虫を確認したに留まり，タガメの個体群は大きく減少していることがわかった。その翌年以降も毎年のように調査を続けてきたが，タガメは発見されることなく今日を迎えている。また，最後の生息地であった谷津田は耕作放棄により陸地化してしまい，今ではコスモスが植えられている（図3）。最後の生息地が消失していることから，絶滅してしまった可能性が高いだろう。

さて，2005年8月13日に採集した幼虫を成虫まで飼育し，そのうち1ペアを産卵させた（図4）。ところが，産卵した卵はわずか38個（通常70個程度）と極めて少なく，オスが懸命に世話したにも関わらず孵化しなかった。同一水田から確認された幼虫の齢期が全て同じであったこと，周囲の水田やため池からタガメが発見されなかったことなどから，採卵したペアはおそらく兄

1 タガメが減少した要因 ―なぜ全国的に激減したのか？―

弟(姉妹)であり，当地の個体群は近交弱勢が進行していたものと推測された。

愛媛県のタガメの絶滅要因を推測すると，新たな外灯の設置による誘因が原因ではなく，採集圧により少しずつ個体群が衰退し，水田耕作地やため池の管理頻度の減少により生息地の質が下がったことにあると考えられる。具体的には，①水田の耕作圃場の減少により生息地の多くが陸地化し，生息適地の面積や餌となる両生類やドジョウが減少したこ

図4　採卵中の愛媛県産タガメ

と，②ため池から水田へ水を入れる頻度が減少したことによりため池の水位変動が小さくなり，水際が急峻になったこと(水位が下がった時に出現する遠浅の水際環境がほとんど現れなくなったこと)などである。もちろん農薬の種類が変更された等の薬剤による要因も考えられるが，生息確認時には繁殖および終齢幼虫までの成育が確認されていることを鑑みると，その可能性は低い。最終的には放棄水田が完全に陸地化してしまい，生息地が消滅した。実は，この生息地から飛んで行ける対岸の谷にもタガメは少ないながらも生息していた。ここには幅広い素堀りの明渠があり，そこでタガメが見られたのであるが，2005年にコンクリート護岸化され，この谷においてもその翌年より姿を消した。

■ タガメの繁殖適地について

タガメが生息するためには継続的に繁殖が行われる必要がある。では，どのような環境であれば繁殖しやすいのであろうか？　筆者の一人・大庭は，野外におけるタガメ幼虫の生命表を作成するため，タガメの幼虫が観察された異なる環境(水田3筆，ビオトープ2カ所；図5)において，野外調査を2002年6月5日～8月31日にかけて行った。水田は慣行農法がなされている一方，ビオトープ2カ所は水路や休耕田に水を貯めた止水域であった。長

VI. 絶滅要因と保全事例

図5 5カ所の調査地。a) 水田 A　この水田では水田内部で調査した（中干しはなし），b) 水田 B，c) 水田 C は水田脇の水路（明渠）で調査した，d) ビオトープ A　水が枯れやすい環境，e) ビオトープ B　周年湛水され，タイコウチが高密度で生息する

さ 30cm の D フレーム型のタモ網（目幅 3mm）を用いて，各生息地において 3〜6 日間隔で定量的なすくい取り調査を 3 回以上（1 回の単位は生息地の状況に応じて異なる）行い，回帰線除去法（Leslie & Davis, 1939; DeLury, 1947）で調査日ごとの個体数を推定した。ビオトープ A では泥が深く，すくい取り法による調査が困難であったため，15 分間の目視法（Kiritani *et al.*, 1972）により個体数をカウントした。得られたタガメ幼虫の個体数のデータを基に，Kiritani, Nakasuji & Manly 法（Manly, 1976）で幼虫の齢期別生存率を推定した。同一場所において複数の卵塊の孵化日の間隔が 1 週間以上開いた場合には，それぞれの同一卵塊集団（コホート）の生存率を別々に分けて解析を行った。最初のコホート以外は生存率が著しく悪かったためそれらは解析から省き，最初に孵化したコホートの生存率のみ解析に用いた。

　調査の結果，各生息地における幼虫の生存率は生息地ごとに異なった。表 1 に各水域における生命表を示す。3 筆の水田においては新成虫の出現が確認できたが，ビオトープでは，A，B ともに新成虫の出現を確認できなかった。ビオトープ A の生存率は 4 齢まで他の生息地よりも高く推移したが，4 齢幼虫になると共食いをしている場面や，水域内で目立った外傷がない幼虫

1 タガメが減少した要因 —なぜ全国的に激減したのか？—

表1 様々な環境で繁殖したタガメ幼虫の生命表

環境	発育ステージ	Nx	lx	dx	qx
水田A内部	1齢幼虫	61	1.000	0.590	0.59
	2齢幼虫	25	0.410	0.148	0.36
	3齢幼虫	16	0.262	0.164	0.63
	4齢幼虫	6	0.098	0.049	0.50
	5齢幼虫	3	0.049	0.000	0.00
	新成虫	3	0.049	-	-
水田B脇水路	1齢幼虫	170	1.000	0.571	0.57
	2齢幼虫	73	0.429	0.191	0.45
	3齢幼虫	40	0.238	0.121	0.51
	4齢幼虫	20	0.117	0.043	0.37
	5齢幼虫	13	0.074	0.050	0.68
	新成虫	4	0.024	-	-
水田C脇水路	1齢幼虫	139	1.000	0.561	0.56
	2齢幼虫	61	0.439	0.184	0.42
	3齢幼虫	35	0.255	0.115	0.45
	4齢幼虫	19	0.140	0.056	0.40
	5齢幼虫	12	0.084	0.037	0.44
	新成虫	6	0.047	-	-
ビオトープA ※梅雨明けと同時に水が枯れた。	1齢幼虫	76	1.000	0.299	0.30
	2齢幼虫	53	0.701	0.167	0.24
	3齢幼虫	41	0.534	0.171	0.32
	4齢幼虫	28	0.363	0.309	0.85
	5齢幼虫	4	0.054	0.054	1.00
	新成虫	0	0.000	-	-
ビオトープB ※タイコウチが高密度で生息。	1齢幼虫	183	1.000	0.711	0.71
	2齢幼虫	53	0.289	0.172	0.59
	3齢幼虫	21	0.117	0.057	0.49
	4齢幼虫	11	0.060	0.029	0.48
	5齢幼虫	6	0.031	0.031	1.00
	新成虫	0	0.000	-	-

Nx：各段階の個体数，lx：各段階の個体数の比率，dx：各段階での死亡率，qx：累積死亡率

の死体（共食いされたと推測される）も目立つようになった．その結果，5齢幼虫の生存率が他の生息地の生存率よりも下がり，さらに調査終了前に水が枯渇してしまい，8月5日以降は調査が不可能であった．新成虫が出現しな

VI. 絶滅要因と保全事例

かった要因として，餌不足により共食いが起こった後に，生き残った個体が他の水域に自力で歩いて移動した可能性が考えられる。タガメの幼虫は歩いて移動することが知られている（Mukai et al., 2005）が，陸域での移動は危険が伴う。図6のようにコンクリートを移動する際には，水切れが良く，乾燥しやすいというコンクリートの特性や，水がなくなった際にコンクリートを上ることができない等の理由から，そこから逃げ出せずにアリに捕食される個体も野外では観察される。ビオトープBでは水が枯渇することは無かったが，生存率は他の生息地よりも低く推移した。ビオトープBでは水田の約10倍の密度のタイコウチ Laccotrephes japonensis が確認できたので，ほとんどのタガメ幼虫はタイコウチに捕食されてしまったようだ[註1]。一方，水田3筆における最終的な生存率（羽化率）は平均で4%であった。また，餌の違いも生存率の違いに影響していると考えられた。タガメ幼虫は水田で主にオタマジャクシやカエルを捕食していることが知られており（Ⅲ-[4]参照），今回調査した水田3筆と2ヵ所のビオトープでも多数のオタマジャクシが見られた。しかし，いずれのビオトープにおいても確認できたのは，ヤマアカガエル Rana ornativentris のオタマジャクシであった。これらのオタマジャクシは，6月末までにカエルに変態して水域からいなくなってしまうため，2ヵ所のビオトープでは6月後半からタガメ幼虫が餌不足に陥った可能性があ

図6 中干し期にコンクリート水路で見つかった5齢幼虫（左図の矢印）。死んで間もないのかアリにたかられている（拡大図を右に示す；口絵⑧b）

る。それに対し,水田ではアカガエル類の繁殖は確認できず,トノサマガエル Pelophylax nigromaculatus,ヌマガエル Fejervarya lmnocharis,ツチガエル Glandirana rugosa,シュレーゲルアオガエル Rhacophorus schlegelii,ニホンアマガエル Hyla japonica などが繁殖し7月の半ばまでオタマジャクシが存在していた。これらのことから餌資源の存在時期の違いがタガメ幼虫の生存率に影響を及ぼしている可能性がある。加えて,常に水がある環境ではタガメ幼虫の天敵・タイコウチの生息に適した環境になり高密度になりやすい(Ⅱ－4参照)ので,定期的に水が抜かれる水田やそういった管理ができるビオトープにしないとタガメの生存率が低下することが予想される。タイコウチの増加によるタガメ幼虫への影響は,市川(2007)もビオトープ造りの問題点として指摘している。いわずもがな,ビオトープAのように水が枯れてはどうにもならないので,水管理も当然必須となる。ビオトープでタガメを保全していくには,タガメの天敵や餌との関係にも考慮しつつ,環境を整える必要があるといえよう。

　水田の場合は,水管理の仕方も重要である。例えば中干しまでの期間をどれくらいに設定すべきであろうか？　これまでの野外調査で得られた幼虫の個体数変動データ(図7)から,野外でのタガメ幼虫期の齢期間を各齢の個体数のピークを追う方法と森下(1974)の方法で推定した(表2)。いずれの推定

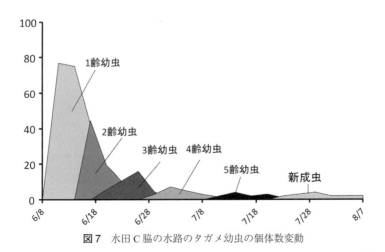

図7　水田C脇の水路のタガメ幼虫の個体数変動

VI. 絶滅要因と保全事例

表2 野外のタガメ幼虫の齢期間(日)の推定

	ピーク[1]	森下 T'[2]
1齢幼虫	4.5	4.8
2齢幼虫	7.0	5.9
3齢幼虫	8.0	7.8
4齢幼虫	10.5	11.7
5齢幼虫	15.0	12.8
合計日数	45.0	43.1

1 各齢のピークに達した日を追っていく方法。
2 森下 T は森下正明氏が考案した方法で,計算の概略は詳細する(詳しくは森下(1974)を参照のこと)。

方法でもタガメ幼虫の齢期間の合計は45日程度であり,彼らの両親となる成虫の雌雄が出合い交尾・産卵するまでの過程と卵期間も加えると約2カ月は湛水される水田がタガメの繁殖には必要であるといえよう。もし,これよりも短い湛水期間だとしても,その脇に水路(明渠)があれば,水田から水がなくなった時の避難場所になるだろう。明渠

図8 中干しの時期にコンクリート水路の集水マスに集まったタガメ5齢幼虫。矢印が5齢幼虫を示す(口絵⑧d)

がない水田だと,中干しの際に水田から直接水路に流されてしまうことで高密度の状態で幼虫が同居することになり(図8),共食いも起こりやすくなる。

減少要因の推測

(1) 生息地の消滅

タガメの生息に一番大きな打撃を与えているのは生息地の消滅であろう。21世紀以降は,宅地化等による水田地帯の大規模な開発事例は縮小したも

1 タガメが減少した要因 ―なぜ全国的に激減したのか？―

のと思われるが，農家人口の減少や高齢化による放棄水田の増加は全国各地で起こっており，完全に陸地化した圃場も多い。愛媛県や市川 (2016) の事例のように，生息地そのものがなくなってしまえばタガメの生存は不可能であり，放棄水田が増加しているという現状は決して軽視できるものではない。

(2) 農薬（薬剤）の影響と水田農法の変化

水田はタガメの主要な繁殖地であるため，水田農法の変化や農地の消失は死活問題である。とりわけ，施用農薬や農法の変化などは地域単位でまとまって起こることから，タガメが生息できなくなるような農法への転換が選択された場合には一網打尽にされてしまう。

農地が維持されている状態の中で最も影響が大きいのは施用農薬の変化である。タガメは農薬に対して極めて弱く，室内実験においてはピレスロイド系殺虫剤(エトフェンプロックス)，カーバメート系殺虫剤(カルボスルファン)に対する感受性が高いことが知られている(国立環境研究所編集小委員会編, 1995)。また，水田から採集した餌(オタマジャクシやメダカ)を摂食後に1齢幼虫が相次いで死亡することを，これまでに大庭が経験しているが，恐らく餌を採集した水田に散布された何らかの薬剤が餌の体内に蓄積していたのであろう。無農薬の水田や，山間の農薬が流れ込まないため池から採集した餌を与えた場合では，このような経験はない。また，飼育下では熱帯魚店で販売されている餌用の金魚(小赤)を与えることが多いが，養魚場から直送された後に店頭にて薬剤トリートメントをされている場合，その金魚を摂食したタガメ幼虫は高い確率で死亡する。

圃場整備を行った水田においてもタガメは見られる。しかし，愛媛県の事例のように，生息範囲が縮小した脆弱な生息地そのものが整備された場合，水が抜かれて生息地が一時的に生息不可能になるだけで大打撃となってしまう。施工時の直接的な殺傷も少なからず起こるだろう。圃場整備を行ってもタガメが生きながらえるためには，大きな個体群が残存している地域でパッチ状に圃場整備がなされ，整備後の水田に飛来個体の移入が頻繁に起こりうる環境でなければならないことに留意する必要がある。

湛水期間はタガメの繁殖期に大きく影響するが，その時期は地域によって異なる。一般的には，タガメの繁殖期は5月末から8月上旬であり(大庭,

2015),繁殖の開始時期は春季の温度上昇,終了は短日化によって引き起こされる(Hasizume & Numata, 1997)。田植えの開始が遅く,中干しが遅れる地域においては繁殖期が遅く,岡山県では 8 月 31 日に 3 齢幼虫が確認されている(渡部,2015;注:文献中に齢期は未掲載)。水田の湛水期間が昔から変化がない場合には大きな問題ではないが,例えば圃場整備後の乾田化によるものなど,急な変化がもたらされた場合,タガメの繁殖や生息に影響を及ぼす可能性がある。

(3) 外来種

　岡山県ではウシガエル Rana catesbeiana やアメリカザリガニ Procambarus clarkii が多産する水田においても,タガメが生息している。しかし,その状態は長くは続かないものと推測される。大庭は大学院時代にタガメの個体群生態学的な研究を行うため,岡山県のある地域を調査地として選定していた。2004 年に調査を開始したが,明らかにアメリカザリガニが多い水田でタガメの個体数が多くない印象を受けた。そして,調査を終えてからわずか 5 年後(2010 年)に同地を再訪すると大学院生時代に比べて激減し,1 頭も確認できなかった(本書Ⅵ–②も参照のこと)。アメリカザリガニは生息個体群を一気に激減させるだけの影響はないにしても,捕食による影響や,逆にタガメがアメリカザリガニを捕食することで死んでしまうという餌の不適合による影響もある(大庭・市川,2016)。

　また,九州地方のある場所で,2010 年以降にタガメの目撃例があったので,2017 年の 6 月と 9 月にその場所を訪れた。ところが,池という池にはウシガエルの幼体〜成体,オタマジャクシが生息しているほか,多数の成体が移動可能な状態であり,この場所でのタガメの生息は厳しいという印象を受けた。タガメは大型の捕食性昆虫であるが,ウシガエルの成体はタガメの成虫さえも丸のみにする(平井,2005;市川・北添,2009)。タモ網で探ると,全国版レッドリスト掲載種のマダラコガシラミズムシ Haliplus sharpi やキイロコガシラミズムシ Haliplus eximius,ヤマトホソガムシ Hydrochus japonicus,ミズスマシ Gyrinus japonicus,ミナミメダカ Oryzias latipes が多産していたので,その土地のウシガエル侵入前の環境は良好だったのだろうという印象を受けた。結局,2 回の調査で大型水生半翅類として確認できた

1 タガメが減少した要因 —なぜ全国的に激減したのか？—

のは，水田の水溜りで発見されたミズカマキリ *Ranatra chinensis* 1頭のみであった。

(4) 外灯

タガメは夜行性で必ず夜間に飛翔移動するが，正の走光性があるため，人工照明に飛来する習性をもつ（図9）。人工照明に誘因されたタガメは水辺に戻れず，

図9 水銀灯に飛来したタガメ（口絵⑧c）

そのまま照明下から抜け出せずに水分の消失（Ohba & Takagi, 2005）・乾燥により死んでしまったり，哺乳類による捕食（Yoon *et al.*, 2010）や採集圧（平井・稲谷，2006）にさらされたりする。道路沿いの照明に誘引された場合，車にひかれて死んでしまうこともある（Ohba *et al.*, 2013）。また，大庭・弘中（2018）によるサーモグラフィーを用いた調査から，タガメは胸部の筋温を約40度になるまで上昇させないと飛翔しないことが明らかとなり，同時に人工照明に飛来した大型甲虫類のガムシ *Hydrophilus acuminatus* やノコギリクワガタ *Prosopocoilus inclinatus inclinatus*（いずれも筋温を30度程度まで上げて飛翔）に比べて，1回の飛翔に対するエネルギーの大きさがうかがえる。また人工照明下で採集された個体は，給水によって有意に体重が増加する（Ohba & Takagi, 2005）ことから，体内の水分が減少していることが分かる。水生昆虫であるがゆえに乾燥に対して適応していないため，陸上では水分の消失が大きい。まさに命がけの飛翔移動である。また，水銀灯が何基もあるような強い光に誘引され，着地した個体は飛翔準備運動をしないことが確認されたことから，明るい場所に誘引されてしまったタガメは，夜間であることを認識できずにその場で動かなくなることが推察される（大庭・弘中，2018）。ところが，照明が落とされ，あたりが闇に包まれると再び飛翔準備の後に飛翔することが確認された。ゆえに，タガメが誘引されやすく，夜通し煌々と照らし続ける人工照明は，タガメをその場に拘束する可能性が高く，そのまま朝を迎えた個体は飛翔できずに朝日を浴びて乾燥により死亡する。以上のように人工照明はタガメ個体群への影響が絶対的に大きいといえよう[註2]。

VI. 絶滅要因と保全事例

(5) 水域ネットワークの崩壊と個体群の分断化

　タガメの飛翔能力は高く，一晩で3km程度移動することが知られているほか，翌年の夏にかけて7km移動した事例も知られている（市川・北添，2009）。また，大庭はこれまでの調査で，2002年の5月に水田で個体標識を付けた個体が，約1カ月半後に直線距離で約12km離れた人工照明に飛来したことを確認している。健全な個体群が維持されている場所においては，移動分散能力が高いことが大きな利点となり，他地域の個体群と交流できる確率が高まり，遺伝的多様性を保つことに寄与すると考えられる。しかし，愛媛県の事例のように生息地が水田1筆程度まで縮小してしまった場合，飛翔能力が高いことにより，多くの個体が分散してしまい，配偶相手に出会えずに寿命を迎えてしまう個体が増加してしまう可能性がある。つまり，生息地の縮小や水域ネットワークの大きな分断が進行することでアリー効果[註3]が働き，個体群の縮小が加速化することが懸念される。

　また，愛媛県で最後に採集されたのは水田1筆のみであり，採集個体の齢期が全て同一であったことから複数個体の兄弟姉妹を捕獲したものと考えられた。さらに，これらを成虫まで育てて採卵した際にも産卵数が通常の半分程度であり，通常通り雄が世話をしたにも関わらず孵化しなかったことを考えると，近交弱勢が個体群に与える影響は軽視できないだろう。水域ネットワークの分断は個体群の隔離を引き起こし，近交弱勢の進行を加速させる可能性がある。

(6) 餌の減少

　タガメの餌については比較的研究が進んでおり，幼虫が安定して成育するためには高密度のオタマジャクシの存在が必要（特に1～3齢時）であることが報告されている（Ohba, 2008; Ohba et al., 2008; 大庭，2015; 本書Ⅲ-[4]）。具体的には，オタマジャクシを捕食した個体の方が，ヤゴ類を捕食した個体に比べて成育速度が早いこと，幼虫の天敵の一つであるタイコウチによる捕食圧が減少することなどが理由として挙げられる（Ohba, 2011; Ohba & Nakasuji, 2007）。成虫は，ヤゴ類よりもドジョウ *Misgurnus anguillicaudatus* やカエル類を捕食した方が産卵に要する栄養を早く摂取することができるため，ドジョウやカエル類を捕食することで産卵間隔が短くなり，1繁殖期間に産卵

1 タガメが減少した要因 —なぜ全国的に激減したのか？—

できる頻度が増加することが報告されている(Ohba et al., 2012; 大庭, 2013)。成虫の餌にはドジョウが，幼虫の餌にはカエル類が適していることは，タガメと餌生物各種の生活史(タガメの成虫や幼虫が活動する時期にドジョウやカエル類との遭遇機会が増える)や餌動物のタンパク質量からも支持されており(Ohba et al., 2012; 大庭, 2013)，ドジョウ，カエル類の存在がタガメの生息に重要な役割を果たすことは間違いないだろう。言い換えれば，餌の質や量が低下することで繁殖期間中に産卵できる卵塊の数の減少や幼虫の成育速度，タガメの天敵からの捕食圧による生存率の低下等が引き起こされる可能性があるため，個体群を維持する上で餌の質や量は重要な要素となる。

　タガメの餌になりうるカエル類とは，繁殖期がタガメの繁殖時期と重なる種である。具体的にはトノサマガエル(関東ではトウキョウダルマガエル *Rana porosa porosa*)，ナゴヤダルマガエル *Rana porosa brevipoda*，ヌマガエル，ツチガエル，シュレーゲルアオガエル，ニホンアマガエルなどが挙げられる。しかし，これらのカエル類やドジョウは日本各地で減少傾向にあり，地方版レッドデータブックにおいて絶滅危惧種に選定されている都道府県も多い。このことは，全国的にタガメの餌資源が減少傾向にあることを示しており，圃場整備や開発による生息地の悪化に加えて大きな脅威であると考えられる。例えば，現在タガメの確実な生息地がないとされる愛媛県の場合，ナゴヤダルマガエル，トノサマガエル，ツチガエル，シュレーゲルアオガエル，ドジョウは最新版のレッドデータブックに掲載されており(愛媛県レッドデータブック改訂委員会, 2014)，とりわけ主要な餌となりうるトノサマガエルとドジョウが絶滅危惧Ⅱ類という高ランクに位置していることは，タガメの激減と無関係とはいえないだろう。

　一方，Ohba & Takagi (2005)は，生息地の餌資源が不足した際にタガメが餌を求めて飛翔移動することを示唆している。外灯の項にあるとおり，飛翔には大きなリスクを伴う。配偶相手を求める飛翔に加え，餌不足により飛翔移動の頻度が増加することは，多くの個体を死滅させる機会を増やすことにつながる可能性が高い。

　餌資源の低下は，上記のようにタガメの個体群に大きな影響を与える多様なリスクを生み出すことから，非常に大きな悪影響が懸念される。タガメが現在も確認される水田において圃場整備が行われる際には，その手法の見直

■ Ⅵ. 絶滅要因と保全事例

しや，水路と水田の間に魚道を設置するなど，生き物に配慮した水田の環境作りが必要である。

(7) 採集圧

　タガメは大型かつ希少で魅力的な種であることから，コレクション欲をくすぐる種でもある。実際にペットショップやインターネット上では高価で取引されており，それだけ需要がある昆虫であることは間違いないだろう。業者による乱獲は言語道断であるが，個人的に少数を採集する場合においても，多くの人が同一産地で採集することは大きな打撃につながりかねない。タガメは食物網の上位捕食者であることから，健全な生息地においても他の昆虫に比べると個体群密度が低い種である。通常の自然界では起こりえない採集圧は個体群に影響を与えてしまうので，不要な採集は慎むべきである。また，インターネットやSNS（ソーシャル・ネットワーキング・サービス）での生息地の公開には十分に留意しなければならない。

■ タガメを守るためには

　タガメを守るために最も重要なことは，今残存する生息地において，これまで通りの栽培・管理法で稲作を継続し，ため池を含む水辺環境を維持することである。上述の通り，現在のタガメの主要な生息・繁殖地は水田であるため，水田の耕作放棄や農法の変化は大きな打撃に繋がってしまう。もし耕作が困難になってしまった場合には，せめて圃場を湛水させるなどして遷移を遅らせつつ，タガメが生息地として利用できる環境を維持することが重要である。そして，個体群の縮小が進み，近交弱勢が進行しすぎる前に，何かしらの保全対策を実施する必要があるだろう。

　その方法の一つとして，生息地の範囲内に新たな生息地を造成することが挙げられる。市川の報告（本書Ⅵ－[3]）にあるように，タガメが生息する地域の放棄水田をビオトープとして造成した結果，同地に生息するカエル類が周囲から移動し（市川・北添, 2009），19年もタガメが繁殖し続けている。植物の遷移などで造成後の環境が変化しないように人が手を加え続ける必要があるが，農地に比べて変動が少ない安定した環境が存在することは，同地域に生息する個体群が存続し続けることに大きく寄与する。

1 タガメが減少した要因 —なぜ全国的に激減したのか？—

　タガメにとって脅威となりうる外来種が侵入してしまった地域においては駆除または個体数を抑える必要がある。オオクチバス *Micropterus salmoides* については，2年続けて池の水を抜くことで根絶に成功した事例がある（西原・苅部, 2010; 永幡, 2016）。一方で，陸上の移動が可能で池の水を抜いても生き残ってしまうアメリカザリガニやウシガエルの駆除は困難を極める。現状では，根絶させるための有効な手法はなく，タモ網やアナゴカゴを利用したトラップなどを用いて捕獲するという作業をひたすら継続するほかない（西原・苅部, 2010; 永幡, 2016; 本書Ⅵ–2）。したがって，このような侵略的外来種を移入させないための予防的な取り組みを行うことが重要かつ最も現実的である。

　乱獲防止策については，種の保存法や地方自治体の条例に指定するなど，捕獲を法的に規制することが有効であるが，地元の愛好家や保全に意欲的な人材が活動する上で大きな障害となってしまう事例が実際に各地方で起きており，そのような弊害について考慮する必要がある。石川県では，種の保存法で県の条例指定種であるシャープゲンゴロウモドキ *Dytiscus sharpi* とマルコガタノゲンゴロウ *Cybister lewisianus* の生息地について，環境省と県から許可を取得してまでモニタリングを行う人材が不足している。渡部が把握しているだけでも知らぬ間に陸地化して水辺が消失している場合や，数年続けて生息確認ができなくなってしまったという元生息地を複数地点把握していることから，「条例に指定された＝保全されている」という認識を持つことは大変危険である。重要なのは，生息地の変化，乱獲者の有無など，タガメを取り巻く危機をできるだけ早く察知するために定期的なモニタリングを行うことだろう。これは，乱獲を抑止することにも繋がる。

　しかし，上記に述べた方法の大半は，ボランティアや愛好家の努力なしには実現しない持続不可能なものである。タガメを守り，魅力溢れるその姿を未来の子供たちに残すためにはなにができるのか，個人だけでなく，行政や一般の方々と共に保全策を真剣に考える時期に差し掛かっているといえよう。タガメは里山を代表する象徴的な昆虫であり，図鑑には必ず登場する。その生きた姿を見てみたいと昆虫少年時代に願い続けた筆者らのように，『好きな虫だから残したい』という気持ちが大前提にあるわけであるが，学術的には里山の環境指標種として保全する意義もある。そして，タガメはオスに

VI. 絶滅要因と保全事例

よる卵の保護やメスによる子殺し（卵壊し）行動という特異な繁殖行動も知られており（市川, 1999），学術的にも重要である。行動生態学や進化生態学の分野でも注目され，これらの学問分野の仮説を検証することに，タガメは貢献すると期待される。彼らを失うことは，生物学的な謎を解明する糸口となる材料を失うことにもつながる。種を保全することの大切さと，彼らが学問の発展に寄与してきた功績を尊重し，未来にわたってもその姿を残していけるようにしなくてはならない。2017年は複数のテレビ番組でタガメが取り扱われたが，この反響や高い注目度が本種の乱獲ではなく，保全への行動や政策に結びつくことを願ってやまない。

〔註〕

（註1）このビオトープBから実験的にタイコウチを除去すると，タガメ幼虫の生存率が上昇することを確認している（Ohba, 2007）。

（註2）人工照明に誘引されたタガメが運よく道路の側溝やコンクリート集水マスに落ちてしまうことがあるが，そこに水がある場合はその場に数日間留まることがある。人工照明にはカエル類や昆虫も誘引されるため，人工照明下の集水マスの中でタガメがカエル類やケラを捕食している場合もある。大庭による個人的観察では，繁殖期に集水マスで雌雄が出合い，そのまま集水マスのコンクリートの内壁に産卵してしまうケースもあった。餌が圧倒的に足りないため孵化したとしても幼虫は死ぬ運命にある。

（註3）個体数が少なすぎて，個体あたりの増殖率が高くならない現象。例えば，密度が低すぎると，雌雄が出合う確率も低くなる。また，雌雄が出会えたとしても，近縁者同士だと繁殖に失敗する確率が上がるだろう。アリー効果の閾値は事実上の絶滅を意味するため，アリー効果が働く以上の密度にしなくてはならない。

〔引用文献〕

DeLury DB (1947) On the estimation of biological populations. *Biometrics*, 3: 145–167.

愛媛県レッドデータブック改訂委員会 (2014) 愛媛県レッドデータブック2014—愛媛県の絶滅のおそれのある野生生物—. 623pp. 愛媛県県民環境部環境局自然保護課, 愛媛.

Hasizume H, Numata H (1997) Effects of temperature and photoperiod on the reproduction in the giant water bug, *Lethocerus deyrollei* (Vuillefroy) (Heteroptera: Belostomatidae). *Japanese Journal of Entomology* 65: 55–61.

平井利明 (2005) ウシガエルの胃内容から検出されたタガメについて．関西自然保護機構会報, 27 (1): 57–58.

平井利明・稲谷吉則 (2006) 稀少水棲昆虫タガメの乱獲防止策：水銀灯から高圧ナトリウム灯への交換は有効な対策か？. 関西自然保護機構会報, 28 (1): 59–62.

市川憲平 (1999) タガメはなぜ卵をこわすのか？. 158pp. 偕成社, 東京.

市川憲平 (2007) タガメの章. 今, 絶滅の恐れがある水辺の生き物たち（内山りゅう編）: 13–50, 山と渓谷社, 東京.

市川憲平 (2016) タガメやゲンゴロウたちの危機. 昆虫と自然, 51 (7): 5–8.

市川憲平・北添伸夫 (2009) 田んぼの生きものたち　タガメ. 57pp. 農山漁村文化協会, 東京.

環境省自然環境局野生生物課希少種保全推進室 (2015) レッドデータブック 2014—日本の絶滅のおそれのある野生生物— 5 昆虫類. ぎょうせい, 東京.

Kiritani K, Kawahara S, Sasaba T, Nakasuji F (1972) Quantitative evaluation of predation by spiders on the green rice leafhopper, *Nephotettix cincticeps* Uhler, by a sigh-counting method. *Researches on Population Ecology*, 13: 187–200.

国立環境研究所編集小委員会編 (1995) タガメの農薬類感受性と絶滅危機の原因に関して. 国立環境研究所特別報告, 水環境における化学物質の長期暴露による相乗的生態系影響に関する研究, pp. 19–20. 環境庁国立環境研究所.

Leslie P H, Davis D H D (1939) An attempt to determine the absolute number of rats on a given area. *Journal of Animal Ecology*, 8: 94–113.

Manly B F J (1976) Extensions to Kiritani and Nakasuji's method for analyzing insect stage-frequency data. *Researches on Population Ecology*, 17: 191–199.

森下正明 (1974) 令別死亡率の新推定法. 陸上動物個体群の調査解析法（森下正明編）: 10–15.

Mukai Y, Baba N, Ishii M (2005) The water system of traditional rice paddies as an important habitat of the giant water bug, *Lethocerus deyrollei* (Heteroptera: Belostomatidae). *Journal of Insect Conservation*, 9 (2): 121–129.

永幡嘉之 (2016) マルコガタノゲンゴロウをとりまく諸問題. 昆虫と自然, 51 (7): 9–14.

西原昇吾・苅部治紀 (2010) 水辺の侵略的外来種排除法. 保全生態学の技法　調査・研究・実践マニュアル（鷲谷いづみ・宮下　直・西廣　淳・角谷拓編）: 179–200, 財団法人 東京大学出版会, 東京.

Ohba S (2007) Notes on the predators and their effect on the survivorship of the endangered giant water bug, *Kirkaldyia* (= *Lethocerus*) *deyrolli* (Heteroptera, Belostomatidae), in Japanese rice fields. *Hydrobiologia*, 583: 377–381.

Ohba S (2008) The number of tadpoles consumed by the nymphs of the giant water bug *Kirkaldyia deyrolli* under laboratory conditions. *Limnology*, 9: 71–73.

Ohba S (2011) Density-dependent effects of amphibian prey on the growth and survival of an endangered giant water bug. *Insects*, 2: 435–446.

大庭伸也 (2013) タガメはドジョウトリムシか？．昆虫と自然，48 (4): 12–15.

大庭伸也 (2015) 水田生態系に生息する水生昆虫類の生態と保全．農業および園芸，90 (2): 243–255.

大庭伸也・弘中満太郎 (2018) 人工照明に飛来したタガメの行動とその体温変化．*Rostria*，印刷中．

大庭伸也・市川憲平 (2016) アメリカザリガニはタガメの餌として適さない．*Rostria*, (59): 28-30.

Ohba S, Nakasuji F (2007) Density-mediated indirect effects of a common prey tadpole on interaction between two predatory bugs: *Kirkaldyia deyrolli* and *Laccotrephes japonensis*. *Population Ecology*, 49: 331–336.

Ohba S, Takagi H (2005) Food shortage affects flight migration of the giant water bug *Lethocerus deyrolli* in the prewintering season. *Limnology*, 6: 85–90.

Ohba S, Miyasaka H, Nakasuji F (2008) The role of amphibian prey in the diet and growth of giant water bug nymphs in Japanese rice fields. *Population Ecology*, 50: 9–16.

Ohba S, Izumi Y, Tsumuki H (2012) Effect of loach consumption on the reproduction of giant water bug *Kirkaldyia deyrolli*: dietary selection, reproductive performance, and nutritional evaluation. *Journal of Insect Conservation*, 16: 829–838.

Ohba, S, Takahashi J, Okuda N (2013) A non-lethal sampling method for estimating the trophic position of an endangered giant water bug using stable isotope analysis. *Insect Conservation and Diversity*, 6: 155–161.

渡部晃平 (2015) 岡山県で採集した水生昆虫の記録．すずむし, 150: 31–34.

Yoon T, Kim D, Kim S, Jo S, Bae Y (2010) Light-attraction flight of the giant water bug, *Lethocerus deyrolli* (Hemiptera: Belostomatidae), an endangered wetland insect in east Asia. *Aquatic Insects*, 32: 195–203.

（渡部晃平・大庭伸也）

2 外来種が水生半翅類に与える脅威

侵略的外来種による深刻な影響

　水田，溜池，水路などの里地里山の水辺環境には，さまざまな水生昆虫類が生息している。人の手によって作り出されたこれらの水域は，もともと自然湿地に生息していた水生昆虫類の代替生息地として注目されてきたが，圃場整備に伴う乾田化，農薬の多投入などによる生息環境の悪化に加え，近年では，侵略的外来生物の侵入・分布拡大が水生昆虫に対して深刻な影響を及ぼすようになっている（自然環境研究センター（編）・多紀保彦監修, 2008）。西原（2016）は，1950年代より宅地造成，農薬使用，圃場整備などで減少した水生昆虫類に対して，2000年代より侵略的外来種の侵入が深刻な影響を及ぼしていることを指摘している。

　水辺の侵略的外来種としてオオクチバス *Micropterus salmoides* やブルーギル *Lepomis macrochirus*，ウシガエル *Rana catesbeiana*（*Lithobates catesbeianus*）などの特定外来生物に加え，生態系被害防止外来種のアカミミガメ *Trachemys scripta*，アメリカザリガニ *Procambarus clarkii* は日本の水辺環境において，その影響が特に大きいと考えられている。これまでに，特定外来生物のオオクチバスの胃内からオオコオイムシ *Appasus major*（杉山, 2005），ホッケミズムシ *Hesperocorixa distanti hokkensis*，マツモムシ *Notonecta triguttata*，コミズムシの一種（西原, 2010），ウシガエルからタガメ *Kirkaldyia deyrolli* とコオイムシ *Appasus japonicus*，オオコオイムシ，アメンボ類が消化管から検出されている（平井・稲谷, 2005; 佐藤・西原, 2017）。また，日本人になじみ深いが，大型淡水魚のコイ *Cyprinus carpio* は，雑食性で，水草，貝類，昆虫類，甲殻類，カエルなど口に入るものなら何でも食べる国内外来種である（宮崎ほか, 2010）。筆者の観察では，希少な水生半翅類が多い地域でもコイがいる池には，水生半翅類はほとんど生息できないようである。

　ここでは，侵略的外来種のアメリカザリガニの水生半翅類に対する具体的な影響事例，ウシガエルの駆除事例を紹介したい。

VI. 絶滅要因と保全事例

アメリカザリガニの増加とタガメの減少

　アメリカザリガニは雑食性で水草，両棲類，貝類，昆虫類などを捕食するため，湖沼生態系のキーストーン種として生態系に与える影響が大きい（Gutierrez-Yurrita *et al*., 1998; Smart *et al*., 2002; Nishijima *et al*., 2017）。本種が侵入し爆発的に増加すると，水生半翅類ではコオイムシやコバンムシ *Ilyocoris cimicoides* が激減する例が知られている（苅部・西原, 2011）。希少な水草や水生昆虫への影響が懸念されている（Gherardi, 2006）が，既に蔓延している地域が多く，また，ペットとしての飼養も極めて多いため，適正な執行体制の確保や効果的な防除が困難である（西原, 2016）。環境省は，個体の移動や分散につながるような利用をやめるよう十分に注意することが必要であり，特にニホンザリガニ *Cambaroides japonicus* の生息域で，本種がまだ蔓延していない北陸の一部，北海道，沖縄の島嶼部などには持ち込まないなど，特に慎重な対応が必要であると呼び掛けている。日本ではニホンザリガニへの影響のほか，本種の侵入がトンボ類のヤゴ（苅部, 2010; 福井, 2010）やゲンゴロウ類へ深刻な影響を及ぼすことが指摘され始めている（西原, 2010）。

　大学院時代にタガメに関するフィールドワークをしていた筆者は，岡山県内にあるアメリカザリガニが侵入している谷津田と棚田を調査地として選定した。ところが，2004年の調査開始当初から，タガメの個体数が少なく，データが取れないと感じたため，アメリカザリガニが多く観察された棚田での調査を断念した。日本におけるタガメ個体群は最近50年の間に急激に縮小し，東京，神奈川，長野，そして石川では絶滅したと考えられている。本種の個体数減少の原因として水田などでの大量の農薬散布による水質汚濁，圃場整備，耕作放棄が減少の大きな原因とされていたものの，つい最近までアメリカザリガニの本種への影響は指摘されてこなかった。『タガメがアメリカザリガニを捕食するから影響はない』と考える人も少なからずいたのであろう。筆者は2004年から2008年まで年々タガメの個体数の減少を確認していたものの，この5年間は毎年タガメを確認できていた。ところが，2010年6月5日に筆者と知人による日中4時間（13時〜17時）のタモ網によるすくい取り調査と，夜間2時間（20時〜22時）の直接目視調査，2010年7月27日に筆者による日中4時間のすくい取り調査と，夜間2時間の目視調査を実施したが，ついに1頭も確認されなくなった。タガメの減少には様々な要因が考え

② 外来種が水生半翅類に与える脅威

られるが、この水田地帯に侵入・定着し、年々個体数が増加していたアメリカザリガニが1つの要因として考えられた。この可能性を検証するため、タガメが確認されていた2004年のデータを見直し、アメリカザリガニの侵入が確認されている水田地帯（ザリガニ侵入水田）と、比較対象として侵入が確認されていない水田地帯（ザリガニ未侵入水田）のそれぞれから3筆の水田を選定し、タガメ幼虫の個体数変動を比較した（Ohba, 2011）。両地域とも慣行農法で稲が栽培されているが、農薬散布後にタガメ幼虫が死亡している事例は確認されていなかった。したがって、両地域のタガメ幼虫の死亡要因は生物的な要因が主であるとみてよいだろう。

両水田地帯においてタガメの越冬成虫は6月上旬に確認され、その後1〜3齢幼虫は6月から7月上旬にかけて出現し、時間の経過とともに、次の発

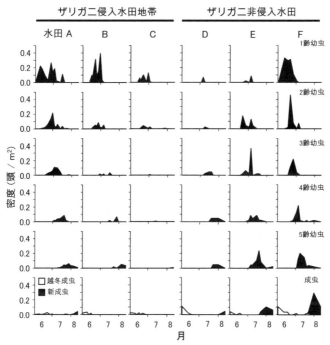

図1 アメリカザリガニ侵入水田と非侵入水田におけるタガメの発生消長
Ohba（2011）を改変。ザリガニ侵入水田地帯ではタガメの新成虫は3筆中1筆でのみ確認された。

VI. 絶滅要因と保全事例

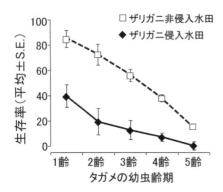

図2 アメリカザリガニ侵入水田と非侵入水田におけるタガメ幼虫の生存率の比較
Ohba (2011) を改変。ザリガニ侵入水田では有意に生存率が低い。

育ステージへと成長していった (図1)。4～5齢幼虫および新成虫は6月中旬から8月の終わりにかけて出現した。ところがザリガニ侵入地の水田BとCでは、1～4齢幼虫の季節的消長に5齢幼虫のそれが続かず、新成虫を確認することはできなかった。野外のタガメ幼虫の各齢の個体数変動から Kiritani-Nakasuji-Manly 法 (Kiritani & Nakasuji, 1967; Manly, 1976) によって、生存率を比較・解析した結果、地域間で大きく異なった(図2)。アメリカザリガニ侵入水田地帯の1齢幼虫から新成虫までの生存率は、3枚それぞれの水田ごとに1.8、0、0%であるのに対して、非侵入水田のそれは9.2、18.1、19.8%であった。餌であるオタマジャクシの個体数は調査時期による変動はあるものの、両地域や個体数に違いはなかった。餌資源量の違いは両地域間のタガメ幼虫の生存率の違いを説明できそうにないので、タガメ幼虫の捕食者による捕食の効果が生存率に影響すると考えられる。ザリガニ侵入地のアメリカザリガニの個体数は、タモ網による20回のすくい取りで平均1頭以上(平均1.03頭、最低1頭、最高3頭)が確認された。ザリガニ侵入地にてタガメ幼虫の在来の天敵であるタイコウチ (Ohba, 2007; Ohba & Swart, 2009) は確認されなかったが、非侵入地において調査期間中に平均1.03頭(最低0、最高6.7頭)を確認した。同様にコオイムシの個体数は両地域間で差はなかったことから、ザリガニ侵入地のタガメ幼虫の著しい生存率の低下は在来の天敵によるものとは考えられない。したがって、アメリカザリガニが新たなタガメ幼虫の天敵となっている可能性が示唆された。

このことを検証するため、室内条件下でアメリカザリガニの影響を確かめたところ、実験開始1日後にはザリガニ導入区のほとんどのタガメ1齢幼虫が捕食されることが分かった。室内条件の単純な環境下での実験結果をその

② 外来種が水生半翅類に与える脅威

まま野外での事例に結び付けることはできないが，少なくともアメリカザリガニがタガメ幼虫の捕食者となっていることは間違いないと考えられる。

アメリカザリガニとタガメの捕食者・被食者の関係は両者の体サイズの関係で変化する。しかし，アメリカザリガニを捕食したタガメは，原因はよく分からないが死亡することが多く（大庭・市川，2016），タガメの保全を進める上で定着を許してはいけない生物であるといえる。

■ 怪我が目立つアメリカザリガニ侵入池のミズカマキリ

筆者は 2015 年から長崎県五島列島の福江島において，アメリカザリガニの駆除と調査を開始した。アメリカザリガニが生息する池ではミズカマキリ *Ranatra chinensis* の脚が切断されていることが多く（図 3），アメリカザリガニが侵入していない池と比較すると明らかにその割合が高く，これまでに調査した個体の 57％が何らかのけがを負っていた（図 4）。中には両方の前脚が切断されたミズカマキリも見つかり（図 3 左上），この個体は自力で餌を捕獲

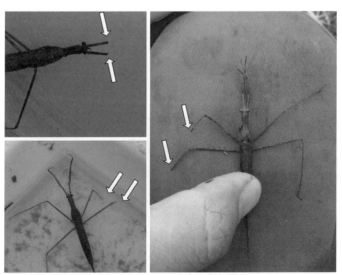

図 3 脚が切除されているミズカマキリ（口絵 ⑦ a）
矢印は怪我の部位を示す。左上の個体は両前脚が無く，餌を捕獲することができない。

Ⅵ. 絶滅要因と保全事例

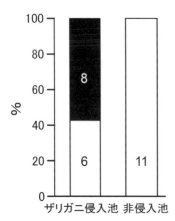

図4 ミズカマキリの怪我個体の割合の比較
黒が怪我個体を示す。グラフ中の数字は調査した個体数を示す。大庭ほか(2018)より改定。

することができないだろう。また，水槽内でアメリカザリガニとミズカマキリを同居させたことがあったが，翌日確認して見るとミズカマキリは全てアメリカザリガニに捕食されてしまった(大庭，個人的観察)。したがって，野外で怪我を負ったミズカマキリは幸運にもアメリカザリガニの捕食から逃れ，致命的な怪我を負わずに生き延びた個体と考えられ，その場で捕食された個体も実際には数多くいると考えるのが妥当だろう。

この福江島では地元の有志と行政の方と共にアメリカザリガニの駆除を継続しているものの，なかなか大きな進捗がない。これまでに4万頭を超えるアメリカザリガニを駆除しているが，未だ根絶には至っていないのである(図5)(大庭ほか, 2018)。継続的な捕獲圧をかけることで10cmを超える大型個体は減少するが，その後，中・小型サイズの個体が増加するということを繰り返す。魚類と違い池の水抜きをしても泥に潜ることができるアメリカザリガニの根絶は極めて難しい。また，水田地帯では4日間の総移動距離が約17kmという記録がある(Gherardi, 2002)など，能動的に分散が出来るため，1つの池だけでなくその周囲に影響が広がる。このようにアメリカザリガニは非常に厄介な外来種である。大原則として，アメリカザリガニが侵入しないように最大限の努力をすべきということを常々痛感させられている。

図5 トラップに捕獲されたアメリカザリガニ

ウシガエルの根絶の事例

　筆者が関わったウシガエルの根絶事例を紹介したい。2016年5月，タガメが生息する水田地帯を久しぶりに訪れると，溜池からウシガエルの鳴き声が聞こえた。この溜池は，タガメのほかに，コオイムシ，ミズカマキリ，タイコウチ Laccotrephes japonensis，ハネナシアメンボ Gerris nepalensis，水生甲虫ではクロゲンゴロウ Cybister brevis，ガムシ Hydrophilus acuminatus などのレッドリスト掲載種や全国的な希少種が生息している貴重な場所である。以前より近辺からウシガエルの鳴き声が聞こえてくることはあったものの，この溜池には住みついていなかった。そこで，地主への聞き取りを行うと数年前から溜池にも住みつき，鳴き声が聞こえてくるようになり，徐々にウシガエルの成体がその池に集まるようになったそうだ。早速，自分の目で確かめるべく，その溜池を覗いてみると，ウシガエルの卵塊が水面の一角に広がっていた。即座にタモ網で可能な限りすべての卵塊を除去した。その後，成体が5頭くらいいることが確認されため，はじめにルアー釣りやタモ網での捕獲を試みたが，この池にはヒシ Trapa japonica が繁茂し，警戒心の強いウシガエルはすぐにヒシの間や水中へと逃げてしまい，失敗が続いた。そこで，次の手として考えたのがトラップの設置である。しかし，トラップは定期的に回収する必要がある。なぜならば，ウシガエル以外の在来種が誤ってトラップで捕獲された場合に，トラップ内に拘束されることに加えて，同時に捕獲されたウシガエルに捕食されるなどの影響が及ぶことが懸念されるからである。現実的には，作業者の居住地と希少種が残る生息地との間には物理的な距離があることが多いため，定期的な引き上げは難しいことが多い。

　ところが大変幸運なことに，2016年は自然愛好家・野澤耕治さん[註1]がこの地に住み込んで仕事をされることになっていたので，野澤さんに定期的なトラップの回収をお願いした。トラップには西原(2010)を参考に，捕獲された生物が窒息死しないように，少し潰した空の500mlペットボトルを入れ，完全に水中に沈まないようにしたアナゴカゴを用いた(図6)。この溜池に合計15個を仕掛けて毎日～3日おきの間隔でアナゴカゴの確認と回収を継続してもらったところ，1ヵ月足らずでこの溜池に住みついていた全5個体を捕獲することに成功した。その後もこの溜池に筆者が訪れているが，ウシ

VI. 絶滅要因と保全事例

図6　アナゴカゴ設置によるウシガエルの駆除
左：設置したアナゴカゴ．右：捕獲されたウシガエル（いずれも野澤耕治氏による撮影）。

図7　アナゴカゴに混獲されたタガメ（矢印）
タガメの横の白いものはタガメに捕食された後のカエルの死体。

ガエルの姿や鳴き声はない。今回は侵入初期であり，幼生（オタマジャクシ）や幼体が出現する寸前でウシガエルの根絶を達成でき，定着を防ぐことができた。タイミング的には紙一重であったと思う。この件もあり，やはり定期的なモニタリングは重要だと認識させられた。ちなみに，アナゴカゴにはトノサマガエル *Pelophylax nigromaculatus* やツ

チガエル Rana rugosa, フナ類やクサガメ Mauremys reevesii, そしてタガメが混獲されることがあった(図7)ので, 長期的な設置をする場合は数日おきに引き上げて中身を確認するべきであろう.

外来種問題の解決に向けて

本来の自然が失われた都市生態系ではなく, 水生半翅類のホットスポットは里山に多い. そこへ繁殖力の高い外来種が侵入すると徐々に蔓延してしまい, 在来種を含む生物多様性は大きく損なわれることになる. 上で述べたように池干しによる根絶が難しいアメリカザリガニは特に厄介だと感じる種である. アメリカザリガニは1920年代にウシガエルの餌として日本に数回に分けて導入され, その後, 各地へと人為的及び能動的に分散したとされ, 今では北海道から沖縄にかけて日本全国に分布するようになってしまった. 本種はオオクチバスを駆除後にその捕食圧から解放され爆発的に個体数を増加させることに加えて, 水草を切断するため環境そのものを大きく改変する(Maezono & Miyashita, 2004). そして, 身近になってしまった外来種であり, その容姿のカッコよさから子どものペットとしての需要が高い. そして, 自然や生き物に対する知識が無ければ, 飼いきれなくなった個体を野外に無差別に放逐する行為が横行することになる. 今後は子供を含む教育現場での意識向上を目指さなければならない. 『うちの田舎では小さい頃にザリガニ釣りができるくらい, 自然が豊富で…』という話をテレビのある番組内で紹介している九州出身の芸能人(つまり在来のニホンザリガニではないことが明白)がいたが, これが一般の方の感覚なのであろう. 40代以下の多くの日本人にとって生まれた時から身近な存在であるため, 一般にその侵略性や生態系への影響が認識されておらず, 学校教材やペットとして無批判に利用されたり, ビオトープに侵入しても問題意識なく扱われたりしている(伴, 2002). タガメのような希少種が生息する地域へのこれ以上の分布拡大を食い止めるとともに, 野外から排除すべき種という認識を強化・普及し, ホットスポットへ侵入した場合は駆除活動を実施するべきである.

また, 意外な盲点になっているのがコイであると筆者は感じている. 上で述べたように, コイについては具体的なデータはないものの, コイがたくさんいるような池では経験的に水生半翅類の個体数が少ない. 生き物が好きな

VI. 絶滅要因と保全事例

図8　長崎県で採集されたトガリアメンボ（口絵⑦b）

人の中には庭の池でコイを飼うことに加え，ご自身が所有される農地の溜池にもコイを放つケースも珍しくない。この行為が最後に残された希少な水生半翅類のホットスポットに対して取り返しがつかない事態を招くかもしれない。最近はコイの影響が少しずつ問題視されるようになってきており，このような人為的な拡散が収まることを願いたい。

　最後に，水生半翅類の中にも外来種が知られているので紹介したい。体長3〜4mm程度の東南アジアに広く分布するアメンボの一種・トガリアメンボ *Rhagadotarsus kraepelini*（図8）は，2001年8月から晩秋に，突如，兵庫県淡路島北部から神戸市周辺で発見された(Hayashi & Miyamoto, 2002)。その後徐々に分布を拡大し，2002年には大阪府(中谷ほか, 2003)，奈良県と和歌山県(山尾・中尾, 2003)，2004年には四国(大原・林, 2004)，2009年には福岡県(渡部・中島, 2010)，2012年には九州北西部の佐賀県，長崎県(大原, 2013)，2013年には鹿児島県でも発見されるようになった(金井ほか, 2014)。そして，2014年には長崎県の離島・壱岐でも見つかっている(大庭, 2014)。現在は近畿地方を中心として，東海(矢崎・石田, 2008)，四国(大西, 2006)，東は千葉県(室, 2014)，茨城県(髙橋ほか, 2015)，西は九州に広く分布するようになった(大原, 2013)。本種の生息が他のアメンボ類に与える影響については，カタビロアメンボ類への影響が指摘されているものの(中尾, 2009)，よく分かっていない。今後，本種の分布拡大に注視すると共に，その影響を明らかにする必要があることを指摘しておく。

〔註〕
（註1）野澤耕治さんは腕の良いカメラマンで，某自然番組の取材のため，この年は住み込みをされていた。大変素晴らしい映像と共にこの番組が完成したこと（視聴率も良かったそうである）と同じくらい，筆者としてはウシガエルを根絶して頂いたことがうれしかった。心から感謝している。

〔引用文献〕
伴　浩治 (2002) アメリカザリガニ．外来種ハンドブック（日本生態学会編）: 169, 地人書館, 東京．

福井順治 (2010) 磐田市桶々沼におけるベッコウトンボの保護活動．日本の昆虫の衰亡と保護（石井　実編）: 139–142, 北隆館, 東京．

Gherardi F (2002) Behvior. *Biology of freshwater crayfish* (ed D. Holdich), pp. 258–290. Blackwell Science.

Gherardi F (2006) Crayfish invading Europe: the case study of *Procambarus clarkii*. *Marine and Freshwater Behaviour and Physiology*, 39: 175–191.

Gutierrez-Yurrita PJ, Sancho G, Bravo MA, Baltanas A, Montes C (1998) Diet of the red swamp crayfish *Procambarus clarkii* in natural ecosystems of the Donana National Park temporary fresh-water marsh (Spain). *Journal of Crustacean Biology*, 18: 120–127.

Hayashi M, Miyamoto S (2002) Discovery of *Rhagadotarsus kraepelini* (Heteroptera, Gerridae) from Japan. *Japanese Journal of Systematic Entomology*, 8: 79–80.

平井利明・稲谷吉則 (2005) ウシガエルの胃内容から検出されたタガメについて．関西自然保護機構会誌, 27: 57–58.

金井賢一・福元正範・榊　俊輔 (2014) 2013年のフィールドワーカー養成講座によるアメンボ類調査報告と，鹿児島県初記録となるトガリアメンボについて．鹿児島県立博物館研究報告, 33: 55–58.

苅部治紀 (2010) 日本のトンボの衰亡とその保護．日本の昆虫の衰亡と保護（石井　実編）: 53–67, 北隆館, 東京．

苅部治紀・西原昇吾 (2011) アメリカザリガニによる生態系への影響とその駆除手法．エビ・カニ・ザリガニ：淡水甲殻類の保全と生物学（川井唯史・中田和義編）: 315–330, 生物研究社, 東京．

Kiritani K, Nakasuji F (1967) Estimation of the stage-specific survival rate in the insect population with overlapping stages. *Researches on Population Ecology*, 9: 143–152.

Maezono Y, Miyashita T (2004) Impact of exotic fish removal on native communities in farm ponds. *Ecological Research*, 19: 263–267.

VI. 絶滅要因と保全事例

Manly BFJ (1976) Extensions to Kiritani and Nakasuji's method for analysing insect stage-frequency data. *Researches on Population Ecology*, 17: 191–199.

宮崎佑介・松崎慎一郎・角谷　拓・関崎悠一郎・鷲谷いづみ (2010) 岩手県一関市のため池群においてコイが水草に与えていた影響．保全生態学研究, 15: 291–295.

室　紀行 (2014) 東日本初記録のトガリアメンボ．*Rostria*, (57): 19–20.

中尾史郎 (2009) 分布を急速に広げる外来種，トガリアメンボ．昆虫と自然, 44: 5–8.

中谷憲一・今給黎靖夫・金沢　至・河合正人 (2003) トガリアメンボの発見と生息環境．Nature Study, 49(2): 3–5.

西原昇吾 (2010) 水辺の侵略的外来種排除法．保全生態学の技法　調査・研究・実践マニュアル（鷲谷いずみ・宮下　直・西廣　淳・角谷　拓編）: 179–200, 東京大学出版会, 東京．

西原昇吾 (2016) 総論：水生昆虫の危機的な生息現状と実践的な保全に向けて．昆虫と自然, 51(7): 2–4.

Nishijima S, Nishikawa C, Miyashita T (2017) Habitat modification by invasive crayfish can facilitate its growth through enhanced food accessibility. *BMC ecology*, 17: 37.

Ohba S (2007) Notes on predators and their effect on the survivorship of the endangered giant water bug, *Kirkaldyia* (= *Lethocerus*) *deyrolli* (Heteroptera, Belostomatidae), in Japanese rice fields. *Hydrobiologia*, 583: 377–381.

Ohba S (2011) Impact of the invasive crayfish *Procambarus clarkii* on the giant water bug *Kirkaldyia deyrolli* (Hemiptera) in rice ecosystems. *Japanese Journal of Environmental Entomology and Zoology*, 22: 93–98.

大庭伸也 (2014) 長崎県本土および壱岐における外来種・トガリアメンボの記録．長崎県生物学会誌, 75: 52–54.

大庭伸也・市川憲平 (2016) アメリカザリガニはタガメの餌として適さない．*Rostria*, (59): 28–30.

Ohba S, Swart CC (2009) Intraguild predation of water scorpion *Laccotrephes japonensis* (Nepidae: Heteroptera). *Ecological Research*, 24: 1207–1211.

大庭伸也・大串俊太郎・田中颯真・山本賢・本木和幸・上田浩一 (2018) 福江島・五島市三井楽町におけるアメリカザリガニの駆除の現状と課題．環動昆, 29: 21–26.

大原賢二 (2013) 九州におけるトガリアメンボの分布について．SATSUMA, (149): 147–152.

大原賢二・林　正美 (2004) 四国におけるトガリアメンボの発見とその分布状況．徳島県立博物館研究報告, (14): 69–83.

大西　剛 (2006) 愛媛県でトガリアメンボを採集．愛媛県総合科学博物館研究報告, (11): 27.

佐藤良平・西原昇吾 (2017) ウシガエルの影響と対策．よみがえる魚たち（髙橋清孝編）: 68–72, 恒星社厚生閣, 東京.

自然環境研究センター（編）・多紀保彦監修 (2008) 日本の外来生物　決定版. 平凡社, 東京.

Smart A, Harper D, Malaisse F, Schmitz S, Coley S, Gouder A, Beauregard DE (2002) Feeding of the exotic Louisiana red swamp crayfish, *Procambarus clarkii* (Crustacea, Decapoda), in an African tropical lake: Lake Naivasha, Kenya. *Hydrobiologia*, 488: 129–142.

杉山秀樹 (2005) オオクチバス駆除最前線．無明舎, 秋田.

髙橋　玄・成田行弘・中川裕喜 (2015) 外来種トガリアメンボ（カメムシ亜目, アメンボ科）の茨城県における初記録．茨城県自然博物館研究報告, (18): 39–40.

渡部晃平・中島　淳 (2010) 九州における外来種トガリアメンボの初記録．ホシザキグリーン財団研究報告, (13): 269–270.

山尾あゆみ・中尾史郎 (2003) 近畿地方におけるトガリアメンボ亜科の1種, *Rhagadotarsus kraepelini* の定着と分布拡大．南紀生物, 47: 69–73.

矢崎充彦・石田和男 (2008) 東海地方の水生半翅類．佳香蝶, 60(234): 165–200.

（大庭伸也）

VI. 絶滅要因と保全事例

③ 19年目のタガメビオトープ

■ 最初の放棄田ビオトープ

　1990年代，兵庫県西部には多数のタガメ *Kirkaldyia deyrolli* が生息していた。その地域で1997年春，枝谷の一番奥の放棄田（2枚で合計3.5 a）を研究用に借用し，野外でのタガメの生態調査を始めた。約20cmの水位で周年湛水し，タガメの産卵床としてコウホネ *Nuphar japonicum* やカンガレイ *Scirpus triangulatus* などの水草を植えた。5，6月に町内で採集した雌雄各9匹ずつのタガメを放し，それまでの水槽内で続けてきた観察では分からないこと，野外でなければ分からないことを調べた。

　1997年は合計10個の卵塊が産みつけられ，そのうちオスに保護された7個（平均卵数69個）が，平均97.2％のふ化率でふ化した。470匹ほどの幼虫がふ化したが，想像していた以上に共喰いが激しかったようで，この年に羽化した成虫は31匹だけであった。1998年にも初夏に成虫を放流し12個の卵塊が産みつけられたが，羽化した成虫は25匹だけだった。遅れてふ化した幼虫の多くは先に生まれた幼虫の餌になってしまうようで，卵塊数の増加が羽化数の増加には結びつかなかった。3.5a程度の田で羽化できるタガメの数は，25〜35匹位なのかもしれない。繁殖した親世代は繁殖を終えると姿を消し，新成虫も10月末までには姿を消した。新成虫には個体識別のための背番号（後述）をつけていたが，31匹中4匹が翌年ビオトープに戻ってきて繁殖した。しかし，その翌年（1999年）の初夏に戻ってきたのは2匹だけで，タガメの定着を保証するような数ではなかった（市川，2000）。このビオトープは底から水が漏れるようになり，補修に追われるようになったため，1999年夏に調査を終了し，1999年から始めた新たなビオトープ（タガメビオトープ）に作業を集中した。なお，このビオトープで羽化し背番号をつけられたタガメが，翌年直線で約6km離れたナイター施設で採集されており，タガメの行動範囲の広さを確認した。

姫路市林田町タガメビオトープ

　新たなビオトープづくりは、姫路市西北部の枝谷の最奥部に（図1，2），地元自治会の依頼を受けて始まった。以前はこの地域にも多数のタガメが生息していたが、県内のタガメ生息域の狭小化の流れ[注1]の中で、1990年代初めにはタガメの姿はすでに消えていた。新たなビオトープづくりの第一の目的は、ここにタガメを定着させ、タガメを復活させることである。タガメは餌の多い豊かな自然のなかでなければ暮らしていけない昆虫なので、それは豊かな水辺の自然を復活させることでもある。ここをタガメビオトープと名付け、環境教育の場として利用することも目的に加えた。

　借用した3枚の放棄田の合計は13aと、最初の放棄田のビオトープの約4倍の広さがあった。面積が増えれば羽化数も増え、その結果、翌年に戻ってくる成虫の数も増えるかもしれないという思惑があった。この思惑が的中すれば、ビオトープづくりは成功し、タガメが復活するはずである。放棄田をビオトープにし、それを維持して行くには人手がいる。NGOを立ち上げ、タガメビオトープの維持管理と調査のためのボランティアを募集した。このボランティアは毎月1回集まり、維持管理やタガメの生息調査を行った。家族連れで参加するボランティアも多

図1　ビオトープの位置

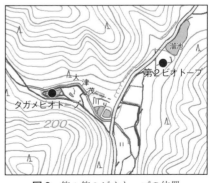

図2　第1第2ビオトープの位置

VI. 絶滅要因と保全事例

図3　施設化前のタガメビオトープ（口絵⑨a）

かった（図3）。長く続けて行くには地元の理解が必要と考え，地元の小学校に声をかけ，毎月1回，地元の小学生のための観察会も開くことにした。

　1999年1月末，雪がわずかに残る谷にボランティアが集まり，放棄田の草を刈り，何回も代かきをして上側の2枚に湛水し，近くの池から近くのため池で採集したコウホネやカンガレイを植栽した。タガメの止まり木として，直径4cmほどの棒杭を多数差し込んだ。また，乾いた放棄田だった場所なので，ビオトープ内にはタガメの餌となる水生生物がいない。近隣で採集したミナミメダカ Oryzias latipes とドジョウ Misgurnus anguillicaudatus，トノサマガエル Pelophylax nigromaculatus などを放した（市川, 2004）。一番下側の田では紫黒米を無農薬で育て，環境教育用にタガメや生きもののたくさんいる田を再現することにした。この田では，4月に水苗代を作り，6月に小学生が稲の苗を手植えした。ここには，タガメやカヤネズミ Micromys minutus など多くの生きものがいる水田が出現した。

2003年までのタガメビオトープ

(1) 初年度のタガメビオトープ

　1999年5月1日と5月26日に，小学生とともにオス9匹，メス8匹のタ

ガメ成虫をビオトープに放した。7月にもオス4匹，メス3匹を放したので，この年放流したタガメは合計24匹になった。放流したタガメは兵庫県西部で採集した個体と，そこで採集し，水槽で繁殖させた個体を使用した（タガメの飛翔力を考えると，採集場所と姫路市との間で遺伝的な違いがあるとは考えられない）。

図4　背番号をつけたタガメ

放したタガメは無事に繁殖し，7月中旬から9月下旬にかけて羽化が続いた。羽化した新成虫には，上翅にペイントマーカーを使って背番号（図4）を書き込んだが(註2)，その数は90匹になった。ただし，草の茂みに隠れているタガメを全て採集することができるわけではない。背番号なしで飛び去った個体も少なくないはずである。また，ボランティアが育てたタガメ（オス1匹，メス3匹）を9月にビオトープに放した。新成虫は秋の深まりとともに姿を消し，10月末に確認した1匹が最後となった。

　放流したミナミメダカやドジョウ，トノサマガエルだけではなく，シュレーゲルアオガエル *Rhacophorus schlegelii*，モリアオガエル *Rhacophorus arboreus* などもビオトープを訪れて繁殖したため，ビオトープの自然は非常に豊かになった。また，川からの給水に混じって入ってきたカワリヌマエビ属の一種 *Neocaridina* sp. が繁殖し，オタマジャクシやミナミメダカとともにタガメ幼虫の良い餌となった。

(2) 2000年から2003年まで

　翌年（2000年）の初夏にビオトープに戻ってきたことを確認できたタガメは，メス8匹とオス3匹だったが，このうちオス1匹は死体で見つかった。また，背番号のないメスが2匹混じっていた。これは前年に背番号をつける前に飛散した個体と判断した。オスの数が少ないため，繁殖するかどうか不安であったが，無事に繁殖した。ボランティアや小学生が育てたタガメの新成虫は8月以降に放流したが，2000年から2003年まで初夏に越冬成虫を放

VI. 絶滅要因と保全事例

流することはひかえた(後述の第2ビオトープを除く)。越冬成虫を新たに放さなくても，毎年戻ってきたタガメが繁殖したことによって，世代は引き継がれた(表1)。

戻ってきても短期間に姿を消してしまった個体もいたが，長期間居続けた個体も少なくなかった。2000年夏に生まれ，2001年に戻ってきた個体を見てみると，163番のオスは5月下旬に戻ってきて，7月7日に3個目の卵塊を保護していた。6月12日に最初の卵塊を保護していた207番のオスは，7月15日には5個目の卵塊を保護していた。この個体が保護した5個の卵塊の内，2個はメスによって破壊された[注3]。また，4月下旬に戻ってきた201番のメスは，6月30日に，207番のオスが保護していた卵塊を破壊し，その

表1 姫路タガメビオトープでのタガメ繁殖状況

	放流数（越冬成虫）		卵塊数	マーク個体数		里親放流（新成虫）		翌春マーク数		翌春戻総数
	♂	♀		♂	♀	♂	♀	♂	♀	
1999年	13	11		46	44	1	3	0	2	11
2000年	0	0		(13)	(16)	4	1	2	1	9+(5)
2000年 第2	4	5		50	49	0	0	1	0	12+(1)
2001年	0	0	13	33	35	0	0	3	3	18
2001年 第2	0	1	9	28	25	0	0	1	3	10
2002年	0	0	13	12	20	7	7	2	2	14
2002年 第2	0	0	4	46	20	0	0	0	2	7
2003年	0	0	9	22	26	2	13	3	1	5
2004年	6	5		62	48	19	13	0	0	7
2005年	12	5		3	15	30	19	2	1	6
2006年	9	13		21	37	16	16	0	0	8
2007年	3	2		16	24	0	2	1	3	8
2008年	3	8	16	33	26	28	11	0	0	8
2009年	2	1		25	23	9	5	3	2	7
2010年	4	4	10	28	41	3	2	2	7	9
2011年	(2)	0	9	80	64	0	0	3	8	28
2012年	0	0	10	77	91	0	0	1	3	11
2013年	0	0	15	78	85	0	0	2	1	17
2014年	0	0	14	51	51	0	0	1	1	11
2015年	0	0	15	52	82	0	0	3	0	14
2016年	0	0	14	83	71	0	0	1	2	23
2017年	0	0	21	(41)	(40)	0	0			

※翌春マーク数は，翌春戻ってきた個体の内，背番号が書かれていなかった個体の数（前年マーキング前に移動）。
※2005年は前年大繁殖したタイコウチにタガメの幼虫が捕食され，タガメの繁殖数が激減した。
※空欄は未調査。
※2011年に放流した成虫は7月下旬に放流したもので，この年のビオトープでの繁殖には関与していない。
※2011年以降，里親が育てた新成虫は，じゃぶじゃぶ池に放流した。
※2000年と2017年は水草が茂りすぎて調査に支障が出たため，マーク個体数が少なかった。

3 19年目のタガメビオトープ

後に自分自身の卵塊を産みつけた(市川, 未発表)。

タガメが産みつけた場所は, 初期には水底に突き刺した棒杭が多かったが, 植物が茂ってくるとコウホネやフトイ Scirpus tabernaemontani に変わっていった。2002年と2003年にこのビオトープで産みつけられた22個の卵塊の内, 16個がコウホネに産みつけられていた。なお, 2000年に, このビオトープから500mほど離れた放棄田に9匹のタガメを放して第2ビオトープをつくり(註4), 3年間ビオトープ間のタガメの移動などを調べた。越冬後に羽化した場所とは異なるビオトープに現れた個体は若干いたが(表1 翌春戻総数列の( )内数字), 繁殖期間中にビオトープ間を移動した個体は1匹だけであった。

タガメビオトープが姫路市の施設の一部になる

2001年頃, タガメビオトープのある谷全体を姫路市の体験型環境学習施設にするという計画が明らかになった。1998年秋に私にビオトープをつくって欲しいという依頼があった時点で, すでに案はできていたのかもしれない。市役所内で開かれた会合に参加し, タガメビオトープとして使っていた場所は, 施設化後も私たちが管理することを認めてもらうとともに, いくつかの要求も行った。2003年の夏, 谷の下の方から工事は始まり, タガメが越冬のために姿を消した11月半ばには, ビオトープにも重機が入った。ミナミメダカやドジョウなどは春まで避難させた。

翌年の3月に久しぶりに様子を見に行き, あまりの変わりように驚いた。ビオトープとして使っていた3枚の田の畦道は, 車いすがすれ違える広い道に変身し, 池の面積はかなり小さくなった。3枚の田(池)は, 私の要望通り階段式の魚道でつながったが, 池の斜面の三方は, 重機で硬く固められていた。斜面が崩れないようにしたのだろうが, これでは草も生えないし, 岸辺の泥に産卵するタイコウチ Laccotrephes japonensis は産卵できない(図5)。斜面に泥を盛ったが, その年のシュレーゲルアオガエルは体半分しか土に潜れなかった。

姫路市伊勢自然の里・環境学習センターと名付けられた施設は, 2004年4月24日に開園した。タガメビオトープより下側の谷内には, 深さ80cmの池やじゃぶじゃぶ池, 広場, 管理棟, 講義室, トイレなどがつくられた。環

VI. 絶滅要因と保全事例

図5 施設化工事直後のタガメビオトープ（口絵⑨ b も参照）

境学習用に使われる水田が新たに谷の下の方につくられたため，2003年まで稲を植えていた田は，周年湛水してビオトープにした。誰でもが自由に訪れることができる施設になり，休日には家族連れがじゃぶじゃぶ池に入って自然を楽しむことができるようになった。ここではタガメビオトープから飛んでいったタガメやタイコウチ，マツモムシ Notonecta triguttata などを観察できる（ここで採集した生きものの持ち帰りや，タガメビオトープでの採集は禁止されている）。平日はおもに市内の小学3年生の環境学習の場として利用されている。管理員が日中常駐するようになったため，タガメを盗まれる恐れは軽減した。

また，施設化される前までは，すぐ横を流れる谷川からホースを使ってビオトープに常に水が流れ込むようにしていたが，大雨が降るたびにホースが流され，その度にセットし直さなければならなかった。施設化後は水門を使って谷川から給水できるようになった。水管理も管理事務所に依頼できるようになった。

■ 施設化以降のタガメビオトープ

2000年から2003年までは，2000年に第2ビオトープに9匹の成虫を放流

したことを除き，初夏の放流を控えていたが，2004年春に自然度の下がったビオトープを目にした時，しばらくは追加の放流を続けなければいけないと感じた。2004年から2010年まで，毎年3匹から22匹の越冬成虫を初夏に追加放流した。放流数にばらつきがあるのは，初夏に採集できた成虫数の違いによるものである。この間，里親が育てた新成虫[註5]も8月末に放流していたにもかかわらず，翌年の初夏にタガメビオトープに戻ってきた成虫数は，10匹に満たなかった（7～9匹）。

しかし，畦の草や池の中の植物も元のように復活し，2010年にマーキングした新成虫の数が69匹になったので，2011年からは初夏に繁殖用の成虫を放流することを中止した。それでも，戻ってきたタガメが繁殖し，2011年は9個の卵塊が産みつけられ，144匹の新成虫にマーキングできた（図6）。2012年に戻ってきた28匹の成虫の内，11匹が背番号のない個体（前年背番号をつける前に飛散した個体）であったことを考えれば，150匹を大きく超える数のタガメが2011年夏に羽化したものと思われる。その後も2016年まで毎年10匹を超えるタガメが戻ってきて繁殖し，100匹を超える新成虫に背番号をつけている（市川, 2014）。2017年は前年の個体が越冬後に23匹も戻ってきて21個の卵塊を産みつけたが，8月以後，水草類が大繁茂して調査に支障をきたすようになり，マーキングできた新成虫の数が81匹にとどまっ

図6　2011年8月の観察会で採集できたタガメ（口絵⑨e）

VI. 絶滅要因と保全事例

図7 泥に潜って越冬中のタガメ（背側の泥を除いた）

た。また，21個と多数の卵塊が産みつけられたが，少なくとも3個の卵塊がメスによって破壊され，1個の卵塊が放棄された。

2016年に約4km離れた場所で背番号のついたタガメが見つかっており，夏に羽化した新成虫の多くは遠くまで飛散するものと思われるが，近くで越冬した一部の個体が越冬後にビオトープに戻ってきて繁殖し世代を継いでいくというシステムができあがったものと思われる。2000年11月にタガメの越冬調査を行い，ビオトープ内につくった$5m^2$ほどの陸地で，泥に潜って越冬中のタガメを確認した（図7）。戻ってくる個体の多くはそのようなビオトープ内の陸地や岸辺の枯れ草の下などで越冬した個体ではないかと推察しているが，これについては今後追加の調査や実験を行う予定である。

まとめ

2010年頃からビオトープにニホンジカ Cervus nippon が出没して，ビオトープ内の水草を食い荒らすようになった。2011年には，タガメの卵塊が産みつけられているコウホネがかみ切られた。鹿の被害は年々悪化し，2010年には池の全面に生えていたコウホネが，2013年にはほとんど姿を消した。タガメはニホンジカの食害の少ないショウブ Acorus calamus に産卵するようになった。被害防止のため2013年6月にビオトープの周囲を網で囲んだが（図8），時々網を破って鹿が侵入した。2016年秋に谷内の施設全体を囲う柵が完成したので，ビオトープを囲っていた網は取り外したが，鹿による食害がなくなると，調査に支障をきたすほどにミズアオイ Monochoria korsakowii などの水草類が大繁茂した。タガメの産卵する場所として水草類は必要だが，増えすぎるとタガメの生息状況を確認する調査がしにくくなる。また，マコモ Zizania latifolia やショウブ増えてくると，根のまわりに土がたまり陸化してくる。ビオトープの維持管理でいちばん苦労するのが，

3 19年目のタガメビオトープ

図8 タガメビオトープを網で囲う

この水草管理である。

　調査が中だるみした時期もあったが，1999年に姫路市西北部にビオトープをつくってから19年目になる。放流した個体や里親が育てたものを除き，ここで繁殖し背番号をつけたタガメは2017年10月までに1,900匹を越えた。タガメを復活させるという当初の目的はかない，この谷にタガメの里ができたと考えている。しかし，近隣の水田のほとんどで農薬を使った稲作が行われており，飛散したタガメがこの地域でそのまま定着するのは難しいように感じている。

　年6回行ってきた地元小学校の観察会も19年目を終えた。2016年には初期にこのビオトープで地域の自然を学んだ女子が，母親になり子どもを連れて遊びに来てくれた。毎年姫路市内の小学校の2/3ほどが，環境学習のためにここへやって来るようになった。環境学習のための場所にしたいという私たちの願いも実を結んだようである。

　毎年8月末にタガメビオトープを使って，一般募集の観察会『タガメの新成虫探し』が施設主催で行われるが，毎年50匹以上のタガメ新成虫が見つかる。2017年はテレビで放映されたため東京や沖縄からの応募もあり，多くの家族連れが集まった。最近は観察会があるたびに「一般の方が初めて来て，これほど多くのタガメに出会える場所は日本中探しても他には無い」と

■ Ⅵ．絶滅要因と保全事例

いう話をするが，おそらく間違ってはいないであろう。
　施設化された直後は，『タガメビオトープが終わってしまった』ようにも感じたが，19 年も続けて来られたのは，やはり施設化され管理事務所ができたからに違いない。NGO のボランティアの皆さんや姫路市伊勢自然の里・環境学習センターの職員の皆さんに深く感謝している。

〔註〕
（註 1）1950 年代には，県内の農村部のほぼ全域にタガメが生息していたと推察される。しかし，1980 年頃までには中央部からは姿を消し，その空白域が徐々に広がった。日本海側でも東部ではおそらく 1980 年代に姿を消し，空白域が徐々に西に広がった。大阪府や京都府に接する県東部には現在もまだわずかに残っていると思われるが，以前ほど多くはないであろう。姫路市の西側から岡山県との県境にかけては今も生息地が残っているが，姫路市内でのタガメの定着は，1999 年時点ですでに長い間確認されていなかった。

（註 2）三菱ペイントマーカー細字用桃色を使っている。この色だと，紫外線によって色が分解されても白色として残る。湿った布を使って羽についた泥をよく落とし，乾いてから背番号を書けば，全てとは行かないが翌春まではなんとか番号を読める。

（註 3）水面より上の水草の茎などに産みつけられたタガメの卵は，オスが水をかけて保育しないと乾燥して死んでしまう。オス親は水中から昇ってきて卵に水をかけて卵を育てる。繁殖期間中オスが不足するため，繁殖相手を探しているメスが卵塊保護中のオスに出会うと，オスが保護中の卵塊をバラバラに壊してしまうことがある。卵塊破壊後メスは自分自身の卵塊を産みつけ，オスは新しく産みつけられた卵塊の保護を始める（市川，1999）。

（註 4）1999 年に私たちのビオトープを見た姫路青年会議所会員が，2000 年に子どもたちを集めてビオトープづくりをイベントとして行った。ここを第 2 ビオトープと名付けた。私たち NGO が助力するとともに，2001 年からはここを引き継いだ。しかし，2002 年には 2 枚の放棄田の内 1 枚が漏水で使えなくなり，2003 年には残る 1 枚も漏水がひどくなったので，調査を終了し放棄田を返却した。

（註 5）初期にはボランティアや観察会に来る地元の小学生が育てたものを 8～9 月にビオトープに放した。2000 年に小学生が育てたオスのタガメが，翌年戻ってきて卵塊を保護している姿を見せたこともあった。2005 年か

らは，貸し出したタガメ 1 令幼虫を成虫にまで育ててもらう里親教室を施設が主催し，その手伝いをしている。里親が育てた新成虫は 2010 年まではタガメビオトープに，2011 年からは谷の入り口付近にあるじゃぶじゃぶ池などに放している（市川, 2011）。

〔引用文献〕
市川憲平 (1999) タガメはなぜ卵をこわすのか？．偕成社，東京．
市川憲平 (2000) タガメビオトープの試み．ため池の自然，32: 9–14.
市川憲平 (2004) 放棄田ビオトープによる里の自然再生とタガメやその他の水生動物の定着．ホシザキグリーン財団研究報告，7: 137–150.
市川憲平 (2011) 放棄田ビオトープを利用した環境教育．*New Entomologist*, 60(3,4): 64–66.
市川憲平 (2014) 放棄田ビオトープによるタガメの域内保全．動物園水族館雑誌，56(1): 15–21.

（市川憲平）

索引

和名索引

本文および図表中より生物の和名を抽出し索引とした。索引中のローマ数字は巻頭の口絵の頁数を示す。

ア

アオイダニ上科　155
アオヤンマ　120
アカイエカ　201, 209
アカガエル属　182
アカネ属　206
アカハライモリ　92
アカミズダニ科　157
アカミズダニ上科　155, 159
アカミミガメ　277
アサヒナコミズムシ　75, 124, 125, 127, 253
アズマモグラ　228
アゼスゲ　175, 176
アブラムシ科　20
アマゴ　69, 70
アマミコチビミズムシ　75
アメリカザリガニ　Ⅵ, 115, 245, 268, 273, 277–282, 285
アメリカセンダングサ　182
アメリカタガメ　210
アメリカツノウズムシ　63
アメンボ　Ⅰ, 21, 77, 127, 132–145, 147–151, 160, 197
アメンボ科　8, 12, 20, 21, 24, 26, 33, 41, 127, 158, 160, 251
アリ科　176

イ

イ　176, 177
イトアメンボ　Ⅰ, 8–10, 12–18, 21, 161, 252
イトアメンボ科　8–19, 21, 127, 159, 249, 251, 252, 254
イネ科　252
イノシシ　95, 108
イボクサ　175
イモリ　182

ウ

ウシガエル　144, 268, 273, 277, 283–285
ウミアメンボ科　48
ウミミズカメムシ　252
ウミミドリ　128
ウンカ科　20

エ

エサキコミズムシ　Ⅲ, 75, 76, 78–81, 124, 125, 127, 249, 253
エサキナガレカタビロアメンボ　250
エゾノレンリソウ　128

オ

オイカワ　62
オオアメンボ　21, 127
オオイチモンジシマゲンゴロウ　120
オオクチバス　273, 277, 285
オオクロヤブカ　201
オオコオイムシ　84–89, 93–96, 113, 115, 127, 202, 203, 205, 211,

302

和名索引

220–230, 277
オオシオカラトンボ　176, 178–182
オオヌマダニ科　158
オオヌマダニ属　159, 160
オオミズダニ（属）　Ⅳ, 154–156, 159, 160, 162, 163
オオミズダニ科　157, 158
オオミズダニ上科　155, 159
オオミズムシ　75, 77
オオメミズムシ　75
オオメミズムシ族　75
オキナワイトアメンボ　Ⅰ, 8, 9, 11–18, 251, 252
オニビシ　29–33
オニヤンマ　176, 178–182
オモゴミズギワカメムシ　250
オモナガコミズムシ　75, 124, 125, 127
オヨギカタビロアメンボ　252
オヨギダニ上科　155

カ

カイダニ　158
カゲロウ目　122
カサスゲ　176, 177
カスリケシカタビロアメンボ　248, 252
カタビロアメンボ科　26, 127, 246, 249–252, 254
カトリヤンマ　120
ガマ　92, 175, 176, 182
ガムシ　58, 269, 283
カメムシ目　8, 10, 11, 19, 20, 84, 122, 169, 185, 207
カヤネズミ　292
カワニナ　60, 62, 65
カワムツ　67, 68
カワムラナベブタムシ　58

カワリヌマエビ属　62, 293
カンガレイ　290, 292
ガンビエハマダラカ　201, 207

キ

キイロコガシラミズムシ　268
ギギ属　228
キタイトアメンボ　8, 12, 14, 15
キタミズカメムシ　Ⅱ, 123, 127

ク

クサガメ　185, 206, 207, 285
クスノキ　32, 33
クロゲンゴロウ　283
クロチビミズムシ　75, 124–127, 253
クロツヤエリユスリカ　158
クロマツ　122

ケ

ケイリュウダニ（属）　Ⅳ, 155
ケシウミアメンボ（＝ケシ）　40, 41, 48–51, 54
ケシウミアメンボ亜科　48
ケシカタビロアメンボ　Ⅱ, 127, 246
ケシミズカメムシ　Ⅱ, 127, 249
ケシミズカメムシ科　127, 249
ケダニ団　154
ケダニ目　154
ケチビミズムシ　75
ケラ　176
ゲンゴロウ　258
ゲンジボタル　228

コ

コイ　100, 132, 277, 285, 286
コウチュウ目　19, 122

索引

コウベモグラ 228
コウホネ 290, 292, 295, 298
コオイムシ Ⅳ, Ⅴ, 94, 99, 108–110, 112–116, 121–123, 127, 154, 156, 160–162, 190–192, 195–197, 202, 203, 205–207, 209–211, 220–231, 239, 245, 277, 278, 280, 283
コオイムシ亜科 84, 93, 205
コオイムシ科 84, 93, 96, 111, 116, 127, 160, 185, 190, 192, 195, 200–205, 208–210
コオイムシ属 220, 225, 229
コガタイトアメンボ 8
コガタウミアメンボ（＝コガタ） 44–48, 52, 53
コシビロダンゴムシ科 176
コセアカアメンボ 127
コチビミズムシ 75, 248, 253
コチビミズムシ亜属 248, 253
コバンムシ 278
コバンムシ科 200
コビトアメンボ Ⅰ, 8, 9, 12–19
コマツモムシ 124, 126, 127
コミズムシ 72–75, 79–81, 159, 249, 253, 277
コミズムシ科 82
コミズムシ属 72–74, 76–81, 249, 253

サ

サキグロコミズムシ 75
サホコカゲロウ 63
サワガニ 182, 207

シ

シオカラトンボ 179, 181, 186, 189
シマアメンボ（＝シマ） 48, 49, 54, 160, 176
シャープゲンゴロウモドキ 273
シュレーゲルアオガエル 182, 265, 271, 293, 295
ジュンサイハムシ（＝ハムシ） 29–32
ショウブ 298
シロトビムシ科 19
シロヒレタビラ 227

ス

ススキ 175, 177

セ

セアカアメンボ 160
セイタカアワダチソウ 175, 176, 182
セジロウンカ 18, 19
セリ 175–178
センタウミアメンボ（＝センタ） Ⅰ, 40, 44–46, 50–54

タ

タイコウチ Ⅴ, 99–108, 114–116, 159, 190–192, 195–197, 202–205, 207, 230, 262–265, 270, 280, 283, 294–296
タイコウチ科 106, 116, 127, 158–160, 169, 190, 192, 195, 200, 202, 203, 208
タイコウチ上科 190, 200–203, 205, 210,
タイワンコミズムシ 75
タイワンタガメ 81
タガメ Ⅴ, Ⅶ, Ⅷ, 74, 77, 84–87, 89, 90–93, 96, 99, 108, 159, 160, 185–197, 200, 202–207, 211, 239, 241, 245, 258–274, 277–281, 283,

285, 290–299
タガメ亜科　84, 92, 93, 205
タニガワミズギワカメムシ　Ⅱ, 250
ダンゴムシ　176, 177

チ

チカケダニ亜団　155
チカケダニ上科　155
チシマミズムシ　75
チビミズムシ　Ⅲ, 75, 76, 124, 125, 127, 253
チビミズムシ亜科　75
チビミズムシ属　77, 253
チャイロケシカタビロアメンボ　252
チャタテムシ目　19

ツ

ツチガエル　265, 271, 284
ツツイトモ　120
ツマグロヨコバイ　18, 19
ツヤウミアメンボ（＝ツヤ）　43, 45, 46, 48, 49, 52–54
ツヤミズムシ　75
ツヤミズムシ族　75

ト

トウキョウダルマガエル　271
トウヨウモンカゲロウ　63
トカラコミズムシ　75
トガリアメンボ　Ⅵ, 286
トゲナベブタムシ　Ⅲ, 58–63, 65, 67–70
トゲミズギワカメムシ　248, 251
ドジョウ　Ⅴ, 92, 185–189, 197, 206, 207, 261, 270, 271, 292, 293, 295
トチカガミ　30–32

トノサマガエル　60, 186, 194, 206, 207, 227, 265, 271, 284, 292, 293
トビイロウンカ　19, 20
トヨヒラコミズムシ　75
ドンコ　62, 67, 68
トンボ科　187, 207
トンボ目　92, 122, 157, 158, 204

ナ

ナガミズムシ　75
ナガレカタビロアメンボ　252
ナゴヤダルマガエル　271
ナベブタムシ　58, 69, 70
ナベブタムシ科　58, 70, 159
ナミアメンボ（＝ナミ）　26–28, 33–38, 41–43, 132

ニ

ニホンアカガエル　107
ニホンアマガエル　182, 187, 189, 265, 271
ニホンザリガニ　278, 285
ニホンジカ　298

ヌ

ヌマガエル　207, 265, 271
ヌマムツ　67

ネ

ネアカヨシヤンマ　120
ネッタイイエカ　201
ネッタイシマカ　201, 209

ノ

ノコギリクワガタ　269

■ 索 引

ハ

ハイイロチビミズムシ　75, 78, 253, 254
ハエ目　20, 92, 158
ハサミムシ目　19
ハダカイワシ　43
ハチ目　20, 21
バッタ目　19
ハネカクシ科　176
ハネナシアメンボ（＝ハネナシ）　Ⅰ, 29–36, 283
ババアメンボ　Ⅱ, 122, 123, 126, 127
ハマアカザ　128
ハマダラカ　207, 208
ハマダラカ属　19
ハラグロコミズムシ　75, 80, 81, 124, 125, 127, 253
ハンノキ　177

ヒ

ヒキガエル　209
ヒシ　34, 283
ヒヌマイトトンボ　119, 121
ヒバカリ　206, 207
ヒメアメンボ（＝ヒメ）　21, 26, 27, 33–37, 41, 122, 123, 127
ヒメイトアメンボ　Ⅰ, 8–20, 123, 127, 252
ヒメコミズムシ　75, 80, 253
ヒメジョオン　177
ヒメタイコウチ　Ⅳ, 169, 170, 172, 173, 175, 176, 178–183, 202, 203, 205, 238–241
ヒメタイコウチ属　159
ヒメフナムシ　176, 177, 182, 183
ヒメマルミズムシ　253
ヒメミズカマキリ　106, 202, 203, 205, 230
ヒヤミズダニ上科　155, 159
ヒラタドロムシ　62, 67

フ

フタイロコチビミズムシ　75
フトイ　295
ブルーギル　277

ヘ

ヘラコチビミズムシ　Ⅲ, 75, 248, 249, 253
ヘリグロミズカメムシ　122, 123, 127, 252

ホ

ホソハネコバチ科　21
ホッケミズムシ　Ⅲ, 73–76, 124, 125, 127, 277
ホテイアオイ　32, 33, 245
ホテイコミズムシ　75
ホルバートケシカタビロアメンボ　127, 252

マ

マコモ　298
マダラケシカタビロアメンボ　127
マダラコガシラミズムシ　268
マダラミズカメムシ　252
マツモムシ　58, 72, 74, 77, 122, 123, 127, 144, 159, 161, 162, 164, 209, 210, 277, 296
マツモムシ科　72, 82, 127, 159, 208
マムシ　185, 206, 207
マルコガタノゲンゴロウ　273

マルミズムシ　253
マルミズムシ科　208, 253

ミ

ミズアオイ　120, 298
ミズカマキリ　Ⅵ, 106, 116, 127, 132, 154, 156, 160–162, 164, 190, 196, 197, 205, 230, 269, 281–283
ミズカメムシ科　127, 208, 245, 246, 249, 251, 252, 254
ミズギワカメムシ科　249, 250
ミズスマシ　268
ミズダニ亜団　155
ミズムシ　40, 75
ミズムシ亜科　75
ミズムシ科　72, 74–79, 81, 82, 92, 124, 127, 158, 159, 161, 176, 208, 253, 254
ミズムシ族　75
ミズムシ属　77
ミゾソバ　175–178
ミゾナシミズムシ　Ⅲ, 75–78, 122, 124–127
ミゾナシミズムシ亜科　75–77
ミゾナシミズムシ属　78
ミドリキンバエ　29, 32, 43, 48
ミナミメダカ　62, 268, 292, 293, 295
ミヤケミズムシ　75

ム

ムモンミズカメムシ　Ⅱ, 245, 252

メ

メガネダニ科　158
メガネダニ上科　155, 159
メガネダニ属　159, 160, 163
メミズムシ　Ⅱ, 250
メミズムシ科　249, 250

モ

モリアオガエル　293
モンコチビミズムシ　75
モンシロミズギワカメムシ　251

ヤ

ヤスマツアメンボ　122, 127, 176
ヤスマツイトアメンボ　8
ヤナギ（属）　177
ヤマアカガエル　264
ヤマカガシ　206, 207
ヤマトホソガムシ　268
ヤンマ科　187

ユ

ユスリカ科　77, 78, 158

ヨ

ヨシ　92, 177, 252
ヨモギ　177
ヨロイミズダニ科　158
ヨロイミズダニ上科　155

索 引

学名索引

本文および図表中より生物の学名を抽出し索引とした。目・科など属より上のランクを表す学名は立体で，属以下のランクを表す学名は斜体でそれぞれ示した。索引中のローマ数字は巻頭の口絵の頁数を示す。

A

Abedus herberti 96, 201
Acheilognathus tabira 227
Acorus calamus 298
Aedes aegypti 201, 209
Aeschnophlebia anisoptera 120
Aeschnophlebia longistigma 120
Agraptocorixa hyalinipennis 75
Agraptocorixini 75
Alnus japonica 177
Amphiesma vibakari 206
Anisops ogasawarensis 124, 127
Anopheles 19
Anopheles gambiae 201, 207
Anotogaster sieboldii 178
Aphelocheiridae 58, 159
Aphelocheirus kawamurae 58
Aphelocheirus nawae 58
Aphelocheirus vittatus 58
Appasus grassei 201
Appasus japonicus 94, 99, 121, 127, 154, 160, 190, 201, 202, 220, 239, 245, 277
Appasus major 84, 114, 127, 202, 220, 277
Aquarius elongatus 21, 127
Aquarius paludum paludum 21, 27, 41, 77, 127, 132, 160
Arctocorisa kurilensis 75
Armadillidiidae 176

Armigeres subalbatus 201
Arrenuridae 158
Arrenuroidea 155
Artemisia princeps 177
Asellidae 176
Atriplex subcordata 128

B

Baetis sahoensis 63
Belostoma anurum 201
Belostoma flumineum 93, 201, 209, 210
Belostoma lutarium 201, 209
Belostoma oxyurum 201
Belostomatidae 160, 200
Bidens frondosa 182
Biomphalaria alexandrina 201
Biomphalaria glabrata 201
Buenoa 163
Buenoa scimitra 161–164
Bufo woodhousii 209
Bulinus truncatus 201

C

Cambaroides japonicus 278
Carassius 206
Carex dispalata 176
Carex thunbergii 175
Cenocorixa 78
Cervus nippon 298
Chartoscirta elegantula longicornis 251

Chironomidae 158
Corbicula fluminea 60
Corixa 79
Corixa affinis 78, 79
Corixa bonsdorfi 163
Corixa panzeri 162
Corixa punctata 78, 79
Corixidae 72, 158, 253
Corixinae 75
Corixini 75
Cricotops rufiventris 158
Culex annulirostris 201
Culex fatigans 201
Culex pipiens 201, 209
Culex quinquefasciatus 201
Culicidae 201
Culiseta longiareolata 209
Cybister brevis 283
Cybister chinensis 258
Cybister lewisianus 273
Cymatia apparens 75, 76, 122, 125, 127
Cymatia bonsdorfi 162, 165
Cymatia coleoptrata 164
Cymatiainae 75
Cynops pyrrhogaster 182
Cyprinus carpio 100, 277

D

Diplonychus annulatum 201
Diplonychus annulatus 201
Diplonychus indicus 201
Diplonychus rusticus 201
Diptera 158
Dytiscus sharpi 273

E

Eichhornia crassipes 245
Ephemera orientalis 63
Erigeron annuus 177
Eylaidae 158
Eylais 159, 162
Eylais discreta 162
Eylais infundibulifera 162, 163
Eylaoidea 155, 159

F

Fejervarya lmnocharis 265
Formicidae 176

G

Galerucella nipponensis 30
Geothelphusa dehaani 182
Gerridae 8, 12, 158, 160, 251
Gerris babai 122, 127
Gerris canaliculatus 20
Gerris gracilicornis 127
Gerris insularis 122, 127
Gerris latiabdominis 21, 26, 41, 122, 127
Gerris nepalensis 29, 283
Girardia dorotocephala 63
Glaenocorisa propincqua cavifrons 75
Glaenocorisini 75
Glandirana rugosa 265
Glaux maritima 128
Gloydius blomhoffii 185, 206
Gryllotalpa orientalis 176
Gynacantha japonica 120
Gyrinus japonicus 268

索 引

H

Haliplus eximius 268
Haliplus sharpi 268
Halobates germanus 44, 45
Halobates micans 43, 45
Halobates sericeus 45, 47
Halobatinae 48
Haloveliinae 48
Hebridae 249
Hebrus nipponicus 127
Helisoma trivolvis 201, 209
Hesperocorixa 77
Hesperocorixa distanti distanti 75
Hesperocorixa distanti hokkensis 74, 75, 124, 125, 127, 277
Hesperocorixa kolthoffi 75, 77
Hesperocorixa mandshurica 75
Heterocleptes 11
Heterocleptinae 8, 12
Hydaticus conspersus 120
Hydrachna Ⅳ, 154–156, 159, 160–163
Hydrachna barri 164
Hydrachna conjecta 162–164
Hydrachna cruenta 162, 164
Hydrachna elongata 164
Hydrachna gallica 161, 164
Hydrachna globosa globosa 160
Hydrachna guanajuatensis 163
Hydrachna leptopalpa 164
Hydrachna magniscutata 161
Hydrachna severnensis 164
Hydrachna skorikowi 163
Hydrachna uniscutata paludosa 160
Hydrachna virella 161, 162, 164

Hydrachnidae 157
Hydrachnidiae 155
Hydrachnoidea 155, 159
Hydrochus japonicus 268
Hydrometra 8, 9
Hydrometra albolineata 8, 15, 252
Hydrometra annamana 8, 15
Hydrometra australis 16
Hydrometra gracilenta 8, 15
Hydrometra martini 16, 17
Hydrometra myrae 161
Hydrometra okinawana 8, 15, 252
Hydrometra procera 8, 15, 123, 127, 252
Hydrometra yasumatsui 8
Hydrometridae 8, 159, 249
Hydrometrinae 8, 12
Hydrophilus acuminatus 58, 269, 283
Hydropsychidae 63
Hydrovolzioidea 155, 159
Hydryphantes tenuabilis 161
Hydryphantidae 157
Hydryphantoidea 155, 159
Hygrobatoidea 155
Hyla japonica 182, 265

I

Ilyocoris cimicoides 278

J

Juncus effuses var. *decipiens* 176

K

Kirkaldyia deyrolli 74, 84, 159, 160, 185, 200, 239, 245, 258, 277, 290

L

Laccotrephes griseus 103
Laccotrephes japonensis 99, 159, 190, 202, 264, 283, 295
Lanistes carinatus 201
Lathyrus palustris 128
Lebertioidea 155
Lepomis macrochirus 277
Lethocerus americanus 93, 210
Lethocerus indicus 81
Lethocerus medius 93
Ligidium 176
Limnobatinae 8, 12
Limnochares 159, 160
Limnochares crinita 160
Limnocharidae 158
Limnogeton fieberi 201
Limnoporus rufoscutellatus 160
Lithobates catesbeianus 277
Litoria genimaculata 231
Litus cynipseus 21
Lucilia illustris 29, 43
Luciola cruciata 228
Lymnaea luteola 201
Lymnaea natalensis 201

M

Macrosaldula miyamotoi 250
Macrosaldula shikokuana 250
Mataeopsephenus japonicus 62
Mauremys reevesii 185, 206, 285
Mesovelia egorovi 123, 127
Mesovelia japonica 252
Mesovelia miyamotoi 252
Mesovelia thermalis 122, 252

Mesoveliidae 246
Metrocoris histrio 160
Micromys minutus 292
Micronecta 77, 248, 253
Micronecta grisea 75
Micronecta guttata 75, 248
Micronecta hungerfordi 75
Micronecta japonica 75
Micronecta kiritshenkoi 75, 248
Micronecta lenticularis 75
Micronecta orientalis 75, 124, 125, 127, 253
Micronecta sahlbergii 75, 78, 253
Micronecta scholtzi 77
Micronecta sedula 75, 124, 125, 127, 253
Micronectinae 75
Micropterus salmoides 273, 277
Microvelia douglasi 127
Microvelia horvathi 127, 252
Microvelia japonica 252
Microvelia kyushuensis 248
Microvelia reticulata 127
Microvelia thermalis 127
Miscanthus sinensis 175
Misgurnus anguillicaudatus 206, 270, 292
Mogera imaizumi 228
Mogera wogura 228
Monochoria korsakowii 120, 298
Mortonagrion hirosei 119
Murdannia keisak 175
Mymaridae 21

N

Naucoridae 200

索 引

Neocaridina 60, 293
Nepa 159
Nepa hoffmanni 169, 202, 238
Nephotettix cincticeps 18
Nepidae 158, 160, 200
Nepomorpha 200
Nilaparvata lugens 19
Nipponocypris temminckii 67
Notonecta maculata 209
Notonecta triguttata 58, 72, 122, 127, 144, 159, 277, 296
Notonecta undulata 209
Notonectidae 72, 159
Nuphar japonicum 290

O

Ochteridae 249
Ochterus marginatus marginatus 250
Odonata 157
Odontobutis obscura 62
Oenanthe javanica 175
Oncorhynchus masou ishikawae 69
Opsariichthys platypus 62
Orthetrum albistylum speciosum 179
Orthetrum triangulare melania 176
Oryzias latipes 62, 268, 292

P

Paraplea indistinguenda 253
Paraplea japonica 253
Parasitengonina 154
Pelophylax nigromaculatus 206, 227, 265, 284, 292
Persicaria thunbergii 175
Phragmites communis 177
Physa acuta 201

Physa gyrina 201, 210
Physa vernalis 201
Physa virgata 201
Physella gyrina 201
Pinus thunbergii 122
Pleidae 253
Potamogeton pusillus 120
Procambarus clarkii 115, 245, 268, 277
Prosopocoilus inclinatus inclinatus 269
Pseudobagrus 228
Pseudosuccinea columella 201
Pseudovelia esakii 250
Pseudovelia tibialis tibialis 252

R

Rana 182
Rana catesbeiana 268, 277
Rana japonica 107
Rana ornativentris 264
Rana porosa brevipoda 271
Rana porosa porosa 271
Rana rugosa 285
Ranatra chinensis 106, 116, 127, 154, 160, 190, 269, 281
Ranatra filiformis 201
Ranatra linearis 161, 164
Ranatra nigra 161
Ranatra unicolor 106, 202
Rhabdophis tigrinus 206
Rhacophorus arboreus 293
Rhacophorus schlegelii 182, 265, 293
Rhagadotarsus kraepelini 286
Rhinogobius 62

S

Saldidae 249

学名索引

Saldoida armata 248
Salix 177
Scirpus tabernaemontani 295
Scirpus triangulatus 290
Semisulcospira libertina 60
Sigara 72, 162, 249
Sigara assimilis 75
Sigara bellula 75, 124, 125, 127
Sigara distincta 162
Sigara distorta 75
Sigara falleni 75, 78
Sigara formosana 75
Sigara lateralis 75
Sigara maikoensis 75, 124, 125, 127, 253
Sigara matsumurai 75, 253
Sigara nigroventralis 75, 81, 124, 125, 127, 253
Sigara scotti 162, 163
Sigara septemlineata 75, 78, 124, 125, 127, 249
Sigara substriata 74, 75, 79, 159, 249
Sigara toyohirae 75
Sogatella furcifera 18
Solidago altissima 175
Speovelia maritima 252
Sphaerodema annulatum 201
Sphaerodema nepoides 201
Sphaerodema rusticum 201
Sphaerodema urinator 201

Staphylinidae 176
Stygothrombiae 155
Stygothrombidioidea 155
Sus scrofa 108
Sympetrum 182

T

Tiphodytes gerriphagus 133
Torrenticola Ⅳ, 155
Trachemys scripta 277
Trapa japonica 283
Trapa natans 29
Trichocorixa verticalis 163
Trombidiformes 154
Typha latifolia 175

U

Unionicola ypsilophora 158

V

Velia currens 24, 25
Veliidae 246
Vivipara unicolor 201

X

Xenocorixa vittipennis 75
Xiphovelia japonica 252

Z

Zizania latifolia 298

313

環境Eco選書 ⑬

水生半翅類の生物学

平成 30 年 6 月 20 日　初版発行
〈図版の転載を禁ず〉

当社は、その理由の如何に係わらず、本書掲載の記事（図版・写真等を含む）について、当社の許諾なしにコピー機による複写、他の印刷物への転載等、複写・転載に係わる一切の行為、並びに翻訳、デジタルデータ化等を行うことを禁じます。無断でこれらの行為を行いますと損害賠償の対象となります。
また、本書のコピー、スキャン、デジタル化等の無断複製は著作権法上での例外を除き禁じられています。本書を代行業者等の第三者に依頼してスキャンやデジタル化することは、たとえ個人や家庭内での利用であっても一切認められておりません。
連絡先：㈱北隆館 著作・出版権管理室
Tel. 03(5720)1162

JCOPY〈(社)出版者著作権管理機構 委託出版物〉
本書の無断複写は著作権法上での例外を除き禁じられています。複写される場合は、そのつど事前に、(社)出版者著作権管理機構（電話：03-3513-6969、FAX：03-3513-6979、e-mail：info@jcopy.or.jp）の許諾を得てください。

編集　大　庭　伸　也
発行者　福　田　久　子
発行所　株式会社 北隆館
〒153-0051　東京都目黒区上目黒3-17-8
電話03(5720)1161　振替00140-3-750
http://www.hokuryukan-ns.co.jp/
e-mail：hk-ns2@hokuryukan-ns.co.jp

印刷所　倉敷印刷株式会社

© 2018　HOKURYUKAN　Printed in Japan
ISBN978-4-8326-0763-7 C0345